中文全彩铂金版

Photoshop CC 环艺设计后期处理案例教程

乔洁　邓沛蕾　余静 / 主编

中国青年出版社

图书在版编目（CIP）数据

Photoshop CC中文全彩铂金版环艺设计后期处理案例教程 / 乔洁，邓沛蕾，余静主编. — 北京：中国青年出版社，2019.6（2023.2重印）
ISBN 978-7-5153-5490-3

I.①P… II.①乔… ②邓… ③余… III. ①环境设计—计算机辅助设计—图象处理软件—教材 IV. ①TU-856

中国版本图书馆CIP数据核字（2019）第014244号

Photoshop CC中文全彩铂金版环艺设计后期处理案例教程

主　　编：乔洁　邓沛蕾　余静

企　　划：北京中青雄狮数码传媒科技有限公司
责任编辑：张军
策划编辑：张鹏
出版发行：中国青年出版社
社　　址：北京市东城区东四十二条21号
网　　址：www.cyp.com.cn
电　　话：（010）59231565
传　　真：（010）59231381

印　　刷：天津融正印刷有限公司
规　　格：787 x 1092　1/16
印　　张：12.5
字　　数：305千字
版　　次：2019年6月北京第1版
印　　次：2023年2月第2次印刷
书　　号：978-7-5153-5490-3
定　　价：69.90元（附赠2DVD，含语音视频教学+案例素材文件+PPT电子课件+海量实用资源）

如有印装质量问题，请与本社联系调换
电话：（010）59231565
读者来信：reader@cypmedia.com
投稿邮箱：author@cypmedia.com
如有其他问题请访问我们的网站：http://www.cypmedia.com

Preface 前言

首先，感谢您选择并阅读本书。

软件简介

随着社会的发展和生活水平的不断提高，人们对居住区的生态环境质量更加关注。环境艺术设计，主要分为室内设计和室外设计，室外又包括园林设计、景观设计、建筑外观设计、绿化设计等。后期处理作为效果图表现的流程终结，决定着环境艺术设计的最终效果，在整个图像处理中占据着非常重要的地位。本书将对使用Photoshop CC进行环境艺术后期处理的操作方法进行详细介绍。

内容提要

本书以功能讲解+实战练习的形式，系统全面地讲解了使用Photoshop CC进行环境艺术后期处理与设计的相关功能及技能应用，分为基础知识和综合案例两部分。

在基础知识部分，为了避免学习理论知识后，实际操作软件时仍然无从下手的尴尬，介绍软件各个功能在环境艺术后期处理中的应用时，会根据所介绍功能的重要程度和使用频率，以具体案例的形式拓展读者的实际操作能力。每章内容学习完成后，还会以“上机实训”对本章所学内容进行综合应用，使读者可以快速熟悉软件功能和设计思路。通过课后练习内容的设计，巩固所学知识。然后通过综合案例部分综合实训内容的学习，快速提高读者使用Photoshop CC进行环艺设计后期处理与设计的技能。

为了帮助读者更轻松学习本书内容，我们不但附赠了书中全部案例的素材文件，方便读者更高效地学习；还配备了相关案例的多媒体有声视频教学，详细地展示了各个案例效果的实现过程，扫除初学者对新软件的陌生感。

使用读者群体

本书适合那些迫切希望了解和掌握应用Photoshop软件进行环境艺术后期效果处理的初学者，也可以作为提高用户设计和创新能力的指导，适用读者群体如下：

- 各高等院校环境艺术设计相关专业的初学者；
- 各大中专院校平面专业及培训班学员；
- 从事平面广告设计和制作相关工作的设计师；
- 对图形图像后期处理感兴趣的读者。

版权声明

本书在写作过程中力求谨慎，但因时间和精力有限，不足之处在所难免，敬请广大读者批评指正。

编　者

Contents 目录

Part 01 基础知识篇

Chapter 01 环境艺术设计概述

Chapter 02 Photoshop CC 快速入门

Chapter 03 选区的创建和编辑

Chapter 04 效果图的绘制和修饰

Chapter 05 图像色彩的调整

Chapter 07 蒙版与通道

Chapter 08 滤镜的应用

Part 02 综合案例篇

Chapter 09 室内效果图后期制作

Chapter 10 建筑效果图后期制作

Chapter 11 园林景观效果图后期制作

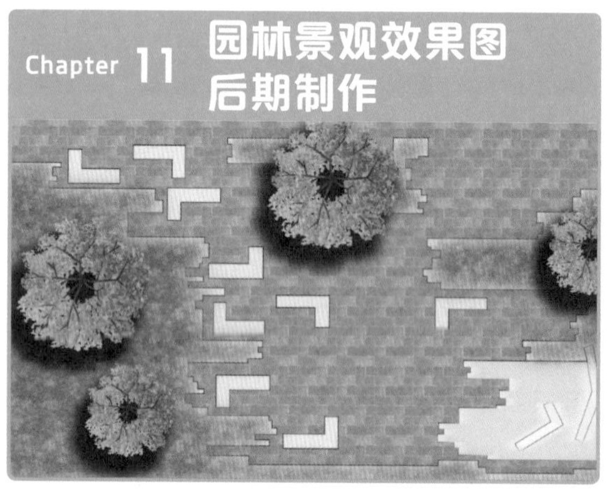

Part 01

基础知识篇

在环境艺术效果图后期处理中，Photoshop是最常用的软件之一，使用该软件可以为环境艺术效果图进行调色、修饰等操作。基础知识篇将重点介绍Photoshop软件的各个功能在环境艺术中的应用，如选区的应用、绘画和修饰、图像色彩的调整、图层的应用等。本书采用理论结合实战的方式，让读者充分理解和掌握Photoshop在环境艺术中的应用。通过本部分的学习，能为后续综合案例的实战操作奠定坚实的基础。

Chapter 01 环境艺术设计概述

本章概述

环境艺术作为一种艺术形式，它比建筑更宏观，比规划更广泛，比工程更富有感情。伴随着现代化和城市化的发展，人们都在宏观意义上对环境品质予以高度的关注，不断地改善和提升居民的生存质量和精神品位，增强大众人格的自我完善。本章将主要针对环境艺术的概念与本质展开介绍。

核心知识点

❶ 了解环境艺术设计的概念
❷ 了解环境艺术设计对现代生活的意义
❸ 掌握环境艺术设计的表现方式
❹ 熟悉环艺效果图后期表现工具

1.1 环境艺术设计的概念

环境艺术是一门新兴学科，形成于20世纪60年代，它有着宽广的内涵，可以说是时间与空间艺术的综合。单从字面上理解，“环境艺术”是名词，其侧重点是“艺术”二字，它是诸多艺术门类中的一种。它不仅不同于绘画艺术、书法艺术、雕塑艺术、素描艺术等纯欣赏意义上的艺术，而且也不等同环境的点缀和美化，它是与人的生活息息相关的，通过环境的构成来满足人们功能需要和精神需要而创造的一种空间艺术。随着人们生活水平和居住水平的提高，人们对各类环境艺术质量的要求也越来越高。环境艺术设计能否真正发挥作用，关键还在于它的设计理念是否先进，指导思想是否科学。

纵观人类发展的历程，实际上就是人类出于自身需要，不断“优化”和创造生存环境的历史。从这一点来看，环境艺术设计不仅是人类历史发展的必然产物，也是整治当前社会环境问题，改善人类生存环境的客观要求。环境艺术设计作为设计学中的一门分支学科，它强调将“生态美”和“科学美”相结合，以人的审美为指导，以改善环境为原则，通过艺术化的处理和设计，最终实现提高生活质量、创建理想环境的设计目的。通常情况下，能够同时满足人的需求与环境保护需要的环境艺术设计，应当涉及城市规划、园林设计、建筑艺术等多门学科内容。

环境艺术设计是指对“自然环境”、“人工环境”和“社会环境”在内的所有与人类发生关系的环境，以原在的自然环境为出发点，以科学与艺术手段协调自然、人工、社会三类环境之间的关系，使其达到一种最佳状态。下面分别对这三种环境进行介绍。

- **自然环境：** 自然环境是环绕生物周围的各种自然因素的总和，如大气、水、其他物种、土壤、岩石矿物、太阳辐射等。这些是生物赖以生存的物质基础，如下左图所示。
- **人工环境：** 指为了满足人类的需要，在自然物质的基础上，通过人类长期有意识的社会劳动，加工和改造自然物质，创造物质生产体系，或经过设计与建造的建筑、小品、道路等适合人类自身生活的环境，积累物质文化等所形成的环境体系，如下中图所示。
- **社会环境：** 狭义的社会环境指组织生存和发展的具体环境，具体而言就是组织与各种公众的关系网络。广义的社会环境则包括社会政治环境、经济环境、文化环境和心理环境等大的范畴，它们与组织的发展也是息息相关的，如下右图所示。

环境艺术是空间的艺术，是通过空间的形式实现的。它主要包括“自然空间”和“人工空间”。“自然空间”是自然界的宽广空间，如天空、大地、高地、森林、江河、湖泊、大海等，如下左图所示。“人工空间”指通过人为设计、人为改造、人为建造的空间，如下右图所示。

环境艺术设计主要包括“城市规划设计”、“园林景观设计”、“室内设计”、“建筑设计”、和“公共空间艺术设计”五个部分。下面分别对这五个设计内容进行详细介绍。

- **城市规划设计**：对城市环境进行综合规划布置，创造满足城市居民生活和全面发展需要的安全、便利、舒适、健康和城市物质条件与场所的设计，如下左图所示。城市规划的内容是研究和计划城市发展的性质、人口规模和用地范围，拟定各类建设的规模、标准和用地要求，制定城市各组成部分的用地规划和布局，以及城市的形态和风貌等，如下右图所示。

- **园林景观设计**：是现代社会发展的需要，将古代的风景园林设计与现代城市、工程技术相结合演化出来的。景观设计又包括宏观环境规划、场地规划、各类施工图、方案文本的制作、施工协调和运营管理五方面。单指园林这个范畴，是在一定范围内，利用并改造天然山水地貌或人为地开辟山水地貌一系列的专业规划，从而构成一个供人们观赏、游憩、居住的环境。东方园林以中国古典园林为代表，主要追求再现自然山水，如下左图所示；而西方园林强调形式规则对称，一切表现为人工创造，追求人工美，如下右图所示。

- **室内设计**：指对建筑物内部的设计。根据对象空间的实际情形与性质，运用物质技术手段和艺术处理手段，创造出功能合理、美观舒适、符合使用生理与心理要求的室内空间环境的设计，如下左图所示。室内设计的内容主要为空间设计、装修设计、陈设设计、物理环境设计四个方面。室内环境类别有住宅室内设计、集体性公共空间设计（学校、医院、办公楼等）、开放性公共室内设计、专门性室内设计等，如下右图所示。

- **建筑设计**：是环境设计中最古老的门类，指对建筑物和构筑物的结构、空间及造型功能等方面进行的设计，包括建筑工程设计和建筑艺术设计。建筑又分为住宅建筑、教育科研建筑、商业建筑、文化观演建筑、医疗卫生建筑、交通建筑、办公建筑、运动场馆建筑。建筑包括建筑物和构筑物，建筑物指供人在其中生产、生活或从事其他活动的房屋或场所。构筑物则指人们不在其中生产、生活的建筑，如水塔、堤坝等。建筑的四个基本要素是功能实用、结构安全、成本经济、形象美观。当代建筑设计，既要注重单体建筑的比例样式，更要注重群体空间的组合构成，还要注重建筑之间、建筑与环境之间“虚”空间。

- **公共空间设计艺术：**公共空间设计是环境艺术设计重要的组成部分，公共空间的类型主要有室内部分和室外部分，其核心内容包括物质环境、社会环境和精神环境。物质环境从住宅公共部分一直延伸到城市公共空间和大自然，社会环境从个人延伸到家庭和社会，精神环境则从外部延伸到个人情感。公共空间的设计要素包括功能上的“动线”，美学上的“统一”、“变化”、“尺度与比例”，以及人文方面的时代精神、社会现象、风土人情、设计师独特的个性与见解。

1.2 环境艺术设计的意义

环境与艺术相辅相成，伟大的艺术和环境同处，往往不仅能够体现设计者个人的独创性，更能体现时代精神。它的意义不仅仅是词汇意义上的，更多的是一种本体论的意义观，也就是体现情感的概念。下面详细介绍环境艺术设计的意义。

1. 反映时代精神

每个时代都有自己的艺术，生活不同，艺术也就不同。因此，透过环境艺术，我们能够看到一定历史时期特定的社会生活。如20世纪60年代，日本新陈代谢派的建筑尝试就体现了日本经济高速发展的时代精神。再比如文艺复兴时期的绘画和建筑，能够体现脱离中世纪束缚的自由精神。

由此可见，设计或技巧无非是人生命力的延伸，因此在设计中我们要积极地促进。如齐康设计的福建武夷山庄，如下左图所示；贝聿铭以“竹子节节高”的灵感设计形成的香港中银大厦，如下右图所示。

2. 反映风土人文

环境艺术在设计中考虑地域特征与文化背景，顺应气候、地形和居住方式，如我国南方为适应多雨而潮湿的天气，避免地上的水汽，会将房屋自地面抬高；北欧多雪的地区，为了减缓屋顶积雪过厚造成的压力，会采用坡度较陡的屋顶。再如，在我国很多地区，传统住宅依山抱水，则体现出“万物负阴以抱阳，充气以为和”的哲学观点。

又如，现代建筑师赖特设计的西塔里埃森工作室，在设计中，使得材料、色彩与沙漠的印象相结合，水平铺开房屋，并挑出很深的屋檐，这些都体现了特殊气候与地域特征。

3. 反应人与社会的互动关系

环境艺术反映一定的社会现象，强调公共性。例如我国周代，城市和宫殿的布局形式就有了封建伦理的体现。再如中美洲的玛雅文明，则体现出严密的社会组织和宗教祭祀礼仪，从而达到长期维系社会组织的作用。

4. 改善人类的环境

现阶段，我国经济发展进入中高速增长的“新常态”，以往粗放式经济发展模式带来的生态环境破坏问题开始逐渐显露出来。因此，现代人更加注重协调物质生活水平提升与绿色生态环境建设之间的平衡关系，而环境艺术设计无疑成为其中最为有效的渠道之一。例如，现代城市空间环境日趋紧张，市区内楼房密度不断增加，都市人群尤其是年轻白领的工作压力无处宣泄，很容易陷入烦躁、压抑的亚健康状态。

而利用环境艺术设计，在市区周边建设具有人文气息的绿色景观园林，让工作一天的都市人群能够在空闲时间徜徉在自然、绿色的氛围内，放松身心、愉悦心情，以更加饱满、积极的心态迎接新一天的工作。除此之外，通过科学的环境艺术设计，增加市区内绿色园林、景观的数量，还能够调节局部气候、改善空气质量，这对于营造生态和谐的现代化城市环境具有重要推动作用。

5. 创造人民生活情趣

市场经济的发展，使得社会分工更加细化，人们在工作之余有较为充足的时间享受多彩生活。而以小区为中心，周边地区的娱乐场所则成为人们锻炼身体、活动娱乐的好去处。传统的小区娱乐文化相对单一，如下左图所示。例如打牌、下棋、广场舞等，虽然也能够起到消磨时间、丰富生活的作用，但是趣味性不强，文化性不高。

利用环境艺术设计来改造小区娱乐场所的视觉景观，营造出更具文化气息的小区氛围，满足多种人群的需要。例如可以创建“戏曲园”，让许多爱好戏曲的老年人能够在这里探讨、交流，如下右图所示。设计出多种功能的园区和建筑，只是环境艺术设计的一种外在形式，其最终目的在于通过形式变化为居民提供多样服务，满足人们的各种生活需求。

1.3 环境艺术设计后期表现

在所有的艺术设计门类中，环境艺术信息的获取是最为困难的类型之一，其原因就在于信息量很难达到最大。由于设计的最终产品不是单件的物质实体，而是由空间实体和虚构的环境氛围所带来的综合感受，即使选用视觉最容易接受的图形表达方式，也很难将其所包含的信息全部传递出来。

1.3.1 环艺效果图表现方式

早期的效果图是通过手绘来完成的，随着计算机时代的来临，效果图绘制逐渐由设计师转换为绘图员。经过不断的探索和实践，现在的环境艺术效果图已经不是原来只是把房子建起来，东西摆放好的时代，随着三维技术软件和后期处理软件的成熟，从业人员的水平越来越高，现在的环境艺术效果图基本可以与装修实景图相媲美，对美感的要求越来越高，色彩的搭配以及对材质的真实反映都上了一个台阶。

在很多情况下，同一表现方式，面对不同的观众，会得出完全不同的理解。环境艺术设计的表现，必须调动起所有信息传递工具才有可能让受众真正理解。环境艺术效果的表现方式总的来说有以下几种。

- **图纸的表达：**在环境艺术设计表达的类型中，图形以其直观的视觉物质表象传递功能，排在所有信息传递工具的首位。虽然环境艺术设计的最终结果是包含了时间要素在内的四维空间实体，而设计的过程却是在二维平面作图的过程中完成的，利用二维平面完成具有四维要素的空间表现，是一个非常困难的任务，因此尽量调动起所有可能的视觉图像传递工具，就成为环境艺术设计图画作业必需的工作，如下左图所示。
- **文字与口头表达：**书面文字同样是环境艺术中重要的表达工具。图形只有通过文字的解析穿插才能最大限度地发挥出应有的效能。同时文字的表达能够深入到理论的深度，在设计项目的策划阶段、设计概念的确立阶段以及设计方案的审批阶段均能胜任信息传达的深化要求，如下中图所示。

- **空间模型表达：**环境艺术设计的四度空间特征、空间模型的表达方式，无论在学习阶段还是设计实施阶段，都是理想的专业表达方式。只是由于尺度、材料、时间、财政的关系我们不可能每个方案都做成1:1的模型，而小尺寸模型观看的角度与位置，很难达到身临其境的效果。模型的信息传递功能在某些方面还赶不上透视效果图，空间模型完全可以用虚拟的方式实时展现，因此，今后空间模型的表达会逐渐转变为虚拟的方式，如下右图所示。

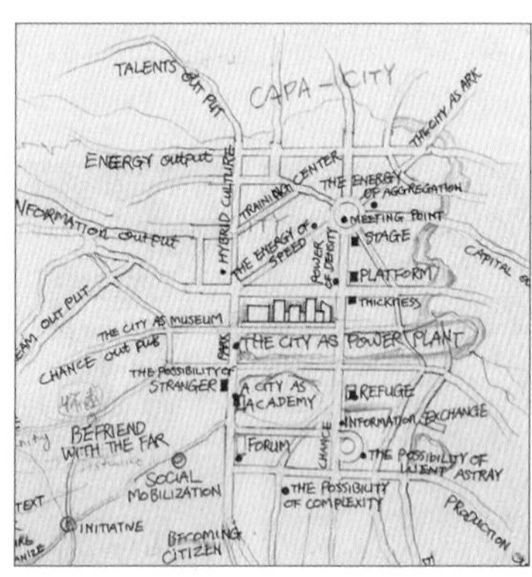

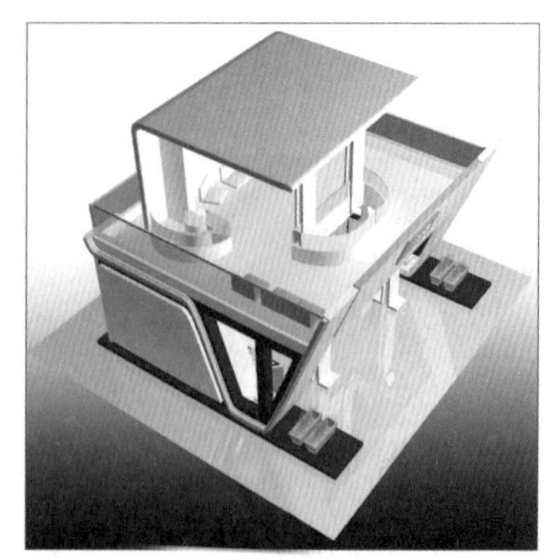

1.3.2 环艺效果图后期表现工具

Photoshop是制作环境艺术设计效果图表现最常用的工具，它是一个功能极其强大的平面应用软件，功能强大、易学易用，深受图形图像处理爱好者和平面设计人员的喜爱。Photoshop广泛应用于广告设计、包装设计、服装设计、建筑设计、室内设计等多个领域，成为这些领域最流行的软件之一。正是因为Photoshop功能如此强大，各个领域对其又有各自要求，所以在学习上必须有针对性。

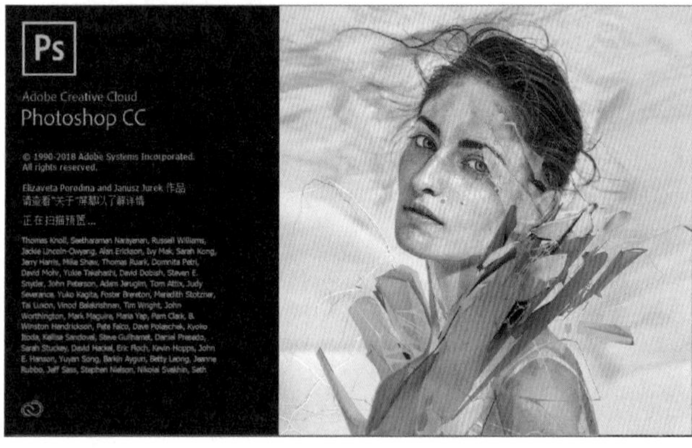

Chapter 02 Photoshop CC快速入门

本章概述

本章将对Photoshop CC 2018软件进行初步介绍，使读者了解软件的主要功能，并对界面组成、文件操作、图像的基本操作等进行详细介绍。此外，还介绍了Photoshop CC 2018中的四种颜色模式以及如何分辨位图和矢量图。

核心知识点

1. 了解Photoshop CC 2018的工作界面
2. 熟悉Photoshop CC 2018的文件操作
3. 熟悉Photoshop CC 2018的图像操作
4. 了解Photoshop的四种颜色模式
5. 了解位图和矢量图

2.1 工作界面

在使用Photoshop CC 2018进行图像处理之前，首先要认识一下Photoshop CC 2018的工作界面，以便在后面能够顺利地操作该软件。Photoshop CC 2018的工作界面简洁实用，工具的选取、工作区的切换、面板的访问等都十分方便。Photoshop CC 2018的工作界面主要由菜单栏、属性栏、工具箱、状态栏、图像窗口和面板等部分组成，如下图所示。

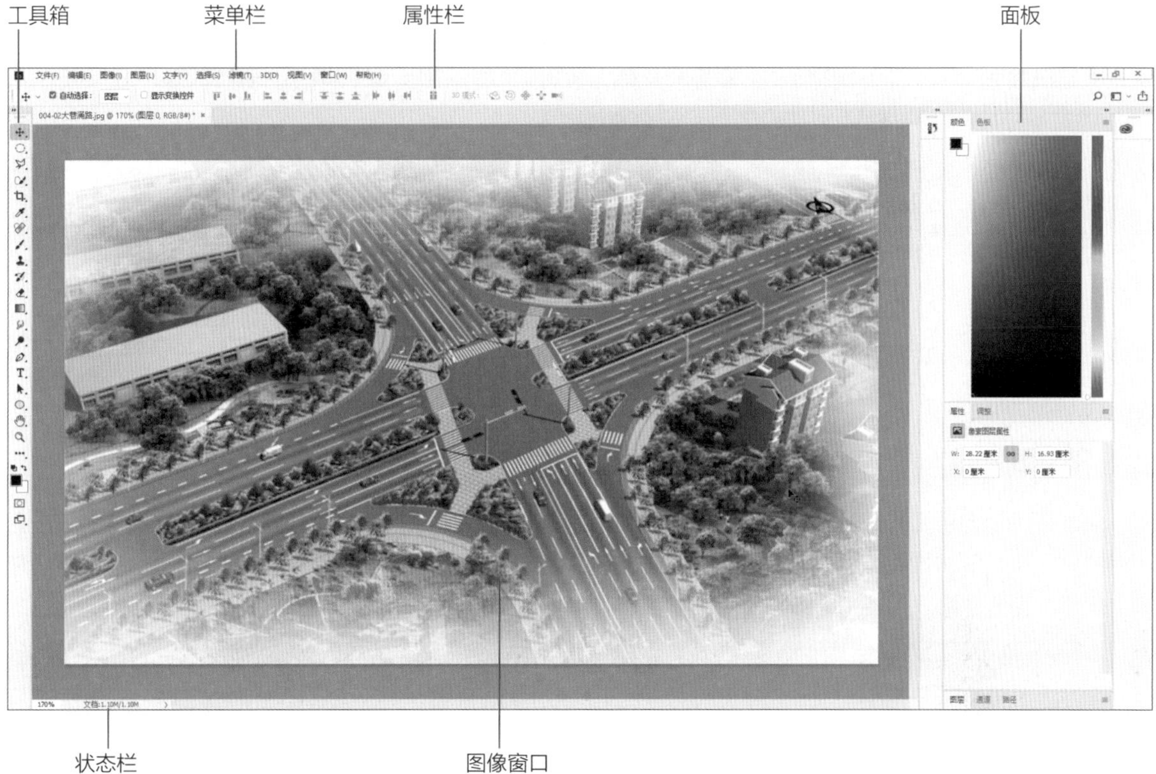

提示：调整Photoshop CC 2018界面亮度

执行“编辑>首选项>界面”命令，打开“首选项”对话框，在“颜色方案”选项中可以选择工作界面亮度，从黑色到浅灰色，共有四种颜色方案，用户可根据个人的需求进行选择。在“用户界面语言”选项中可以设置界面的语言，在“用户界面字体大小”选项中可以设置字体的大小。

2.1.1 菜单栏

在Photoshop CC 2018界面中单击菜单名即可打开相应的菜单，其中包括文件、编辑、图像、图层、文字、选择、滤镜、3D、视图、窗口和帮助11个主菜单。菜单栏中包含可以执行的各种命令，使用这些命令可以完成不同难度的操作。执行“图像>图像旋转>180度”命令，如下左图所示。

在某些菜单或子菜单命令的右侧显示执行该命令的快捷键，如下右图所示，若执行该命令，直接按对应的快捷键即可。如按Ctrl+M组合键，即可执行“图像>调整>曲线”命令。

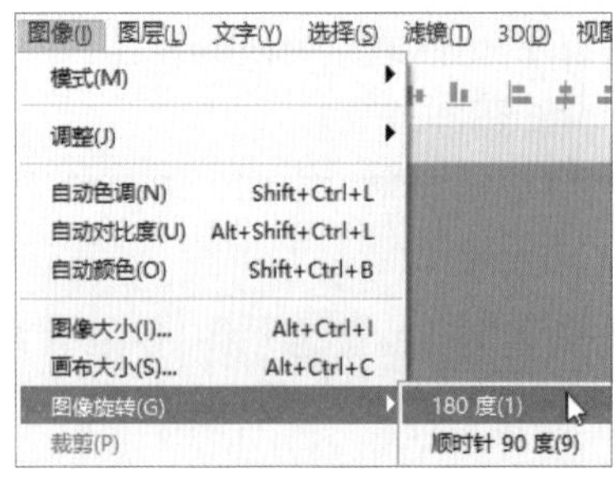

2.1.2 工具箱

工具箱中包含各种常用的工具，如移动工具、快速选择工具、吸管工具、画笔工具等，在进行环境设计时经常会用到。在工具组右下角有黑色三角形，用户可以根据需求右击该工具组或长按该工具组，即可打开该工具组，然后选择需要的工具即可，如下左图所示。工具箱中的工具右侧有对应的快捷键，如按L键，则启用套索工具，如下右图所示。如果需要在工具组中切换工具，按Shift+工具快捷键即可。

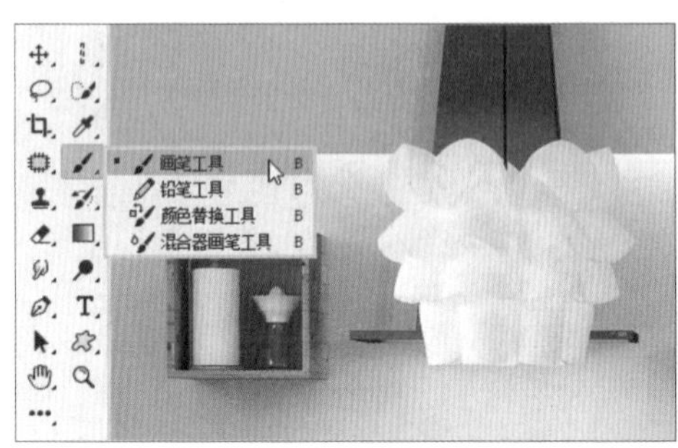

2.1.3 属性栏

属性栏用于设置工具的各种参数，选择不同的工具时属性栏中的参数也会随之发生变化。属性栏方便了用户对于工具的参数设定，有效提高了工作的效率。下图为画笔工具的属性栏，用户可以根据需要设置画笔大小、硬度、模式、不透明度、流量、平滑等。

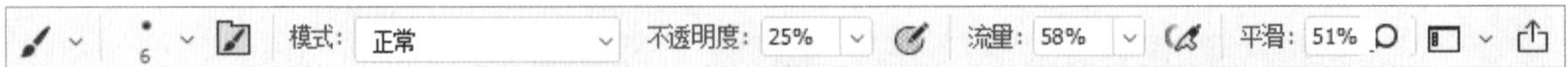

2.1.4 状态栏

状态栏位于图像窗口的最下方，用于显示文档尺寸、文档大小和当前文件的显示比例，如下图所示。单击状态栏，可显示图像的宽度、高度、通道、分辨率信息。按住Ctrl键单击状态栏，可显示拼接宽度、拼接高度、图像宽度、图像高度信息。

25% 文档:43.5M/43.5M

2.2 文件操作

在Photoshop CC 2018中对图像进行编辑时，一定会用到新建文件、打开文件、保存图像文件和导入、导出图像文件等基本操作。图像文件操作对整体的设计而言很重要，我们要认真学习好这些基本的文件操作。

2.2.1 新建文件

执行“文件>新建”命令，如下左图所示，弹出“新建文档”对话框，如下右图所示。在该对话框中可以设置新建图像文件的名称、大小、宽度、高度、分辨率、颜色模式、背景内容等选项，设置完成后单击“确定”按钮即可完成创建。

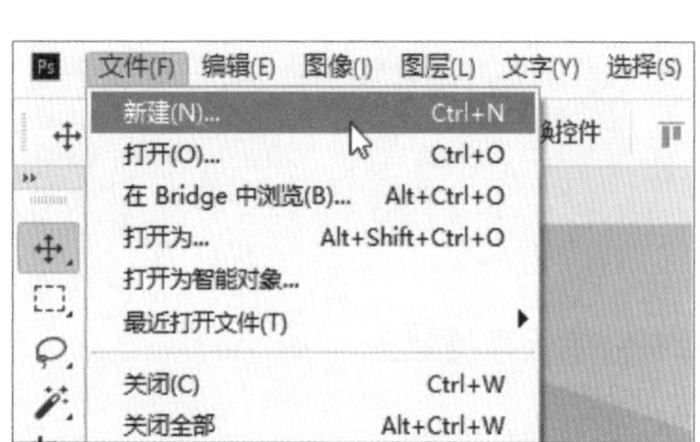

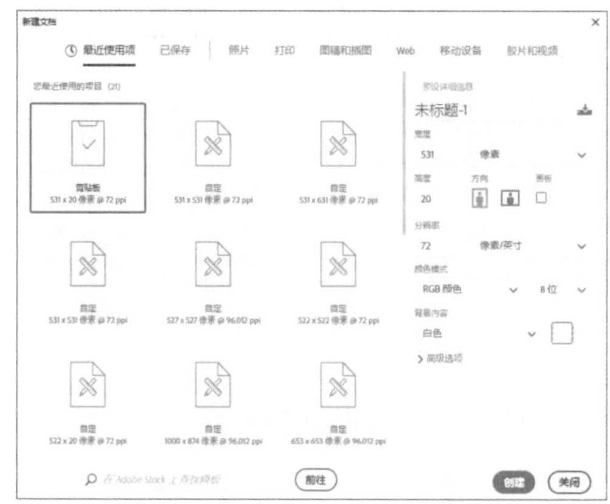

提示：使用旧版“新建文档界面”

如果用户习惯了老版本中对话框的样式，可以执行“编辑>首选项>常规”命令，打开“首选项”对话框，在“常规”面板中勾选“使用旧版本‘新建’文档界面”复选框即可。

2.2.2 打开文件

执行“文件>打开”命令，如下左图所示，弹出“打开”对话框，如下右图所示。在该对话框中选择需要打开的图像文件，然后单击右下角“打开”按钮，即可在Photoshop CC 2018中打开该图像文件。

执行“文件>打开为”命令，在弹出的对话框中选择图像文件并为它指定正确的格式，然后单击“打开”按钮即可。如果打不开该图像文件，则可能是选取的格式与文件的实际格式不匹配，或者是文件已经损坏。

2.2.3 保存图像文件

执行“文件>存储”命令，文件会以原有的格式保存在原路径文件夹中，如果这个文件是新建的，则会弹出“另存为”对话框，如下左图所示。在该对话框中可以设置图像文件的存储位置、文件名、保存类型选项，下右图为Photoshop CC 2018可储存的文件格式。

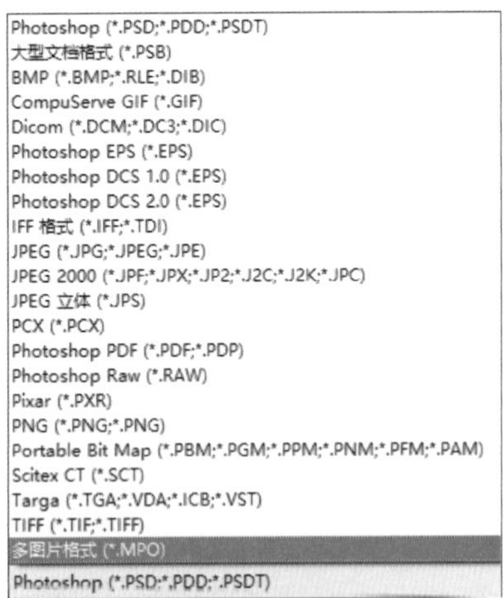

下面对“另存为”对话框各参数的含义进行介绍。

- **文件名**：在该文本框中输入保存文件的名称。
- **保存类型**：用户可以根据需要在该下拉列表中选择文件的保存类型。
- **作为副本**：勾选此复选框，可另存为一个副本文件。
- **使用校样设置**：将文件的保存格式设置为PDF或EPS时，该复选框可用。
- **ICC配置文件**：用于保存嵌入在文档中的ICC配置文件。

2.2.4 导入/导出文件

新建或打开图像文件后，执行“文件>导入”命令，在“导入”下拉菜单中可以选择变量数据组、视频帧到图层、注释、WIA支持文件类型，如下左图所示。某些数码相机使用“Windows图像采集”（WIA）支持来导入图像，将数码相机连接到计算机，然后执行“文件>导入>WIA支持”命令，可以将照片导入到Photoshop中。

图像编辑完成后，执行“文件>导出”命令，在“导出”下拉菜单中可以选择快速导出为PNG、导出为、导出首选项、存储为Web所用格式等选项，如下右图所示。如果在Photoshop中创建了路径，可执行“文件>导出>路径到Illustrator”命令，将路径导出为AI格式。在Illustrator中可编辑使用导出的路径。

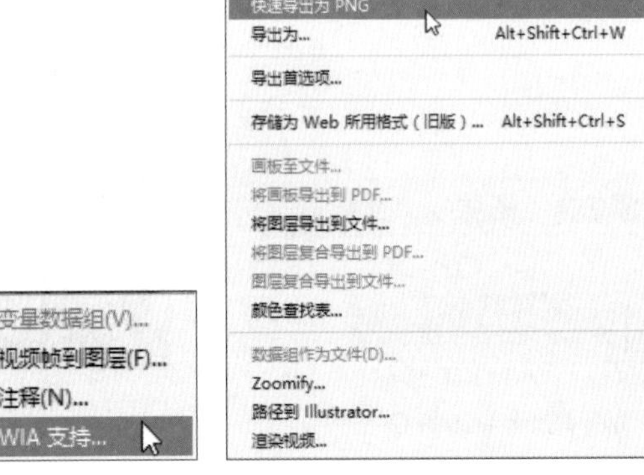

2.3 图像的基本操作

在Photoshop CC 2018中新建或导入图像文件后，用户可以根据需要对图像文件进行相应的操作，如调整图像尺寸、旋转图像、裁剪图像以及图像的变换等。

2.3.1 图像尺寸的调整

打开图片，执行“图像>图像大小”命令，如下左图所示，弹出“图像大小”对话框，如下右图所示。在该对话框中，用户可以根据需求来设置图像“宽度”、“高度”、“分辨率”等参数。

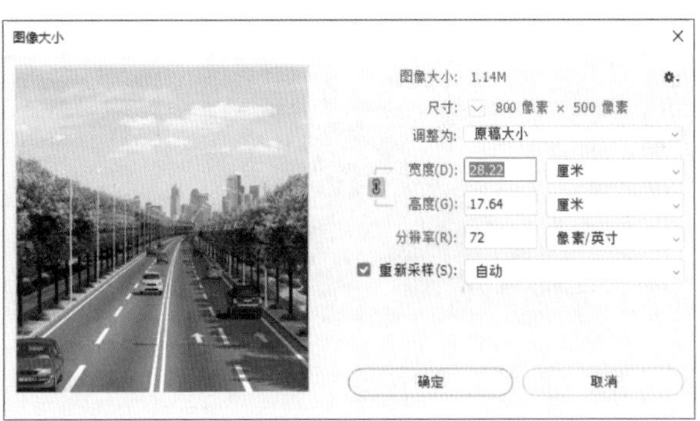

下面对“图像大小”对话框中相关参数进行介绍。

- **尺寸：**用于显示当前图像的尺寸，可以选择百分比、像素、英寸、厘米、毫米、点、派卡为度量单位来显示最终输出的尺寸。
- **调整为：**在下拉菜单中用户可以根据需要选择各种预设的图像尺寸。
- **宽度/高度：**通过在数值框中输入数值来修改图像的宽度和高度。当宽度和高度前的小图标处于按下状态时，表示修改图像的宽度或高度时，可保持宽度和高度的比例不变。如果要分别缩放宽度和高度，可单击该按钮解锁后分别调整。
- **分辨率：**该数值表示图像分辨率的大小。
- **重新采样：**如果要修改分辨率或图形大小以及按比例调整像素总数，可勾选该复选框，并在右侧的下拉菜单中选择插值方法。如果要修改分辨率或图像大小而不改变图像中的像素总数，则取消勾选该复选框。

2.3.2 图像的旋转

执行“图像>图像旋转”命令，用户可以根据需要选择要旋转的角度，下左图为图像的初始状态，下右图是执行旋转“180度”命令后的图像状态。

2.3.3 裁剪工具

如果要对图像进行裁剪，首先在工具箱中选择裁剪工具，然后按住鼠标左键进行拖拽，将图像中需要保留的部分置于拖拽区域内，如下左图所示。然后释放鼠标左键，并在属性栏中单击对勾按钮，即可保留拖拽区域内的图像，如下右图所示。

裁剪工具可以裁剪图像，还可以重新设置图像的大小，裁剪工具属性栏如下图所示。

提示：取消当前裁剪操作

如果在拖拽出裁剪框后不想裁剪图像，可以按Esc键或者单击属性栏中的“取消当前裁剪操作”按钮，或者单击工具箱中的其他工具，在弹出的对话框中选择“不剪裁”，即可取消当前裁剪操作。

2.3.4 图像的变换

在实际的图像变换过程中会经常用到自由变换和变换工具，这些工具在创作中发挥着重要的作用，下面为大家介绍自由变换工具和变换中的斜切、扭曲工具。

1. 自由变换

在Photoshop CC 2018中导入图像后，用户可以根据需要对图像进行变换操作。首先在图层面板中选择要进行变换的图层，然后执行“编辑>自由变换”命令，如下左图所示，图像的周围会出现一圈线框，效果如下右图所示。

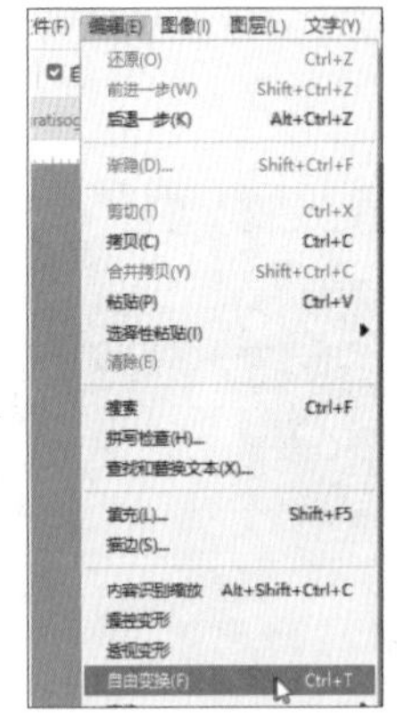

图像的中心出现了一个空心点，它表示的是图像的中心点，按住鼠标左键拖动该中心点会更改图像的中心位置。图像的四周出现了一圈线框，按住Shift键拖动拐角处的控制点可以对图像进行等比例缩放，如下左图所示。拖动四边的控制点，可以在相应的方向上进行自由变换，如下右图所示。

2. 扭曲和斜切

扭曲是图像编辑过程中常用的图像变换基本操作，扭曲图像可以将图像调整到任意位置。首先在图层面板中选择要进行扭曲的图层，然后执行“编辑>变换>扭曲”命令，拖拽控制点可对图像进行扭曲，右图为扭曲后的效果。

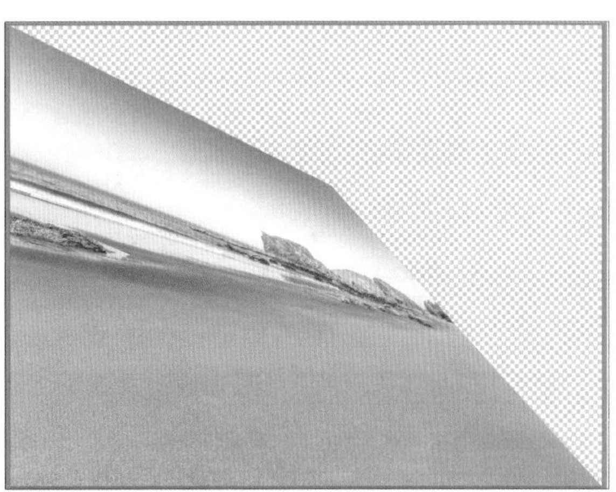

斜切图像是在不改变图像比例的情况下将图像调整为斜角对切的效果。在图层面板中选择要进行斜切的图层，然后执行“编辑>变换>斜切”命令，拖拽控制点可对图像进行斜切，在水平方向进行斜切变形效果如下左图所示，在垂直方向进行斜切变形效果如下右图所示。

2.4 颜色模式

Photoshop CC 2018提供了多种色彩模式，用户可以根据需要进行选择，不同的色彩模式适用于不同的输出方式。Photoshop CC打开图像时，默认的色彩模式是RGB模式，执行“图像>模式”命令后，可在子菜单中选择需要的色彩模式。

2.4.1 RGB模式

RGB色彩模式是一种常用的、基本的颜色模式，RGBS是色光的色彩模式，它将自然界的光线视为由红（Red）、绿（Green）、蓝（Blue）三种基本颜色组合而成。这三种颜色都有256个亮度水平级，所以三种色彩叠加就形成了1670万种颜色，也就是真彩色。

在Photoshop CC中，除非有特定的要求而使用特定的颜色模式，否则RGB颜色模式都是首选或优选，在这种模式下可以使用所有Photoshop工具和命令，其他模式则会受到限制。所有显示器、电视机等设备都是依赖RGB色彩模式实现的。可在菜单栏中执行“图像>模式>RGB颜色”命令选择RGB颜色模式，如下左图所示。Photoshop CC打开图像时，默认的色彩模式是RGB模式，如下右图所示。

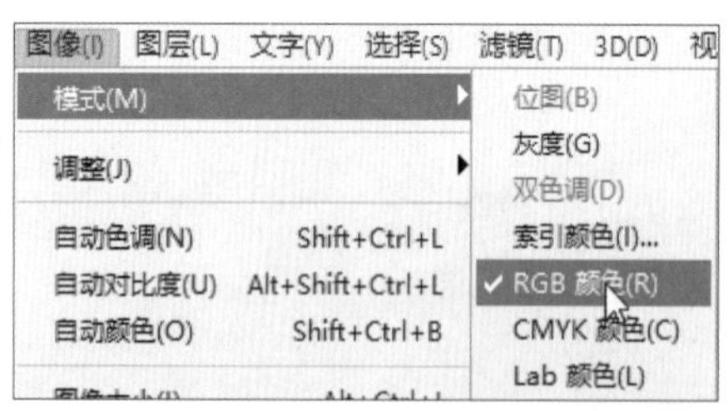

提示：RGB颜色模式不适用于打印

就编辑图像而言，RGB颜色模式是最佳的色彩模式，因为它可以提供全屏幕的24位的色彩范围，但RGB模式不能用于打印，因为它提供的部分色彩已经超出了打印的范围，因此在打印真彩色的图像时会损失一部分细节。

2.4.2 CMYK模式

CMYK是一种减色混合模式，它指的是本身不能发光，但能吸引一部分光，并将余下的光反射出去的色料混合，印刷用染料、绘画颜料等都属于减色混合。

CMYK颜色模式中，C代表青（Cyan）、M代表洋红（Magenta）、Y代表黄（Yellow）、K代表黑色（Black），在印刷中代表四种颜色的油墨。CMYK颜色模式与RGB颜色模式本质上没有什么区别，只是产生色彩的原理不同，在RGB模式中由光源发出的色光混合生成颜色，而在CMYK模式中则是由光线照到有不同比例C、M、Y、K油墨的纸上，部分光谱被吸收后，反射到人眼的光衍生颜色。下图为CMYK色彩模式下的“颜色”面板。

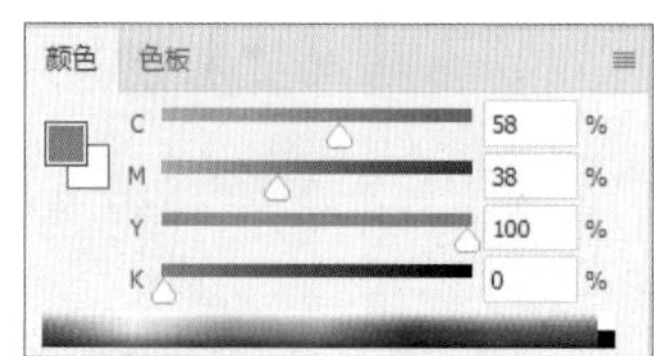

2.4.3 灰度模式

灰度模式是一种单一的色彩模式，可以使用多达256级灰度来表现图像，使图像的过渡更平滑细腻。灰度图像中的每个像素都有一个0~255之间的亮度值，0代表黑色，255代表白色，其他值代表了黑、白中间过渡的灰色。下左图为灰度模式下的“颜色”面板。

执行“图像>模式>灰度”命令，如下右图所示，在弹出的“信息”对话框中，单击“扔掉”按钮，即可将RGB颜色模式转换为灰度模式。

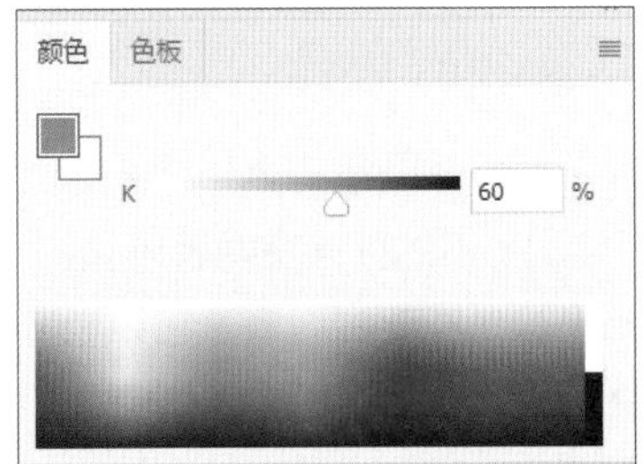

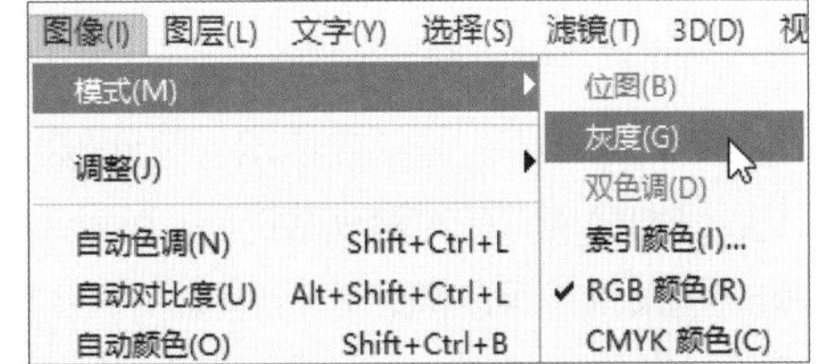

下左图为RGB模式下的图像，下右图为灰度模式下的图像。

2.4.4 Lab模式

在Lab颜色模式中，L代表了亮度分量，a代表了由绿色到红色的光谱变化，b代表了由蓝色到黄色的光谱变化。Lab模式是颜色模式进行转换时的中间模式。如将RGB颜色模式转换为CMYK颜色模式时，会将其先转换为Lab模式，再由Lab模式转换为CMYK颜色模式。下左图为Lab模式下的“颜色”面板。

执行“图像>模式>Lab颜色”命令，即可将RGB颜色模式转换为Lab颜色模式。下右图为Lab颜色模式下的图像。

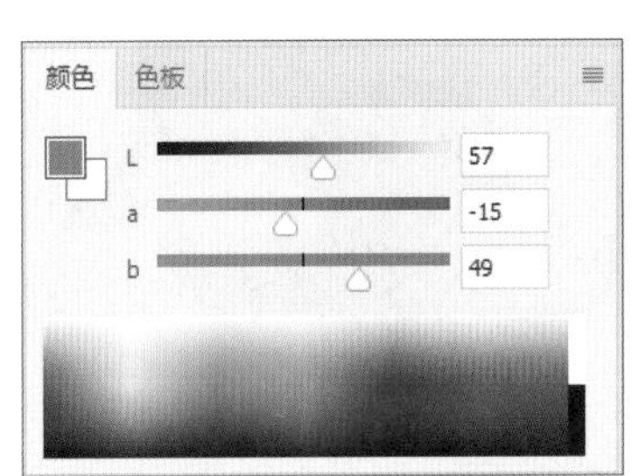

知识延伸：位图和矢量图

计算机图形图像主要分为两种，一种是矢量图形，一种是位图图像，两者差别很大。Photoshop是一款位图软件，但它也包含矢量功能，如文字、钢笔工具等。下面就来介绍矢量图形和位图图像的概念，在进行环艺设计之前务必分辨清楚这两种图形。

1. 位图

位图图像在技术上称为栅格图像，它是由像素（Pixel）组成的，Photoshop是典型的位图软件。使用Photoshop处理图像时，编辑的就是像素。位图可以表现出很好的颜色变化和细微的过渡，产生逼真的效果，并且很容易在不同的软件之间交换使用。像素越高，位图所占的存储空间就越大。

位图包含固定数量的像素，在对其缩放时，Photoshop无法生成新的像素，它只能将原有的像素变大来填充多出的空间，结果就是可以清晰地看到像素的小方块形状和各种不同的颜色色块。下左图为原图，下右图为图像放大后的效果。

2. 矢量图

矢量图是图形软件通过数学的矢量方式进行计算得到的图形，它与分辨率没有直接的关系，可以对图像进行任意旋转和缩放，都不会影响图像的光滑性和清晰度，即不会出现失真现象。矢量图形占用的内存非常小，但不能创建过于复杂的图形，也无法像位图那样表现丰富的颜色变化和细微的过渡。矢量图形适用于制作Logo或者图标等，如下图所示。

上机实训：制作景观鱼效果图

学习完本章知识后，用户应熟悉图像文件的基本操作，下面通过制作景观鱼效果图案例来巩固所学的知识，具体操作方法如下。

步骤 01 启动Photoshop CC软件，在菜单栏中执行“文件>新建”命令，或者按下Ctrl+N组合键，打开“新建文档”对话框，根据需求设置相应的图片大小、分辨率和颜色模式等参数，并将文档命名为“制作景观鱼效果图”，单击“确定”按钮即可新建文件，如下左图所示。

步骤 02 执行“文件>打开”命令，或者直接按下Ctrl+O组合键，打开“打开”对话框，选择“鱼塘.jpg”素材图片，单击“打开”按钮，如下右图所示。

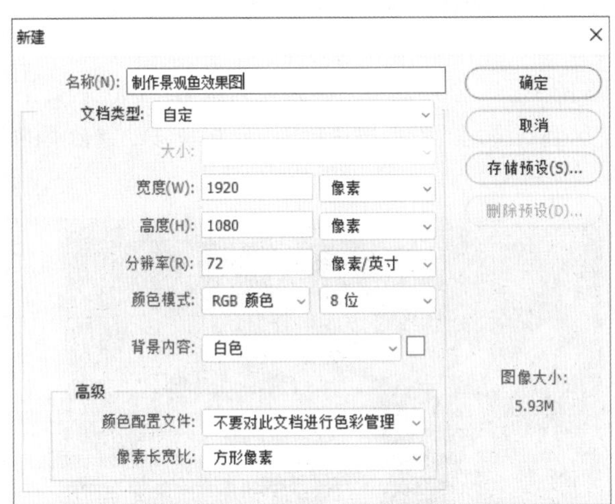

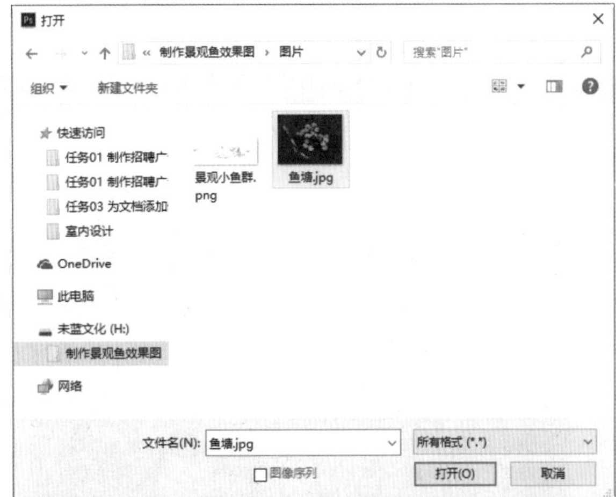

步骤 03 右击“背景”图层，在弹出的快捷菜单中选择“复制图层”命令，打开“复制图层”对话框，单击“文档”下三角按钮，选择目标文档为“制作景观鱼效果图”，如下左图所示。

步骤 04 切换到“制作景观鱼效果图”文档，按住Alt键的同时滚动鼠标滚轮，将图片缩放到合适的尺寸，然后按下Ctrl+T组合键，对复制后的图层执行缩小操作，如下右图所示。

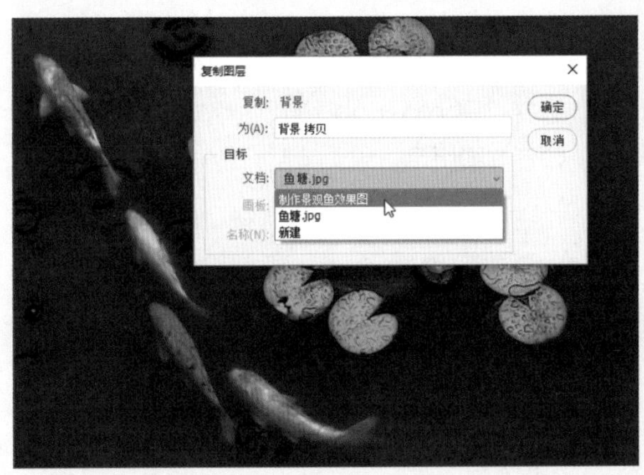

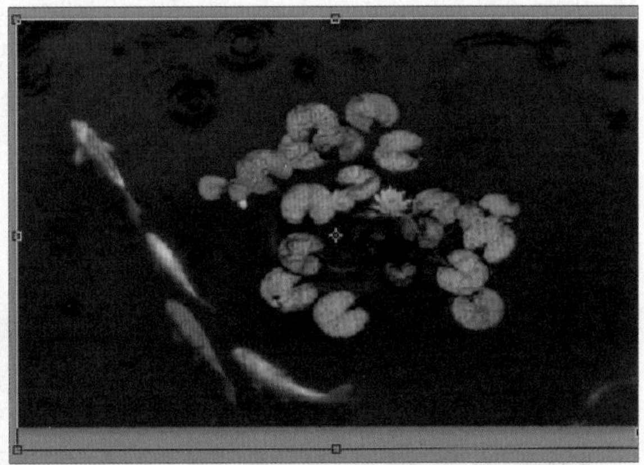

步骤 05 选择工具箱中的裁剪工具，调整好裁剪区域后，勾选属性栏中的“删除裁剪的像素”复选框，并按下Enter键，如下左图所示。

步骤 06 执行“文件>置入嵌入智能对象”命令，在打开的“置入嵌入的对象”对话框中选择“景观小鱼群.png”素材图片，单击“置入”按钮，如下右图所示。

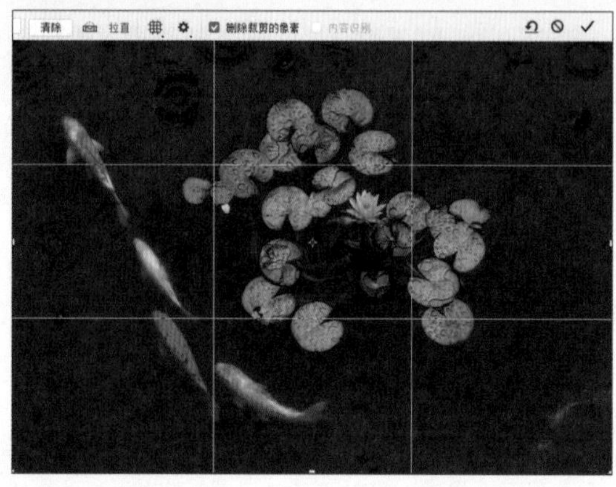

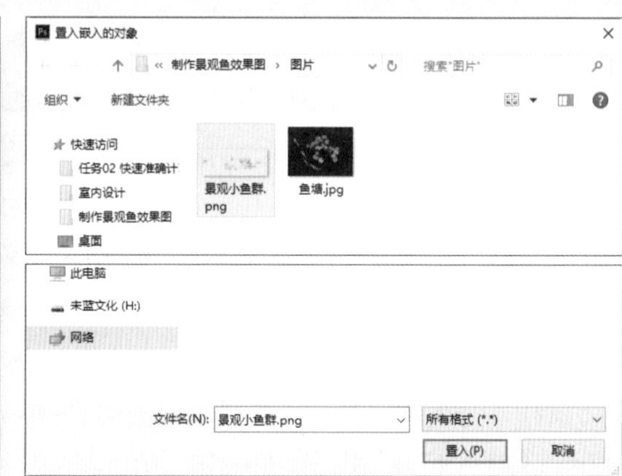

步骤 07 选中置入的图片，按住鼠标左键移动到合适的位置后，按下Enter键确认操作，如下左图所示。

步骤 08 选择工具箱中的多边形套索工具，选中鱼塘所在的图层，然后对下方两条鱼大致勾画选区，如下右图所示。当线条闭合后，按下Ctrl+J组合键，复制选区到新图层，然后按快捷键V，将鱼移动到合适的位置。

步骤 09 按下Ctrl+T组合键，将光标移到控制框的外围，当出现双向箭头弯曲标志时，对控制框进行旋转，旋转到合适的角度后按Enter键，如下左图所示。

步骤 10 在菜单栏中执行“文件>存储为”命令，或按下Shift+Ctrl+S组合键，在弹出的“另存为”对话框中选择文件保存的位置后，单击“保存类型”下三角按钮，选择“Photoshop PDF”格式选项，然后单击“保存”按钮，将制作的景观鱼效果图保存为PDF格式，如下右图所示。

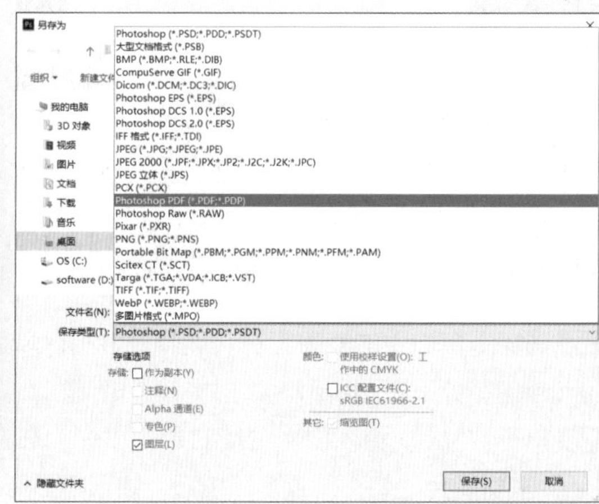

课后练习

1. 选择题

（1）菜单栏中有文件、编辑、（　）、图层、文字、选择、滤镜、3D、视图、窗口和帮助11个主菜单。

A. 建模　　B. 图像　　C. 动画　　D. 视频

（2）新建或打开图像文件后，执行“文件>导入”命令，在“导入”菜单中可以选择变量数据组、视频帧到图层、注释、（　）文件类型。

A. WIA支持　　B. WID支持　　C. WIV支持　　D. WIP支持

（3）在对图像进行自由变换操作时，图像的四周会出现一圈线框，按住（　）键拖动拐角处的控制点可以对图像进行等比例缩放。

A. Enter　　B. Ctrl　　C. Shift　　D. Alt

（4）使用Photoshop CC 2018打开图像时，默认的色彩模式是（　）模式。

A. CMYK　　B. RGB　　C. 灰度　　D. Lab

（5）CMYK颜色模式中，C代表青、M代表（　）、Y代表黄、K代表黑色，在印刷中代表四种颜色的油墨。

A. 洋红　　B. 紫　　C. 绿　　D. 灰

2. 填空题

（1）状态栏用于显示文档尺寸、文档大小和当前文件的________，位于图像窗口的最下方。

（2）在Lab颜色模式中，L代表了________，a代表了由绿色到红色的光谱变化，b代表了由蓝色到黄色的光谱变化。

（3）如果要修改分辨率或图形大小以及按比例调整像素总数，可________重新采样复选框，并在右侧的下拉菜单中选择插值方法。如果要修改分辨率或图像大小而不改变图像中的像素总数，则________该复选框。

（4）斜切图像是在________图像比例的情况下将图像调整为斜角对切的效果。

（5）计算机图形图像主要分为两种，一种是矢量图形，一种是________，两者差别很大。

3. 上机题

打开提供的素材文件，利用本章所学的知识，更换墙上的装饰画。原图如下左图所示，最终效果如下右图所示。

操作提示

（1）用户可以运用本章所学的文件操作，打开素材文件及制作完成后保存文件。

（2）使用图像的自由变换命令调整图像的大小。

Chapter 03 选区的创建和编辑

本章概述

本章将对选区的创建和编辑进行介绍，使读者了解创建选区的方法以及编辑选区的基本操作。选区是指图像上一个选定的区域，就是图像上闭合的黑色虚线框内的像素集合，关于选区的一切操作都只会影响到选区内的图像。熟练掌握选区的操作有利于使用Photoshop对图像进行各种处理。

核心知识点

1. 了解选区的概念
2. 掌握规则选区的创建方法
3. 掌握不规则选区的创建方法
4. 熟悉选区的运算
5. 掌握编辑选区的基本操作

3.1 规则选区的创建

选区是一个闭合的区域，在处理图像时，若只需要编辑图像的局部区域，就可以在图像中创建一个选区，该选区只会影响选区内的图像，而不影响其他区域。本节将介绍创建规则选区的方法。

3.1.1 矩形选框工具

矩形选框工具是环境设计创作中经常会使用到的一种工具，该工具用于创建矩形和正方形的选区。在工具箱中选择矩形选框工具，如下左图所示，然后按住鼠标左键在图像中拖拽出一个区域，释放鼠标左键，即可完成矩形选区的创建，如下右图所示。

使用矩形选框工具创建选区时，按住Alt键再按住鼠标左键拖动，即可创建以单击点为中心的矩形选区；按住Shift键再按住鼠标左键拖动，即可创建正方形选区；按住Shift+Alt键再按住鼠标左键拖动，即可创建以单击点为中心的正方形选区。

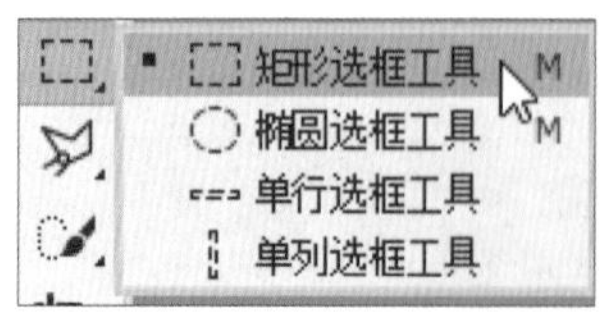

矩形选框工具的属性栏如下图所示。

羽化：0像素 消除锯齿 样式：正常 宽度： 高度： 选择并遮住...

- **羽化：**用来设置选区的羽化范围。
- **样式：**该选项用来设置创建选区的方法，选择“正常”样式，可拖动鼠标来创建任意大小的选区；选择“固定比例”样式，可在右侧“宽度”和“高度”文本框中输入数值，创建固定比例的选区；选择“固定大小”样式，可在“宽度”和“高度”文本框中输入数值，在图像中单击即可创建选区。

3.1.2 椭圆选框工具

在工具箱中选择椭圆选框工具，如下左图所示，在图像中按住鼠标左键并拖拽即可创建椭圆选区；按住Shift键再按住鼠标左键拖动，即可创建正圆形选区，如下右图所示；按住Alt键再按住鼠标左键拖动，即可创建以单击点为中心的椭圆选区；按住Shift+Alt组合键再按住鼠标左键拖动，即可创建以单击点为中心的圆形选区。

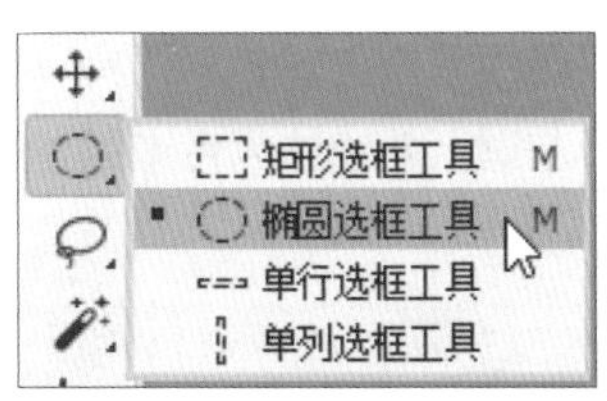

3.1.3 单行/单列选框工具

单行选框工具和单列选框工具只能创建高度为1像素的行或宽度为1像素的列，具体操作如下所示。

步骤 01 在工具箱中选择单列选框工具，在属性栏中单击“添加到选区”按钮，然后在图像上单击，创建宽度为1像素的选区，如下左图所示。

步骤 02 单击“图层”面板下方的“创建新图层”按钮，创建一个新的图层，如下右图所示。

步骤 03 选择一个前景色，按Alt+Delete组合键填充选区，如下左图所示。

步骤 04 按Ctrl+D组合键取消选区，最终效果如下右图所示。

3.2 不规则选区的创建

在编辑图像的过程中，有时需要对图像的局部进行编辑，就需要将该部分框选起来创建为选区。选区的创建有多种方法，处理的图像不同，创建选区方法也不同。本节将介绍创建不规则选区的方法。

3.2.1 套索工具组

套索工具组在编辑图像的过程中经常会用到，它是由套索工具、多边形套索工具、磁性套索工具组成的。在工具箱中选择要使用的套索工具，然后在图像中框选出要编辑的区域，即可完成不规则选区的创建。

1. 套索工具

套索工具是编辑图像的过程中常用的工具之一，首先在工具箱中单击选择套索工具，如下左图所示。然后在图像中单击确定起点，再沿所要选择的选区周围单击鼠标左键至起点处闭合选区，最后释放鼠标左键完成选区的创建，效果如下右图所示。

2. 多边形套索工具

多边形套索工具用于创建不规则选区。在工具箱中单击选择多边形套索工具，在图像中单击起点，属性栏设置如下左图所示，然后拖动鼠标单击下一个拐点，直至起点位置闭合选区，即可完成选区的创建，如下右图所示。

3. 磁性套索工具

磁性套索工具可以自动识别对象的边界，如果对象边缘较为清晰，并且与背景有明显的对比，可以使用该工具快速创建选区。单击选择磁性套索工具，在图像中单击并沿着对象边缘拖动鼠标，如下左图所示，光标经过的地方会形成锚点来创建选区，创建完成的效果如下右图所示。

实战练习 利用选区工具将公园中的椅子替换为石碑

学习了选区创建工具的应用后，本案例将介绍使用选区选择功能将公园中的椅子替换为石碑的操作方法，具体步骤如下。

步骤 01 打开Photoshop CC软件后，按下Ctrl+O组合键，在打开的“打开”对话框中按住Ctrl键，选择要打开的图像文件，如下左图所示。

步骤 02 单击“打开”按钮，打开素材文件后，进行层叠显示，以便进行对比观察，如下右图所示。

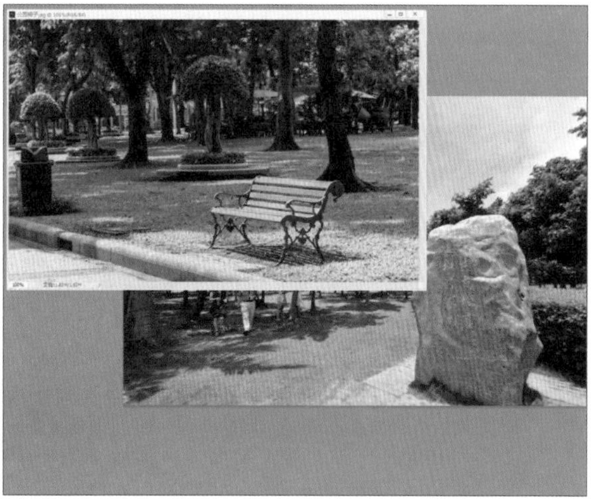

步骤 03 在工具箱中长按套索工具按钮，在打开的列表中选择磁性套索工具（磁性套索工具可以吸附对比强烈的图片边缘，以便快速选取对象），如下左图所示。

步骤 04 然后在图像上单击，拖动鼠标围绕着要选取对象的边缘进行选取，返回到起点后单击闭合选区，完成选区的选择，如下右图所示。在创建选区的过程中，若出现选区偏离的情况，可以按下Delete键执行撤销上一步选取操作。

步骤 05 然后按下Ctrl+J组合键，即可将选区内的图像创建单独的图层。接着将复制的石碑对象拖至另一个图像文件中，如下左图所示。

步骤 06 接着选择工具箱中的多边形套索工具，为草坪上的座椅创建选区，然后单击鼠标右键，在弹出的快捷菜单中选择“填充”命令，在打开的“填充”对话框中设置“内容”为“内容识别”，如下右图所示。

步骤 07 单击“确定”按钮，可以看到椅子部分的选区已经被填充删除，然后再使用修补工具对细节进行处理，效果如下左图所示。

步骤 08 使用移动工具选择石碑并移至座椅之前的位置，按住Ctrl+T组合键，对石碑的角度和位置进行调整，如下右图所示。

步骤 09 选中石碑所在图层，执行“图像>调整>色相/饱和度”命令，打开“色相/饱和度”对话框，设置相关参数，单击“确定”按钮，如下左图所示。

步骤 10 按Ctrl+M组合键，打开“曲线”对话框，将曲线向上稍微拖拽，提高石碑的亮度，单击“确定”按钮，如下右图所示。

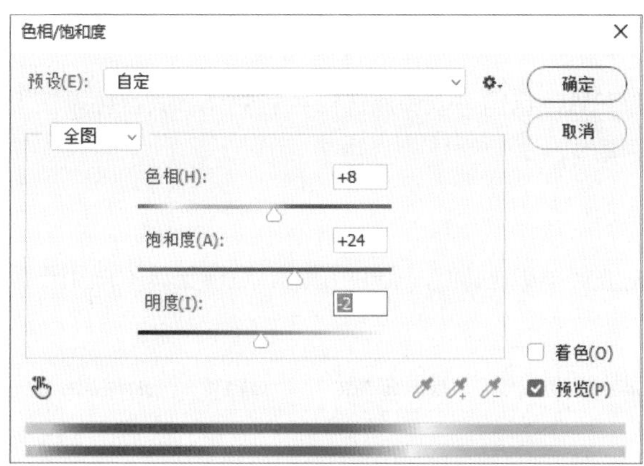

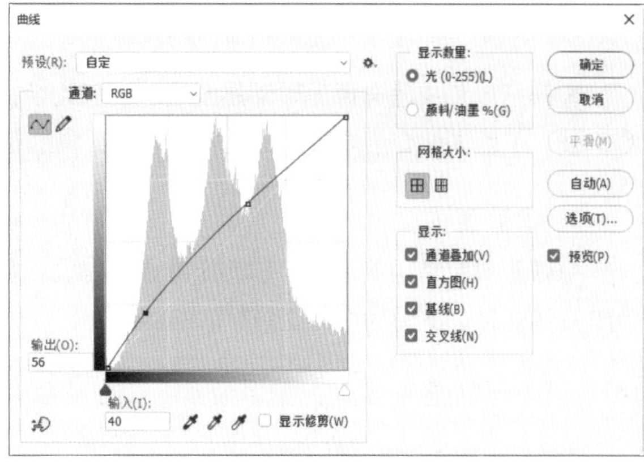

步骤 11 使用快速选择工具选择石碑底部的草地部分，按下Shift+F6组合键，在打开的“羽化选区”对话框中设置半径为10像素，再执行“图像>调整>亮度/对比度”命令，在打开的对话框中设置相关参数，进一步提高草地的高度，如下左图所示。

步骤 12 在“图层1”下方新建“图层2”图层，使用套索工具在石碑底部绘制一块阴影覆盖的范围选区并填充黑色，按下Ctrl+D组合键取消选区，如下右图所示。

步骤 13 在菜单栏中执行“滤镜>模糊>高斯模糊”命令，在打开的“高斯模糊”对话框中设置“半径”为2.5像素，对黑色区域进行模糊处理，如下左图所示。

步骤 14 为“图层2”添加图层蒙版，选择渐变工具，单击属性栏中渐变颜色条，在打开的对话框中设置黑白渐变，在蒙版中由上向下拖拽，最后设置“图层2”的“不透视明度”为49%。至此，本案例制作完成，最终效果如下右图所示。

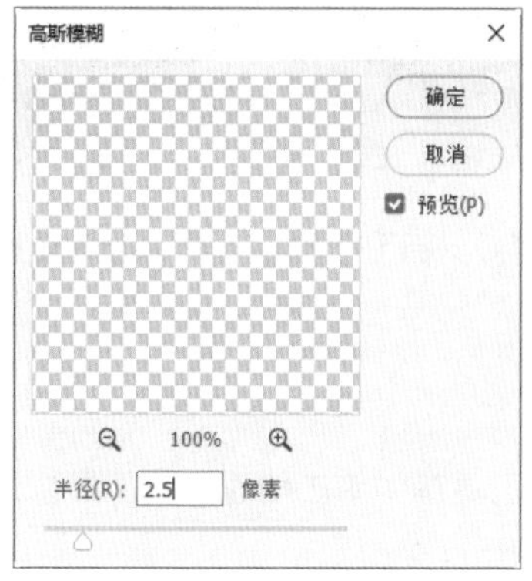

3.2.2 魔棒和快速选择工具

魔棒工具和快速选择工具都是创建选区较为快捷的工具，它们可以快速选择色彩变化不大且色调接近的区域，下面详细介绍魔棒工具和快速选择工具的相关操作。

1. 魔棒工具

魔棒工具是常用的工具，它的作用原理是通过单击选择与单击颜色一致的颜色。魔棒工具不适用于颜色丰富的图片，下图为魔棒工具默认的属性栏。

下面介绍魔棒工具属性栏中参数的含义。

- **取样大小：** 取样点像素的大小。
- **容差：** 在容差数值框中可以输入0~255的任意数值，系统默认是32。容差值越大，所能选择的颜色范围就越大，但精确度会随之降低；容差值越小，只能选择与单击点非常相似的颜色，但精确度很高。下左图所示容差为15，下右图所示容差为60。

- **连续：** 勾选此复选框，只能选择色彩接近的连续区域，如下左图所示；取消勾选此复选框，将会选择图像上色彩接近的所有区域，如下右图所示。

- **对所有图层取样：** 勾选此复选框，可以选择所有可见图层色彩接近的区域；不勾选此复选框，只选择当前所在图层上颜色接近的区域。

2. 快速选择工具

快速选择工具是选取颜色单一或由多种图像组成的选区。在工具箱中单击快速选择工具，如下左图所示，然后在图像中按住鼠标左键绘制出要创建的选区，如下右图所示。

下图为快速选择工具的属性栏，下面介绍该属性栏较为重要的选项。

快速选择工具属性栏中参数的含义如下。

- **选区操作模式：** 单击“新选区”按钮，创建一个新的选区；单击“添加到选区”按钮，在原有选区的基础上添加新的选区；单击“从选区减去”按钮，在原有选区的基础上减去新的选区。
- **自动增强：** 勾选该复选框，在使用快速选择工具时自动增加选区边缘。

3.2.3 色彩范围

“色彩范围”命令可以根据图像中颜色范围的分布生成选区，在编辑图像的过程中也会经常使用该命令，具体方法如下。

步骤 01 首先打开一张图片，如下左图所示。然后执行“选择>色彩范围”命令，打开“色彩范围”对话框，如下右图所示。

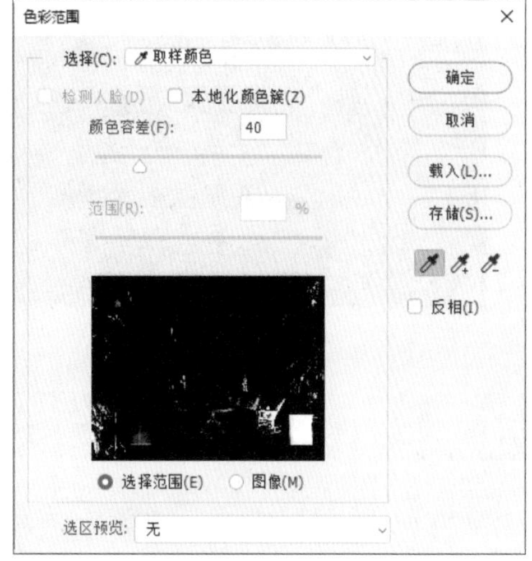

步骤 02 打开“色彩范围”对话框后，鼠标光标自动变为“吸管”工具，然后使用“吸管”工具单击门上的红色，并设置“颜色容差”为100，如下左图所示。

步骤 03 单击“确定”按钮，新的选区创建完成，如下右图所示。

下面对“色彩范围”对话框中各主要参数的含义和应用进行介绍，具体如下。

- **选择**：可以根据需要选择选区的创建方式。
- **颜色容差**：该数值用于控制颜色的选择范围，容差值越大，所能选择的颜色范围就越大，反之选择的颜色范围越小。
- **选择范围/图像**：勾选“选择范围”选项，白色是被选中的区域，黑色是未被选中的区域。勾选“图像”选项，将显示彩色图像。
- **反相**：勾选该复选框，反向建立选区。

3.2.4 快速蒙版

“快速蒙版”是一个创建、编辑选区的临时环境，可以用于快速创建选区。单击工具箱底部“以快速蒙版模式编辑”按钮，进入“快速蒙版”模式的编辑状态，如下左图所示。在“通道”面板中会自动生成一个“快速蒙版”通道，如下右图所示。

3.3 选区的编辑

编辑选区的操作有移动/取消选区、全选/反选选区、扩展/收缩选区、羽化和变换选区等。通过对选区的编辑可以使选区更加精确，从而避免多余的操作，提高工作效率。

3.3.1 移动/取消选区

选区创建完成后，保持工具箱中的选区创建工具不变，将光标置于选区内，然后按住鼠标左键进行拖动即可。下左图为选区创建完成后的效果，下右图为移动选区后的效果。

执行“选择>取消选择”命令，或按Ctrl+D组合键，都可取消当前选区。

3.3.2 全选/反选选区

全选选区用于选择当前文档边界内的全部图像。可以执行“选择>全部”命令，或按Ctrl+A组合键，都能全选选区。

反选选区用于选择除去当前选区以外的图像区域。可以执行“选择>反选”命令，或按Ctrl+Shift+I组合键，都能反选选区。下左图为反选选区前的效果，下右图为反选选区后的效果。

提示：复制、粘贴图像

如果要复制整个图像，可按Ctrl+A组合键全选图像，然后按Ctrl+C组合键进行图像的复制。如果要粘贴图像，可按Ctrl+V组合键粘贴图像。

3.3.3 边界选区

在图像中新建一个选区，如下左图所示，执行“选择>修改>边界”命令，可以将已有的选区边界向内外分别扩展，扩展后的边界与原来的边界形成新的选区。在“边界选区”对话框中，“宽度”选项用于设置选区向内外扩展的像素值，设置完成后单击“确定”按钮，边界选区创建完成。下右图为“宽度”值为50的边界选区。

3.3.4 平滑选区

使用魔棒工具或“色彩范围”命令创建选区时，选区的边缘较为生硬，可以执行平滑选区命令对选区进行平滑处理。在图像中新建一个选区，如下左图所示，执行“选择>修改>平滑”命令，如下右图所示，打开“平滑选区”对话框，在“取样半径”选项中设置数值，可让选区变平滑，数值越大，选区越平滑。

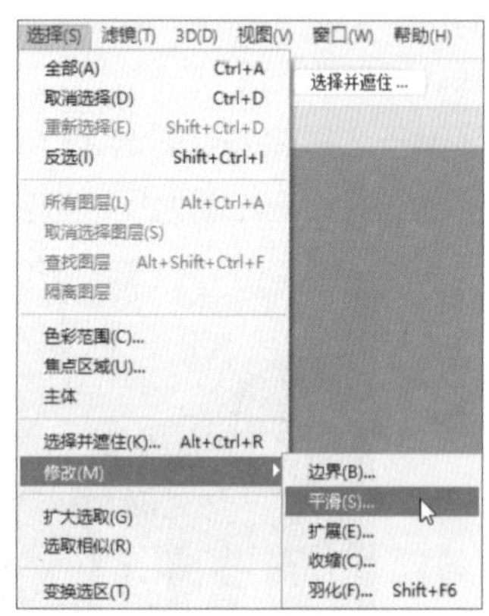

设置“取样半径”数值为50，效果如下左图所示。设置该数值为500，效果如下右图所示。

3.3.5 扩展/收缩选区

在图像中创建一个新的选区，如下左图所示，然后执行“选择>修改>扩展”命令，在弹出的“扩展选区”对话框中根据需要设置“扩展量”参数，即可对选区进行扩展。下右图为“扩展量”为60的效果。执行“选择>修改>收缩”命令，设置“收缩量”参数，即可对选区进行收缩。

3.3.6 羽化选区

羽化选区就是对选区的边缘进行模糊处理。在图像中新建选区后，执行“选择>修改>羽化”命令，如下左图所示，即可打开“羽化选区”对话框，如下右图所示。“羽化半径”选项用于设置选区的模糊范围，数值越小，模糊范围就越小，反之模糊范围越大。

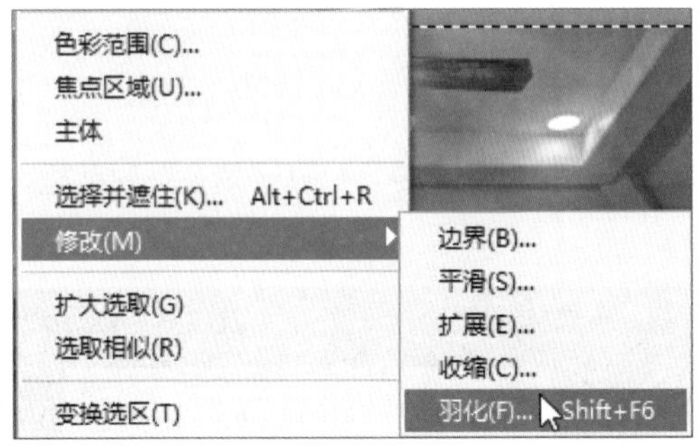

下左图所示为创建完选区的原图。执行“选择>修改>羽化”命令，然后设置“羽化半径”值为40，使用“羽化”命令抠取图像，如下右图所示。

提示：羽化半径的设置

如果选区比较小，而“羽化半径”设置得比较大，软件会弹出警告，“警告：任何像素都不大于50%选择。选区边将不可见”。这时应增大选区的范围或减小羽化半径。

3.3.7 变换选区

执行“选择>变换选区”命令，选区上出现变换控制框，如下左图所示。拖拽控制点即可对选区进行缩放、旋转等变换操作，但选区内的图像不会发生任何变化，如下右图所示。如果执行“编辑>变换”命令，选区和图像会同时应用变换操作。

3.3.8 填充和描边选区

填充和描边操作在编辑图像的过程中经常会用到，填充选区的作用是为选区填充颜色，描边选区的作用是在选区的边缘描上细边。具体的操作方法如下。

步骤 01 在图像上新建一个选区，如下左图所示。

步骤 02 新建一个图层，设置前景色为紫色，然后执行“编辑>填充”命令，打开“填充”对话框，设置相关参数，单击“确定”按钮。

步骤 03 执行“编辑>描边”命令，设置相关参数，单击“确定”按钮。

步骤 04 按Ctrl+D组合键取消选区，最终效果如下右图所示。

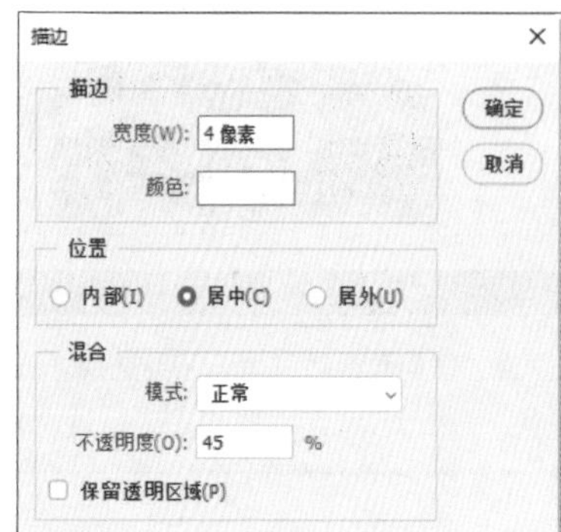

3.3.9 保存/载入选区

在选区创建完成后，为避免突发情况的发生，要学会保存和载入选区，下面介绍保存和载入选区的具体操作。

1. 保存选区

有时抠一些复杂的图像需要很长的时间，为避免断电或其他不可控因素导致图像丢失，要及时保存选区，这样使用和修改都会较为方便。选区创建完成后，如下左图所示，在通道面板中单击“将选区存储为通道”按钮，即可将选区保存在Alpha通道中，如下右图所示。

另外一种存储选区的方法是执行“选择>存储选区”命令，打开“存储选区”对话框，如下左图所示。设置完名称后，单击“确定”按钮，可以看到通道面板中多了一个通道，如下右图所示。

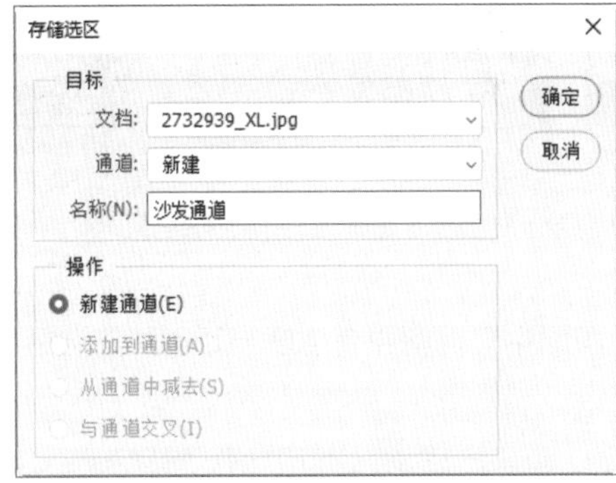

2. 载入选区

按住Ctrl键单击存储的通道缩略图，即可将选区载入到图像中，如下左图所示。另外一种方法是执行“选择>载入选区”命令，打开“载入选区”对话框，如下右图所示。

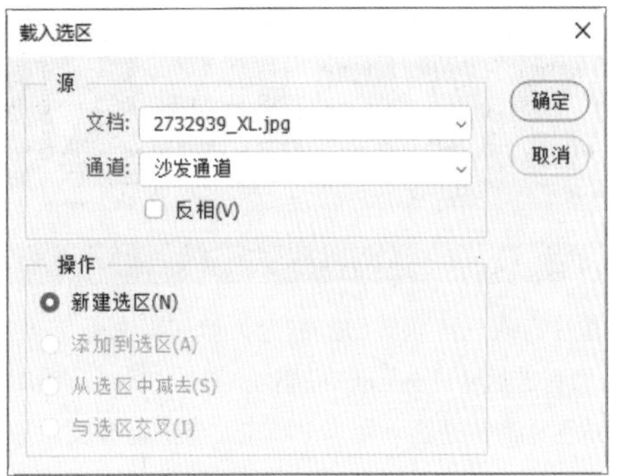

知识延伸：选区运算

在使用选框工具、套索工具、快速选择工具和魔棒工具创建选区时，属性栏中会出现操作模式按钮，如下图所示。

- **新选区：** 单击该按钮，如果图像中没有选区，在图像中拖动鼠标会创建一个新的选区，如下左图所示；如果图像中已经有选区存在，新选区会替换原有的选区。
- **添加到选区：** 单击该按钮，可以在已有的选区基础上添加新的选区。如下右图所示，在已有矩形选区的基础上添加了圆形选区。

- **从选区减去：** 单击该按钮，在图像中拖动可以从原有选区中减去当前创建的选区，如下左图所示。如果图像中没有选区，则会创建新的选区。
- **与选区交叉：** 单击该按钮，在图像中拖动，画面中只保留原有选区与新创建的选区相交的部分，如下右图所示。

提示：选区运算快捷键

如果当前图像中存在已经创建好的选区，若使用选框工具、套索工具、魔棒工具、快速选择工具继续创建选区时，按住Alt键可以从原有选区中减去当前创建的选区；按住Shift键可以在当前选区的基础上添加新的选区；按住Shift+Alt键可以得到与当前选区相交的选区，相当于单击“与选区交叉”按钮。

上机实训：制作草原风光的别墅外景效果

学习完创建选区工具的应用方法后，下面使用多种选区工具抠选物体放入草原场景来巩固所学的知识，具体操作方法如下。

步骤 01 启动Photoshop CC软件，按下Ctrl+O组合键，在弹出的“打开”对话框中找到相应的文件夹，按住Ctrl键的同时选中“草原.jpg”、“飞机.jpg”、“飞鸟.png”、“蝴蝶1.jpg”、“蝴蝶2.jpg”、“牛.jpg”、“人群.jpg”、“羊群.jpg”等素材图片，单击“打开”按钮，如下左图所示。

步骤 02 切换至“飞机.jpg”图像文件，按住Alt键，滚动鼠标滚轮将图像放大到合适大小，方便观察抠图。在工具箱中选择魔棒工具，单击蓝天区域，选择蓝天，然后执行“选择>反选”命令，或按下Shift+Ctrl+I组合键对选区进行反选，再按下Ctrl+C组合键，复制当前选区，如下右图所示。

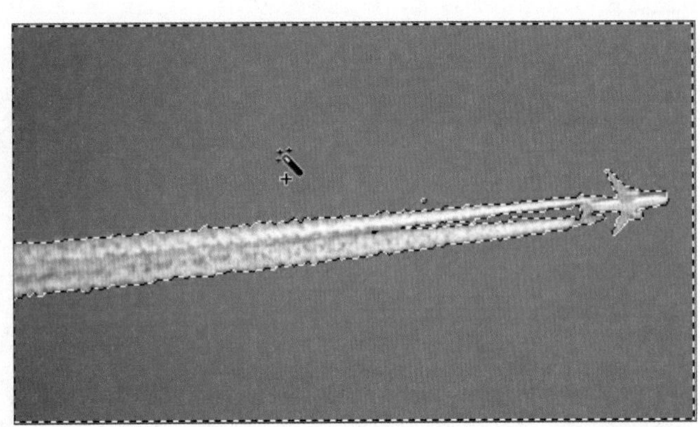

步骤 03 切换至“草原.jpg”图像文件，按下Ctrl+V组合键，粘贴选区内容。按下快捷键V，使用移动工具将飞机移动到画面左侧，然后按下Ctrl+T组合键调整飞机到合适的大小，最后设置该图层的“不透明度”为67%，如下左图所示。

步骤 04 切换至“飞鸟.png”图像文件，按住Ctrl键单击“图层”面板中的图层缩览图载入选区，再按下Ctrl+C组合键复制当前选区，如下右图所示。

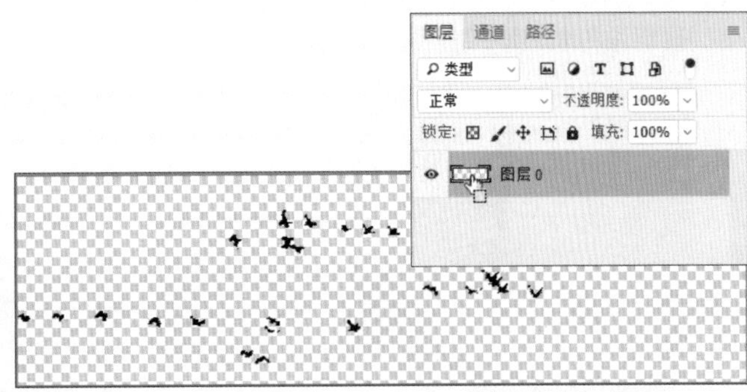

步骤 05 切换至“草原.jpg”图像文件，按下Ctrl+V组合键，粘贴选区内容，然后按下Ctrl+I组合键将图像反相，使用移动工具将飞鸟移动到画面右侧，然后按下Ctrl+T组合键调整飞鸟图像至合适的大小后按下Enter键，如下左图所示。

步骤 06 切换至“蝴蝶1.jpg”图像文件，使用快速选择工具选择蝴蝶，可以在蝴蝶的尾部、腿和触角有多选的部分，如下右图所示。

步骤07 保持选区不变，双击工具箱中“以快速蒙版编辑”按钮，打开“快速蒙版选项”对话框，选择“所选区域”单选按钮，单击“确定”按钮，如下左图所示。

步骤08 可见选区部分进入快速蒙版状态，设置前景色为白色，选择画笔工具，在蝴蝶以外的区域进行涂抹，将多选择区域排除在选区外，在涂抹过程中可以调整画笔的大小处理细节，如下右图所示。

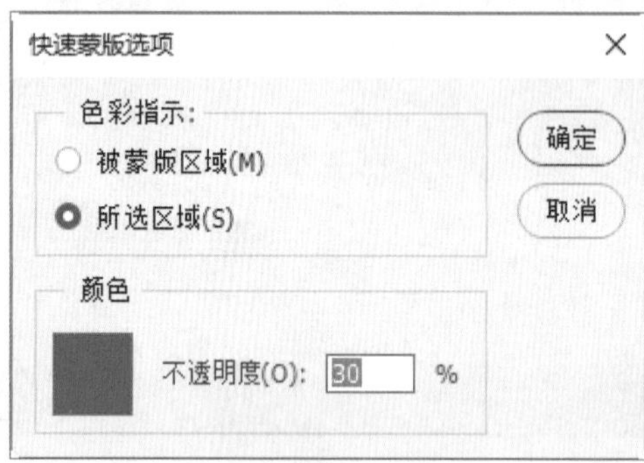

步骤09 将蝴蝶涂抹后，按快捷键Q退出快速蒙版并创建选区。选择任意选框工具后，右击选区，在弹出的快捷菜单中选择“羽化”命令，在打开的“羽化选区”对话框中设置“羽化半径”为3像素，单击“确定”按钮，如下左图所示。

步骤10 按下Ctrl+C组合键复制当前选区，切换到“草原.jpg”图像文件，按下Ctrl+V组合键粘贴选区内容。按下快捷键V，使用移动工具将蝴蝶移动到花丛中，然后按下Ctrl+T组合键调整蝴蝶图像到合适的大小，最后按Enter键，如下右图所示。

步骤11 切换至“蝴蝶2.jpg”图像文件，选择快速选择工具，或按下快捷键W，对蝴蝶主体部分进行大致选择，然后按下Ctrl+C组合键复制当前选区，如下左图所示。

步骤12 切换到“草原.jpg”图像文件，按下Ctrl+V组合键粘贴选区内容。按下快捷键V，使用移动工具将蝴蝶移动到花丛中，按下Ctrl+T组合键调整图像至合适的大小，最后按Enter键，如下右图所示。

步骤13 切换至“牛.jpg”图像文件，选择快速选择工具，或按下快捷键W，对牛主体部分进行大致选择，注意阴影也要选择，然后在菜单栏中执行“选择>修改>收缩”命令，在打开的“收缩选区”对话框中设置“收缩量”为2像素，单击“确定”按钮。然后按下Ctrl+C组合键复制当前选区，如下左图所示。

步骤14 切换到“草原.jpg”图像文件，按下Ctrl+V组合键粘贴选区内容。按下快捷键V，使用移动工具将牛移动到画面中间，按下Ctrl+T组合键调整图像至合适大小后按下Enter键，如下右图所示。

步骤15 切换至“人群.jpg”图像文件，选择快速蒙版工具，设置笔刷的大小，在属性栏中单击“添加到选区”按钮，然后分别选中图像中的人物，如下左图所示。

步骤16 设置前景色为白色，使用画笔工具对人群进行涂抹，用户可以根据需要使用黑色画笔涂抹需要添加选区的部分，按下快捷键Q退出快速蒙版并将涂抹区域转换为选区。打开“羽化选区”对话框，设置“羽化半径”为2像素，单击“确定”按钮，如下右图所示。

步骤 17 按Ctrl+C组合键复制选区内容，切换到“草原.jpg”图像文件，按下Ctrl+V组合键粘贴选区内容。使用移动工具将人群移动到画面右侧草地位置，按下Ctrl+T组合键调整图像大小，按下Enter键确认，如下左图所示。

步骤 18 切换至“羊群.jpg”图像文件，在菜单栏中执行“选择>色彩范围”命令，在弹出的“色彩范围”对话框中设置相关参数，单击白色的羊群进行取样，然后单击“确定”按钮，如下右图所示。

步骤 19 按下快捷键M选择矩形选框工具，在属性栏中单击“选择并遮住”按钮，在弹出的属性设置对话框中单击“确定”按钮。然后按下Ctrl+C组合键复制当前选区，如下左图所示。

步骤 20 切换到“草原.jpg”图像文件，按下Ctrl+V组合键粘贴选区内容。按下快捷键V，使用移动工具将羊群图像移动到画面左侧的草地位置，按下Ctrl+T组合键调整图像大小，按下Enter键确认。按下快捷键E，选择橡皮擦工具，将多余的部分擦除，如下右图所示。

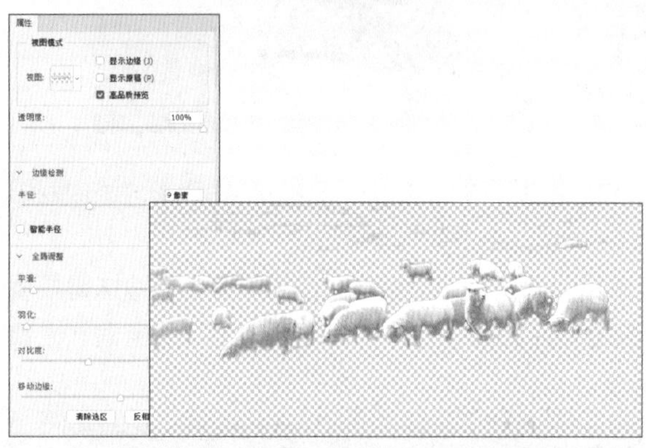

步骤 21 至此，本案例制作完成，最终呈现效果如右图所示。

课后练习

1. 选择题

（1）使用矩形选框工具创建选区时，按住（　　）键再按住鼠标左键拖动，即可创建以单击点为中心的矩形选区。

A. Ctrl　　B. Alt　　C. Shift　　D. Enter

（2）单行选框工具和单列选框工具只能创建高度为（　　）像素的行或宽度为（　　）像素的列。

A. 1　1　　B. 1　2　　C. 2　1　　D. 3　2

（3）套索工具组在编辑图像的过程中经常会用到，它是由套索工具、（　　）套索工具、磁性套索工具组成的。

A. 多边形　　B. 菱形　　C. 五角形　　D. 六边形

（4）魔棒工具属性栏中的容差数值框可以输入0~255的任意数值，系统默认是（　　）。

A. 64　　B. 128　　C. 32　　D. 16

（5）全选选区用于选择当前文档边界内的全部图像。用户可执行“选择>全部”命令，或按（　　）组合键，都可全选选区。

A. Ctrl+D　　B. Ctrl+C　　C. Ctrl+V　　D. Ctrl+A

2. 填空题

（1）“色彩范围”命令可以根据图像中________的分布生成选区，在编辑图像的过程中也会经常使用该命令。

（2）单击________按钮，在图像中拖动，可以从原有选区中减去当前创建的选区。

（3）在图像中新建选区后，执行“选择>修改>羽化”命令，在“羽化选区”对话框中，“羽化半径”选项用于设置选区的模糊范围，数值越小，模糊范围就越________。

（4）按住________键单击存储的通道缩略图，即可将选区载入到图像中。

（5）有时抠一些复杂的图像需要很长的时间，为避免断电或其他不可控因素突发，要学会保存选区。选区创建完成后，在通道面板中单击________按钮，将选区保存在Alpha通道中。

3. 上机题

打开提供的素材文件，利用本章所学知识替换天空背景。下左图为原图，下右图为最终效果。

操作提示

（1）用户可以运用本章所学的魔棒或快速选择工具进行抠图。

（2）创建选区的过程中会使用到选区运算。

Chapter 04 效果图的绘制和修饰

本章概述

在Photoshop CC中，用户可以利用一些强大的图形制作工具轻松地在图像中绘制各种图像，或对图片进行修复和修饰。本章将对Photoshop绘图工具和修饰工具的应用进行详细介绍，从而制作出和原图像风格不同的艺术作品。

核心知识点

❶ 了解绘画工具的应用
❷ 掌握擦除工具的应用
❸ 熟悉图片润饰工具的应用
❹ 掌握图像修复工具的应用

4.1 画笔/铅笔工具

绘画工具在Photoshop中除了具有传统意义上的绘画功能外，还可以对图像进行美化、修饰，从而创造出不同风格特点的艺术作品。结合画笔工具和铅笔工具，可以模拟使用传统介质进行绘画，自由地创作出精美的绘画效果。

4.1.1 画笔工具

画笔工具可以轻松地模拟真实的绘图效果。不仅可以通过在画面中单击、拖动来绘制点或线条，还可以用来修改通道、蒙版或者制作特效。在工具箱中选择画笔工具，如下左图所示。接着在属性栏中设置画笔的预设样式、叠加模式、不透明度和画笔流量等参数，效果如下右图所示。

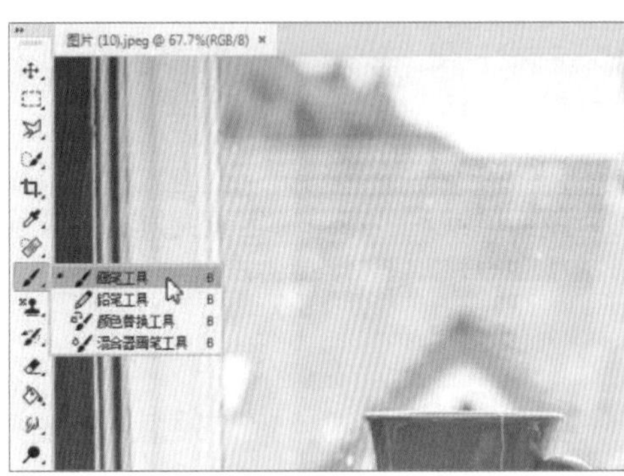

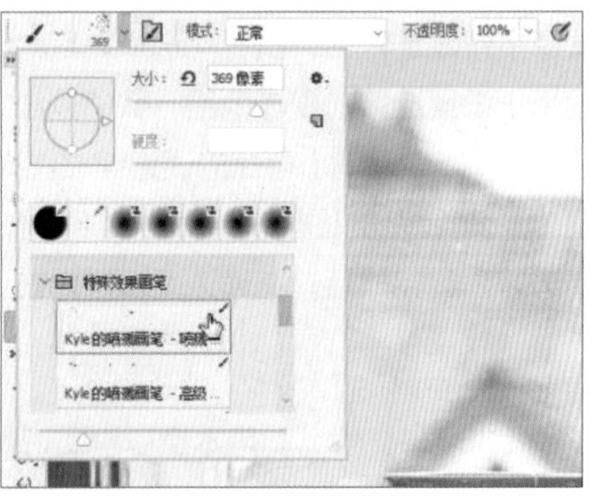

然后在图像上需要添加装饰的位置绘制，效果如下左图所示。在画笔工具属性栏中单击“切换画笔面板”按钮，将打开“画笔设置”面板，可以根据需要对笔尖形状等参数进行更多设置，如下右图所示。

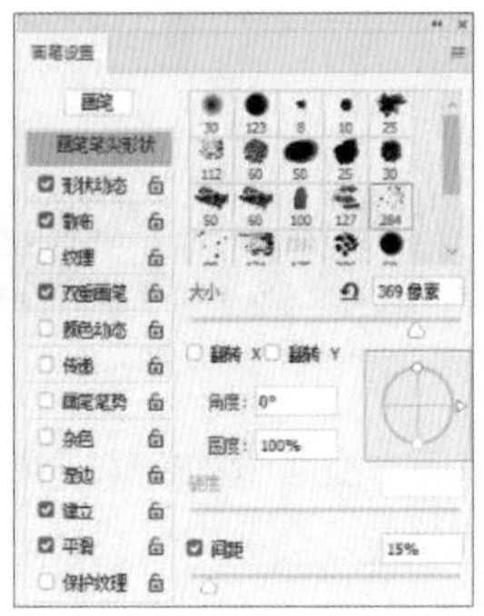

实战练习 利用笔刷为公园风景照添加透明光晕效果

在学习了画笔工具后，下面介绍使用画笔工具的笔刷为公园添加透明光晕效果的操作方法，学习本案例需要掌握画笔工具的具体参数的设置方法，下面介绍具体操作。

步骤 01 打开Photoshop CC软件，按下Ctrl+O组合键，在打开对话框中选择“公园.jpg”素材图片，单击“打开”按钮将其打开，如下左图所示。

步骤 02 选择工具箱中的画笔工具，在属性栏中单击“切换画笔面板”按钮，如下右图所示。

步骤 03 打开“画笔设置”面板，调整画笔的笔尖形状、形状动态、散布等参数，如下图所示。

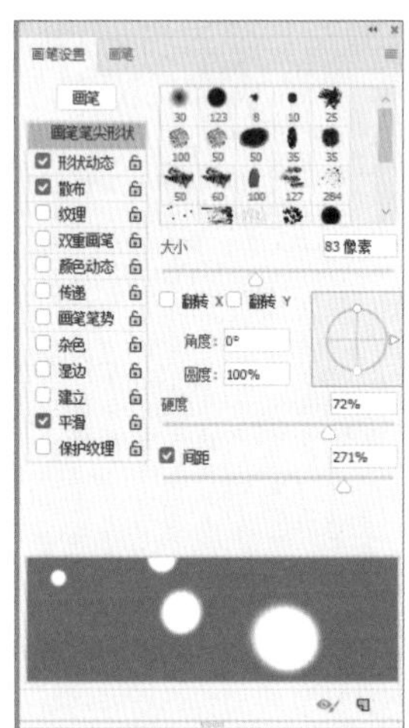

步骤 04 新建“图层1”图层，使用画笔工具在“图层1”图层上连续划几下，效果如下左图所示。

步骤 05 右击“图层1”图层，在快捷菜单中选择“转换为智能对象”命令，然后执行“滤镜>模糊>高斯模糊”命令，在打开的“高斯模糊”对话框中设置“半径”为10像素，如下右图所示。

步骤06 新建“图层2”图层，打开“画笔设置”面板，将画笔调大一点，在“图层2”图层上随意绘画，如下左图所示。

步骤07 新建“图层3”图层，打开“画笔设置”面板，设置画笔大小为251像素，如下右图所示。

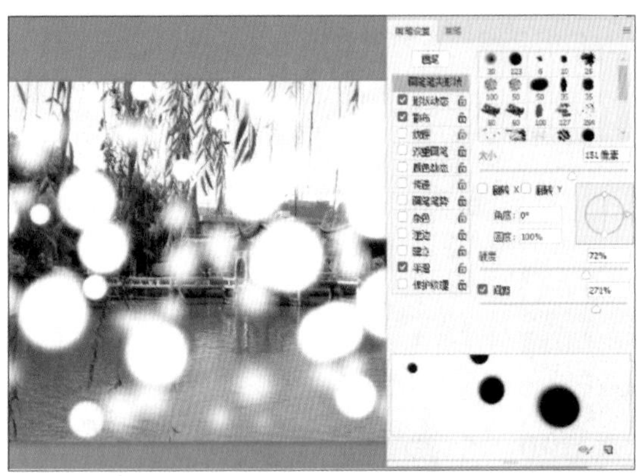

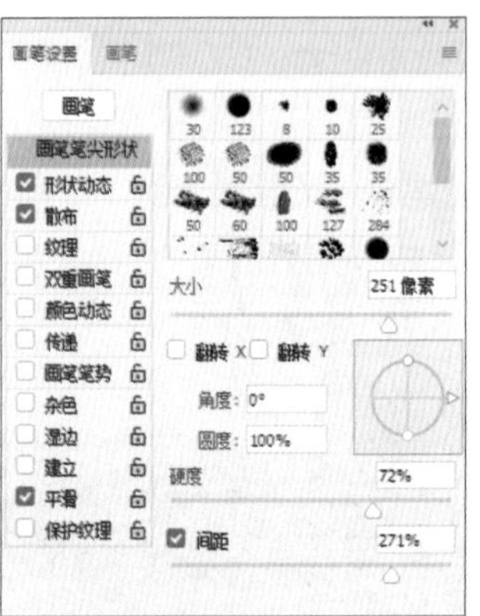

步骤08 在“画笔设置”面板中勾选“形状动态”复选框，切换至“形状动态”选项面板，设置画笔的形状动态参数，如下左图所示。

步骤09 在“画笔设置”面板中勾选 “散布”复选框，切换至“形状动态”选项面板，设置画笔的散布参数，如下右图所示。

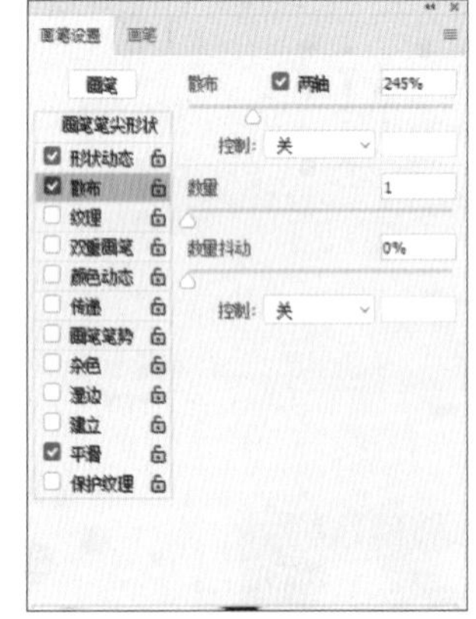

步骤10 设置完成后，在“图层3”图层上进行绘画，效果如下左图所示。

步骤11 双击“图层3”图层，在弹出的“图层样式”对话框中勾选“外发光”复选框，切换到“外发光”选项面板，调整不透明度、大小等参数，设置颜色色号为“#faf2b1”，为图层添加外发光效果。按照同样的方法为“图层1”和“图层2”图层添加外发光效果，让画笔笔触看起来虚幻一些，如下右图所示。

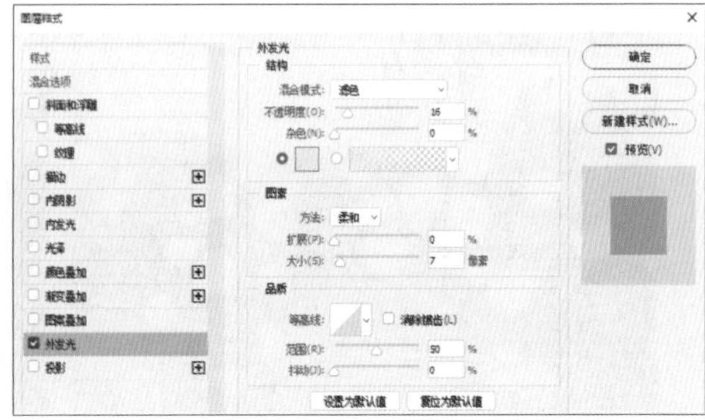

步骤12 然后在“图层”面板中分别设置“图层1”图层的“不透明度”为25%、“图层2”图层的“不透明度”为32%、“图层3”图层的“不透明度”为40%，如下左图所示。

步骤13 设置完成后查看为公园风景照添加透明光晕的效果，如下右图所示。

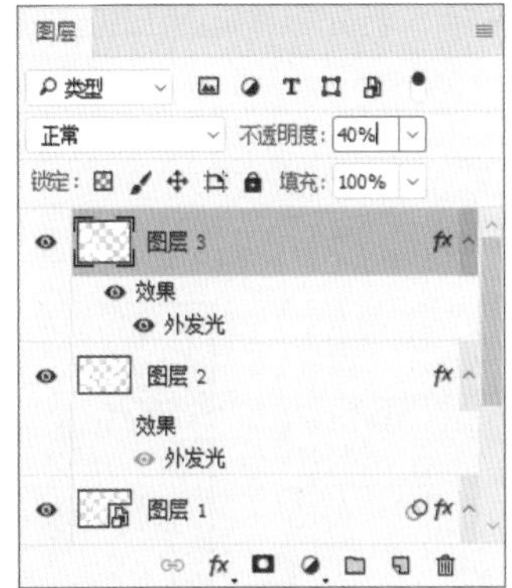

4.1.2 铅笔工具

铅笔工具可以轻松模拟真实自然的铅笔效果，其功能和画笔工具较为相似，不同的是铅笔工具只能创建硬边描边，主要用于绘制作品的线稿或填补空缺。

在工具箱中选择铅笔工具，如下左图所示。接着在属性栏中设置画笔的预设样式、叠加模式、不透明度和画笔流量等参数，单击“切换画笔面板”按钮，如下右图所示。

在打开的“画笔设置”面板中，可以根据需要对铅笔工具的参数进行更多的设置，如下左图所示。然后在图像上单击或按住鼠标左键进行绘制即可，效果如下右图所示。

值得注意的是，不管是使用画笔工具还是铅笔工具绘制图像，画笔的颜色皆默认为前景色。铅笔工具属性栏与画笔工具属性栏大多参数是相同的，不同之处在于铅笔工具有一个“自动抹除”功能，它可以在前景色图像上绘制背景色。勾选“自动涂抹”复选框，设置前景色并绘制图像时，若光标中心所在位置的颜色与前景色相同，那么该位置则自动显示为背景色，如下左图所示；若光标中心所在位置的颜色与前景色不同，那么该位置显示为前景色，如下右图所示。

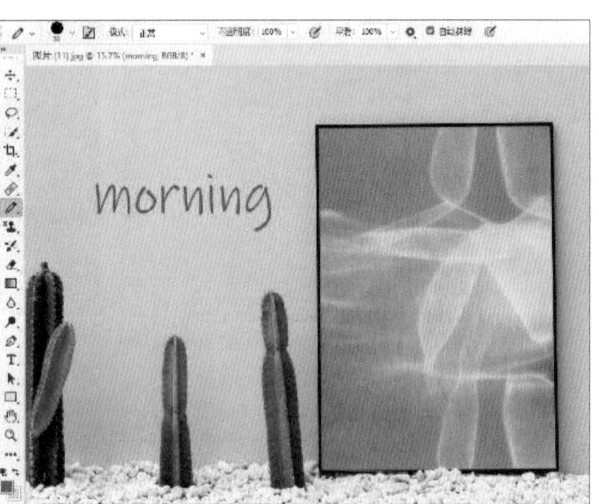

4.2 渐变/油漆桶工具

在Photoshop中，除了可以通过前景色和背景色为图像填充颜色外，还可以使用渐变工具、油漆桶工具以及“填充”命令对图像进行颜色填充。

4.2.1 渐变工具

使用渐变工具可以在图像中创建两种或两种以上颜色间逐渐过渡的效果，用户可以根据需要在“渐变编辑器”中设置渐变颜色，也可以选择系统自带的预设渐变应用于图像中。在工具箱中选择渐变工具，如下左图所示。单击“点按可编辑渐变”右侧的下拉按钮，在弹出的下拉面板中可以选择预设渐变，如下右图所示。

直接单击“点按可编辑渐变”按钮，则弹出“渐变编辑器”对话框，编辑渐变颜色并设置不透明度，如下左图所示。在图像中添加线性渐变，如下右图所示。

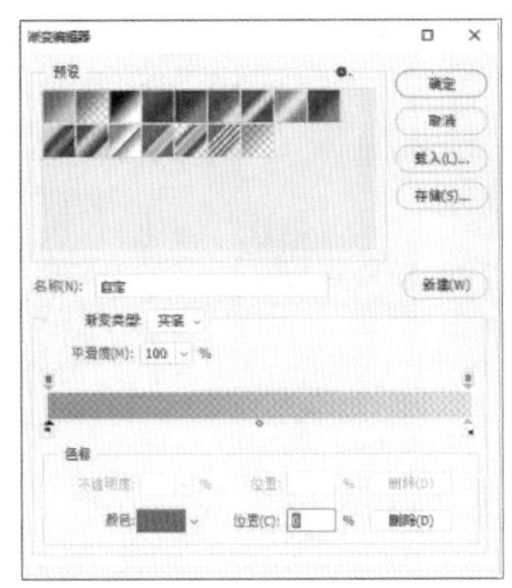

4.2.2 油漆桶工具

使用油漆桶工具可以在图像或选区中对指定色差内的色彩区域进行色彩或图案填充。在工具箱中选择油漆桶工具，如下左图所示。在属性栏中设置容差后在图像中单击即可使用前景色填充图像中相同或相近的像素点，从而改变图像效果，如下右图所示。

4.3 橡皮擦工具组

利用擦除工具可以对图像进行擦除或填充，以达到预想的图像效果。擦除工具包括橡皮擦工具、背景橡皮擦工具和魔棒工具三种，下面对这些工具进行介绍。

4.3.1 橡皮擦工具

橡皮擦工具用于擦除图像中相应区域的像素，并以透明像素、当前背景色或指定的历史记录状态替换所擦除的区域。通过设置橡皮擦工具的擦除模式可以调整图像擦除时笔尖的状态，也可以设置该工具的不透明度或流量以调整擦除图像时笔尖的强度，达到所需要的效果。在输入状态为英文的情况下按下E键快速切换到橡皮擦工具，下图为橡皮擦工具属性栏。

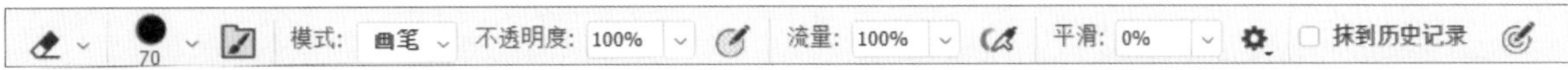

下面介绍橡皮擦工具属性栏中各参数的含义。

- **模式**：在其列表中包含了“画笔”、“铅笔”和“块”三个选项，选择“画笔”时，擦除的效果如下左图所示；选择“铅笔”时，擦除的效果如下中图所示；选择“块”选项时，光标将变为一个方形的橡皮擦，如下右图所示。

- **"不透明度"和"流量"**：单击下拉按钮，拖动滑块即可调整"不透明度"或"流量"，100%表示完全擦除，0%表示不擦除。
- **抹到历史记录**：勾选此复选框后擦除图像，将不再以透明的像素或当前背景色替换被擦除的图像，将以"历史记录"面板中选择的图像状态覆盖当前被擦除的区域。

4.3.2 背景橡皮擦工具

背景橡皮擦工具用于擦除图像背景，将被擦除的区域转换为透明像素，从而在擦除图像后保留图像的边缘细节。使用背景橡皮擦工具时不需要再对图层进行解锁操作，可以直接将"背景"图层擦除为透明像素效果。通过在属性栏中设置其容差范围和取样范围，决定所擦除图像的透明范围和边缘锐化程度。下图为背景橡皮擦工具的属性栏。

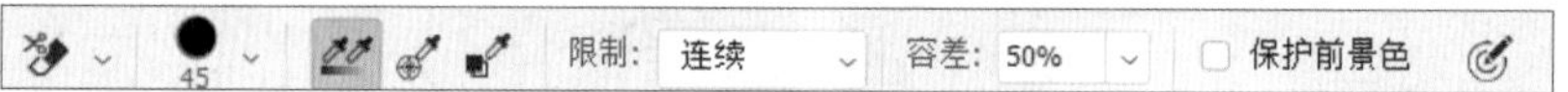

下面介绍背景橡皮擦工具属性栏中各参数的含义。

- **取样**：该按钮组依次为"取样：连续"、"取样：一次"、"取样：背景色板"。
- **保护前景色**：勾选该复选框后擦除图像，与前景色相匹配的区域将受到保护，可防止其不被擦除。
- **限制**：在其列表中包含"连续"、"不连续"和"查找边缘"限制模式。选择"连续"选项则擦除图像中与光标相连的具有取样颜色的像素；选择"不连续"选项则擦除图像中所有具有取样颜色的像素；选择"查找边缘"选项则在擦除包含样本颜色的连续性区域，更好地保留图像边缘的细节。
- **容差**：可以设置被擦除的图像颜色与取样颜色之间差异的大小，取值范围为0%~100%。数值越小被擦除的图像颜色与取样颜色越接近，擦除的范围越小；数值越大则擦除的范围越大。

4.3.3 魔术橡皮擦工具

魔术橡皮擦工具用于快速擦除指定区域内的图像，并将擦除的图像区域转换为透明像素。如果在锁定了透明像素的图层中使用此工具，透明像素区域将转换为背景色；若在锁定的"背景"图层中使用此工具，则将图层转换为普通图层。在使用魔术橡皮擦工具时，容差的设置非常关键，容差越大颜色范围越广，擦除的部分也越多，下图为魔术橡皮擦工具的属性栏。

下面介绍魔术橡皮擦工具属性栏中各参数的含义。

- **消除锯齿**：勾选该复选框可以使被擦除区域的边缘更平滑。
- **连续**：勾选该复选框后擦除图像，将擦除与单击点颜色相似且位置相邻的颜色。
- **对所有图层取样**：勾选该复选框后可对所有可见图层中的图像像素进行调整。
- **不透明度**：设置参数可调整擦除图像时擦除图像区域的颜色不透明度。

4.4 效果图润饰工具

在Photoshop中，使用工具箱中的模糊工具、锐化工具、涂抹工具、减淡工具、加深工具和海绵工具可以对图像进行修饰、润色以及变换等调整，增强画面的视觉效果。下面对这些工具分别进行介绍。

4.4.1 模糊/锐化工具

模糊/锐化工具组是一种通过笔刷使图像变模糊的工具。它的工作原理是降低像素之间的反差，从而使图像产生一种模糊/清晰的效果，使图像主体部分凸显出来。

1. 模糊工具

使用模糊工具可以降低图像中相邻像素之间的对比度，从而使图像中像素与像素之间的边界区域变得柔和，产生一种模糊效果，起到凸显图像主体部分的作用。模糊工具常用于柔化图像的边缘或减少图像中的细节像素，用该工具在图像中涂抹的次数越多，图像越模糊。在涂抹图像之前可通过指定模糊颜色的混合模式调整模糊区域的色调。下图为模糊工具的属性栏。

下面介绍模糊工具属性栏中各参数的含义。

- **模式：** 此选项用于指定模糊区域的颜色混合模式，调整模糊区域的色调效果。
- **强度：** 通过对此选项设置1%~100%的参数值，指定在模糊图像的过程中模糊一次的强度。
- **对所有图层取样：** 勾选该复选框后，对图像所有可见图层的图像像素进行调整；取消勾选该复选框后，仅对当前所选图层的图像进行调整。

2. 锐化工具

锐化工具用于锐化图像的边缘或细节，可以增强该区域的对比度，从而提高图像的清晰度或聚焦程度，使图像产生清晰的效果。锐化工具属性栏中“强度”数值框中的数值越大，锐化效果就越明显。打开一张图片，如下左图所示。单击锐化工具，在画面中涂抹以锐化模糊图像，效果如下右图所示。

4.4.2 减淡/加深工具

减淡/加深工具组是通过调整“高光”、“中间调”、“暗调”模式的减淡/加深来改变图像的色彩的明暗饱和度，从而对图像进行适当润色，使图像更完美。

1. 减淡工具

使用减淡工具能够表现图像中的高亮度效果，常用于减淡图像中指定区域的颜色像素，使其变亮。按O键即可快速切换到减淡工具，下图为减淡工具的属性栏。

下面介绍减淡工具属性栏中各参数的含义。

- **范围**：设置减淡的作用范围，该下拉列表中有三个选项，分别为“阴影”、“中间调”和“高光”。选择不同的范围选项可对该区域范围的图像像素进行减淡处理，而不会影响到其他色调范围的颜色。
- **曝光度**：设置对图像色彩减淡的程度，范围在0%~100%之间，数值越大，对图像减淡的效果越明显。
- **保护色调**：勾选该复选框后减淡图像，可防止颜色出现色相偏移的现象。

2. 加深工具

加深工具与减淡工具刚好相反，使用加深工具可以改变图像特定区域的阴影效果，从而使得图像呈加深或变暗显示。打开素材图片，如下左图所示。使用加深工具在阴影和高光区域涂抹，如下右图所示。

4.4.3 海绵工具

海绵工具主要用于吸取或释放颜色，在特定的区域内涂抹，会自动根据不同图像的特点改变图像的颜色饱和度和亮度。可以通过设置“去色”和“加色”选项模式，以增强或降低相应图像区域的颜色饱和度，结合勾选“自然饱和度”复选框有选择性地调整图像饱和度，并创建自然饱和度，下图为海绵工具属性栏。

下面介绍海绵工具属性栏中各参数的含义。

- **模式**：设置绘画模式，包括“去色”和“加色”两个选项，选择“去色”选项将降低图像颜色的饱和度，选择“加色”选项则增加图像颜色的饱和度。
- **流量**：该选项的范围值为1%~100%，用于设置饱和度更改的速率。
- **自然饱和度**：勾选该复选框，可对饱和度较高的颜色有选择性地降低调整的强度；对于饱和度较低的颜色有选择性地加强调整的强度。

打开素材图片，如下左图所示。使用海绵工具降低图像饱和度，如下右图所示。

4.4.4 涂抹工具

涂抹工具的作用是模拟手指进行涂抹绘制的效果，其原理是提取最先单击处的颜色与鼠标拖动经过的颜色，将其融合挤压，以产生模糊的效果。使用涂抹工具可以沿鼠标拖动的方向涂抹图像中的像素，使图像呈现一种扭曲的效果。它的属性栏与前两种工具类似，下面对其属性栏进行介绍。

涂抹工具属性栏中各参数的含义如下。

- **模式**：可指定涂抹颜色的模式，将涂抹变形后的图像颜色直接以指定的混合模式混合到原图像中，调整不同的画面效果。
- **手指绘画**：勾选此复选框，将使用图像中每个锚点起点处的前景色涂抹图像；取消勾选后，则以每个描边起点光标所指的颜色涂抹变形图像。

打开一张图片，如下左图所示。使用涂抹工具涂抹图像，效果如下右图所示。

提示：涂抹工具的应用

在对部分区域进行涂抹操作时，可通过在属性栏中设置不同的涂抹模式得到不同的涂抹效果，其中效果最为明显的是“变暗”、“变亮”和“明度”效果。

4.5 效果图修复工具

Photoshop中提供一系列对图像瑕疵进行修复的工具，使用这些工具可以对图像或照片的划痕、污点等小瑕疵进行修复，从而弥补图像的不足。例如去除图像中多余的部分或是添加缺失的元素，对图像进行修饰、润色等，都可以使用相关的工具进行调整。

4.5.1 污点修复画笔工具

污点修复画笔工具的原理是将图像的纹理、光照和阴影等与所修复图像进行自动匹配。使用污点修复画笔工具不需要进行取样定义样本，只要确定需要修补图像的位置，然后在需要修补的位置单击并拖动鼠标，释放鼠标左键即可修复图像中的污点。

在工具箱中选择污点修复画笔工具，如下左图所示。在图像上需要修复的部分涂抹，如涂抹窗户左侧黑色的污点，被涂抹部分以暗色调显示，Photoshop将根据所选点附近的纹理、色调等因素进行自动修补，效果如下右图所示。

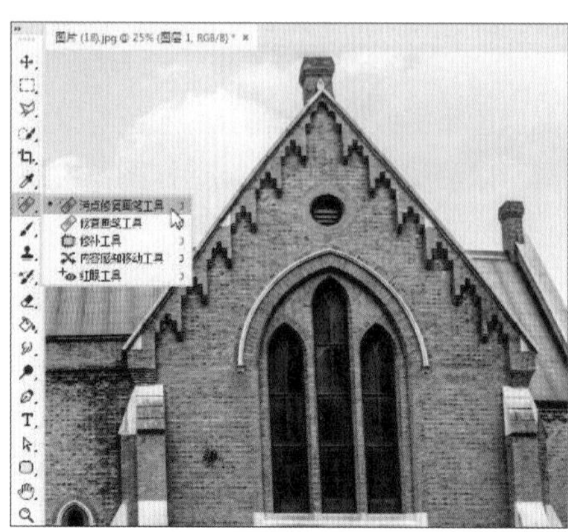

4.5.2 修复画笔工具

修复画笔工具与仿制图章工具基本相似，都需在进行操作前从图像中取样。但是修复画笔工具除了可以在原图中取样外，还可以对部分图像进行填充处理等操作。该工具可以消除图像中的划痕及褶皱等瑕疵，使瑕疵与周围的图像融合。

在工具箱中选择修复画笔工具，如下左图所示。在弹出的参数设置面板中对"大小"、"硬度"和"间距"等参数进行设置，如下右图所示。

放大建筑图片，可以看到建筑墙面上有一些瑕疵污点，按住Alt键的同时选择没有污点的墙面，如下左图所示。然后在建筑有污点的地方进行涂抹，墙面污点将消失。将污点全部清除后，在菜单栏中执行"图像>自动色调"命令，对图像的色调进行处理后查看效果，如下右图所示。

4.5.3 仿制图章工具

仿制图章工具的作用是可以将取样图像应用到其他图像或同一图像的其他位置。仿制图章工具也可以用于修复照片构图，它可以保留照片原有的边缘，避免损失部分图像。

下图为仿制图章工具属性栏。

下面介绍仿制图章工具属性栏中各参数的含义。

- **切换画笔面板**：单击该按钮即可打开“画笔”面板。
- **切换仿制源面板**：单击该按钮即可打开“仿制源”面板。
- **对齐**：勾选该复选框，可以连续对像素进行取样。

在工具箱中选择仿制图章工具，如下左图所示。然后在图像中右击，在弹出的面板中设置仿制图章的画笔“大小”和“硬度”，如下右图所示。

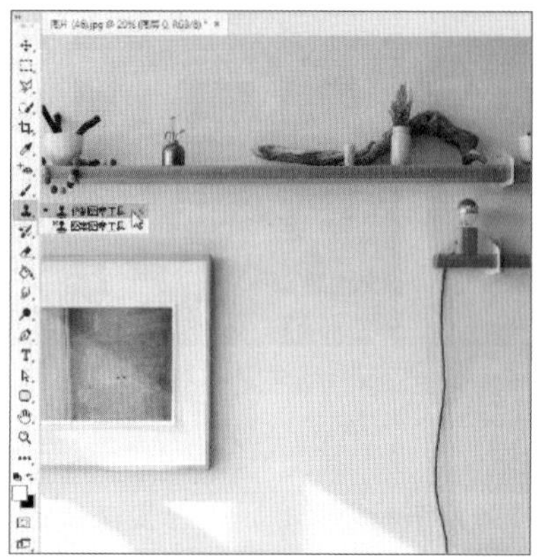

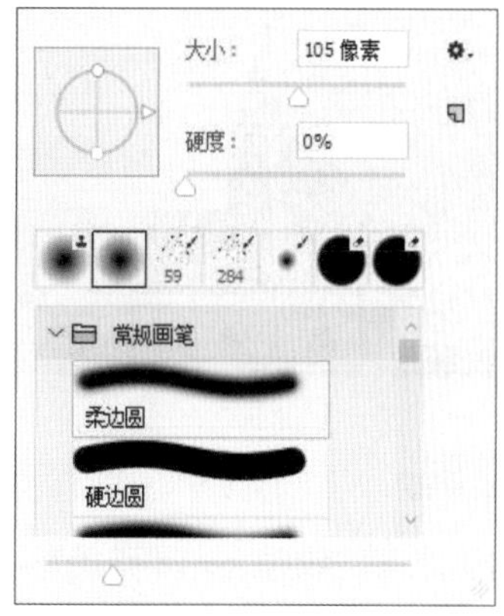

将光标移动到需要仿制的图像上，按住Alt键并单击进行取样，如下左图所示。取样完成后，将光标移到目标位置后，在需要修复的图像区域单击并拖动鼠标，即可复制取样的图像，如下右图所示。

4.5.4 图案图章工具

使用图案图章工具可以绘制出一些特殊的纹理效果。用户可以在图案图章工具的属性栏中选择Photoshop提供的图案，也可以使用预设管理器中的预设图案或导入自定义图案。

在工具箱中选择图案图章工具，如下左图所示。在属性栏中对画笔预设参数等进行设置后，打开图案拾色器预设面板，单击面板右上角的下拉按钮，在下拉列表中选择“自然图案”选项，然后在弹出的对话框中单击“确定”按钮，如下右图所示。

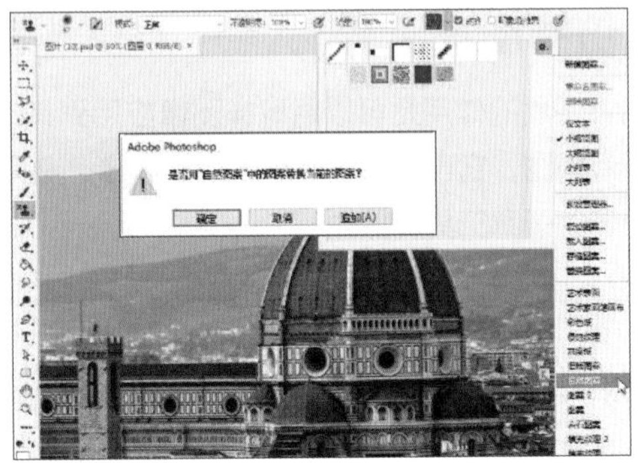

再次打开图案拾色器预设面板，在下拉列表中选择“紫色雏菊”预设图案，如下左图所示。然后在图像中按住鼠标左键进行涂抹，绘制选择的图案，如下右图所示。

4.5.5 修补工具

修补工具会将样本像素的纹理、光照和阴影与源像素进行匹配，从而修复图像。在工具箱中选择修补工具后，按住鼠标左键，沿着修补区域的外轮廓拖动，选取墙面字体区域，如下左图所示。然后将选取的区域拖拽至与之色调相近的区域，释放鼠标后可以看到墙面字体从画面中消失了，如下右图所示。

4.5.6 内容感知移动工具

内容感知移动工具可以在无须复杂图层或慢速精确地选择选区的情况下快速地将图像移动或复制到另外一个位置，它适合在简单干净的背景上使用，处理时要注意尽量往相近背景做移动拷贝，越相近的背景融合才会越自然。

在工具箱中选择内容感知移动工具后，在属性栏中设置“模式”为“移动”，如下左图所示。然后在图像中框选出需要移动的部分，按住鼠标左键拖拽至目标位置后释放鼠标，此时Photoshop将自动智能填充建筑原来的位置，完成图像的移动操作，如下右图所示。

在工具箱中选择内容感知移动工具后，在属性栏中设置“模式”为“扩展”，如下左图所示。然后在图像中框选出需要移动的部分，按住鼠标左键拖拽至目标位置后释放鼠标，此时Photoshop将在原图像的基础上将装饰图像“扩展”到另一个位置，效果如下右图所示。

提示：图像修复类型

在修复图像时，会出现三种修复图像的类型，包括“内容识别”、“创建纹理”和“近似匹配”。

- “内容识别”为默认选项，该功能与“填充”命令的内容识别相同，会自动使用相似部分的像素对图像进行修复，同时进行完整匹配。
- “创建纹理”是将使用被修复图像区域中的像素来创建修复纹理，并使纹理与周围纹理相协调。
- “近似匹配”是将使用修复区域周围的像素来修复图像。

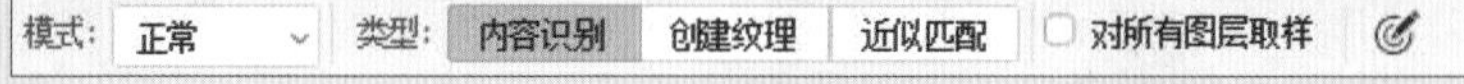

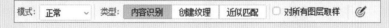

4.5.7 红眼工具

红眼工具是Photoshop为修复照片红眼现象特别提供的快捷修复工具。红眼现象是指在使用闪光灯或光线昏暗处进行拍摄时，人物或动物眼睛泛红的现象。

在工具箱中选择红眼工具，如下左图所示。然后在图像中的红眼处单击进行修复，修复后的效果如下右图所示。

知识延伸：颜色替换工具的使用

颜色替换工具能够简化图像中特定颜色的替换，并使用校正颜色在目标颜色上绘画。该工具无法选择画笔样式，但可通过属性栏中的画笔预设选取器来设置画笔的大小和容差等，在属性栏中还可设置颜色取样的方式和替换颜色的范围。单击颜色替换工具，切换到颜色替换工具的属性栏，如下图所示。

下面对“颜色替换工具”属性栏中各参数的含义和应用进行介绍。

- **画笔预设选取器：** 设置画笔的大小、硬度、间距，以及角度、圆度等。
- **取样选项：** 设置颜色取样的方式。“连续”选项在拖动时连续对颜色取样；“一次”选项只替换包含第一次单击的颜色区域中的目标颜色；“背景色板”选项只替换包含当前背景色的区域。
- **限制：** 该选项用来确定替换颜色的范围。“不连续”替换出现在光标下任何位置的样本颜色；“连续”替换与紧挨在光标下的颜色邻近的颜色；“查找边缘”替换包含样本颜色的连接区域，同时更好地保留形状边缘的锐化程度。

下左图为原图效果。设置取样为“连续”，设置颜色为蓝色并在图像中涂抹，效果如下右图所示。

上机实训：制作林区室外效果图

学习完Photoshop绘图工具的应用方法后，下面以使用多种绘图工具制作林区房子室外效果场景的案例来巩固所学的知识，具体操作方法如下。

步骤 01 启动Photoshop CC软件，按下Ctrl+O组合键，在弹出的“打开”对话框中选择“房子.png”素材图片将其打开，然后按下Ctrl+J组合键，复制“图层0”图层并命名为“底图”。使用套索工具框选天空以及房子旁边的树木，按下Ctrl+J组合键复制选区内容，如下左图所示。

步骤 02 按下Ctrl+O组合键，打开“山林.jpg”素材，复制该图层，放在“房子.png”文件中，然后移到抠选出天空图层的上方。按Ctrl+Alt+G组合键创建剪贴蒙版，然后调整图像到合适位置，如下右图所示。

步骤 03 选择“底图”图层，使用污点修复画笔工具，在房子前面的草坪上进行涂抹，如下左图所示。

步骤 04 置入“花圃圈.png”素材，调整图像大小和位置将草坪围起来，按Enter键确认，如下右图所示。

步骤 05 右击“花圃圈”图层右侧空白区，在弹出的菜单中选择“栅格化图层”命令，选择橡皮擦工具，在画面中右击，在打开的面板中设置大小和硬度，对花圃圈棱角太突出的地方进行涂抹，如下左图所示。

步骤 06 选择画笔工具，设置前景色色号为“#e0fe19”，在属性栏中设置模式为“颜色减淡”，如下右图所示。

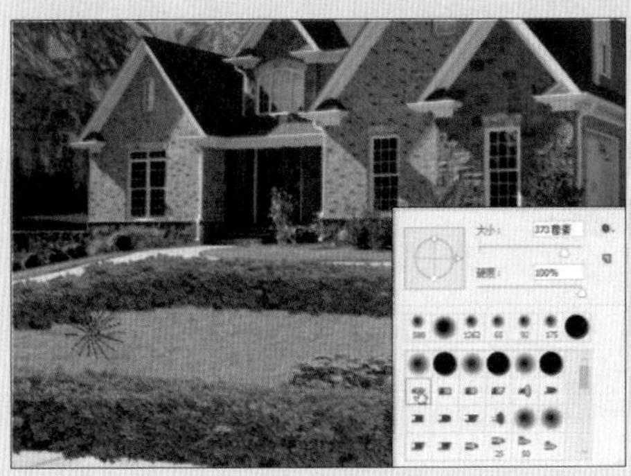

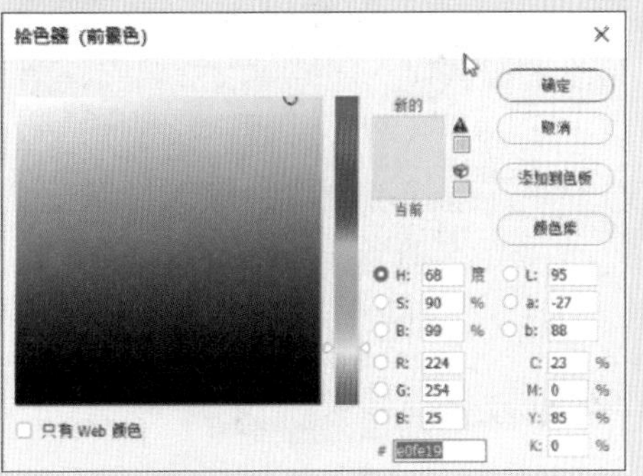

步骤 07 在“图层”面板中单击“锁定透明像素”按钮，然后用画笔工具对花圃圈向光区域进行涂抹，效果如下左图所示。

步骤 08 设置前景色色号为“#0e135c”，选择画笔工具，在属性栏中设置模式为“正片叠底”，“不透明度”为6%，用户可以根据实际情况进行调整，如下右图所示。

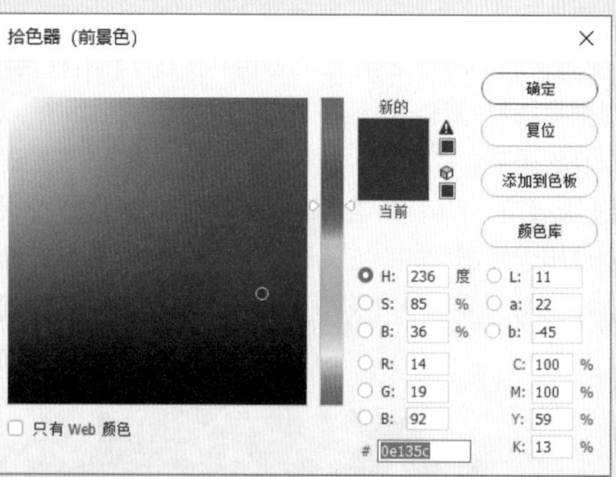

步骤 09 对花圃背光区域进行涂抹，涂抹过的区域颜色会变暗，可以根据实际情况决定涂抹的次数，效果如下左图所示。

步骤 10 置入“乔木1.png”素材文件，调整大小和位置，然后复制两个图层，分别调整不同的大小，并放在合适的位置。然后参照花圃对光线的处理方法对乔木的光线进行处理，如下右图所示。

步骤 11 置入“乔木2.png”素材文件，并放在合适位置，复制一份，适当调整大小并放在合适的位置，然后按照上面的方法对光线进行处理，如下左图所示。

步骤 12 置入“灌木2. png”素材文件，适当调整其大小并放在合适的位置，同样参照上面的方法对光线进行处理，如下右图所示。

步骤 13 按照相同的方法置入“灌木1.png”、“花丛1.png”、“花丛2.png”、“花丛3.png”、“花丛4.png”、“植物1”素材，并放在合适的位置，再对光线进行处理，效果如下左图所示。

步骤 14 置入“植被.png”素材文件，调整合适大小放在花圃圈内合适位置，然后按Ctrl+【组合键向下移动该图层，直至被其他植物遮挡，效果如下右图所示。

步骤 15 置入“云层.png”素材，调整至合适大小，并放在天空位置，使用橡皮擦工具将遮盖屋顶的云以及远山轮廓边界线的云涂掉，如下左图所示。

步骤 16 设置前景色为深蓝色，选择画笔工具，在属性栏中设置模式为“正片叠底”，“不透明度”为16%，可根据实际情况调节，然后对房子右侧进行涂抹，绘制出房子的阴影，如下右图所示。

步骤 17 置入“人物.png”素材，调整大小并放在花圃右侧，选择减淡工具对人物进行涂抹，将左侧提亮，然后选择加深工具将人物右侧涂暗，如下左图所示。

步骤 18 按快捷键Ctrl+J复制人物图层， 按住Ctrl键单击复制的图层，载入人物选区。设置前景色为深蓝色，按Alt+Delete组合键填充前景色，按Ctrl+T组合键进行调整，选择“滤镜>模糊>高斯模糊”命令，在打开的“高斯模糊”对话框中设置“半径”为9.4像素，单击“确定”按钮，如下右图所示。

步骤 19 使用模糊工具对树林以及山体进行涂抹，视线远处多涂抹几下，如下左图所示。

步骤 20 在“图层”面板最上方新建一个图层，按Q键创建快速蒙版，再按G键启用渐变工具，打开“渐变编辑器”对话框设置前景色到透明的渐变，从画面左上角向右下角拖拽，然后再按Q键创建选区，如下右图所示。

步骤 21 按Alt+Delete键填充前景色，设置该图层模式为“颜色减淡”，“填充”为12%，如下左图所示。

步骤 22 在上方再次新建一个图层，按Q键创建快速蒙版，再按G键设置前景色到透明的渐变，从画面右下角向上拖拽。然后再按Q键建立选区，按Ctrl+Delete键填充背景色深蓝色，同时调节图层模式为“正片叠底”，“填充”为50%，根据情况进行调节，如下右图所示。

步骤 23 按Ctrl+J组合键复制一个图层，按Ctrl+T组合键调整大小放在画面的左侧，然后再复制多一个图层，并进行垂直旋转，移至画面的右上方。至此，本案例制作完成，最终效果如下图所示。

课后练习

1. 选择题

（1）画笔和铅笔菜单栏中可以设置平滑选项有拉绳模式、描边补齐、补齐描边末端和（　　）。

A. 保护色调　　B. 调整缩放　　C. 连续模式　　D. 消除锯齿

（2）背景橡皮擦工具的取样选项不包括（　　）。

A. 一次　　B. 连续　　C. 前景色板　　D. 背景色板

（3）使用（　　）工具可以在简单的背景上快速将图像移动或复制到另外一个位置。

A. 修补工具　　B. 修复画笔工具　　C. 内容感知移动工具　　D. 红眼工具

（4）使用加深工具时，在属性栏中设置范围不包括（　　）选项。

A. 阴影　　B. 中间调　　C. 深色　　D. 高光

（5）设置污点修复画笔工具属性时，以下不属于该工具模式的是（　　）模式。

A. 点光　　B. 正片叠底　　C. 滤色　　D. 明度

2. 填空题

（1）__________工具可以在抹除背景的同时保留前景对象的边缘，从而更加快速地抠取出图像。

（2）__________工具可以增加或降低图像中某个区域的饱和度，从而突出画面中的主体部分。

（3）__________工具除了可以在原图中取样，还可以使用预设管理器中的预设图案或导入自定义图案进行图像填充，绘制出一些特殊的纹理效果。

（4）使用__________工具不需要进行取样定义样本，只要在需要修补的位置单击并拖动鼠标，释放鼠标左键即可修复图像中的污点。

（5）使用工具箱中的椭圆选框工具创建选区后，可以使用__________工具进行拖拽，对选中的图像进行修补。

3. 上机题

根据本章所学内容，打开给定的素材文件，修复建筑风景图片，如下图所示。

操作提示

（1）可以放大要处理的图像，在处理图像的过程中应多取样，多涂抹。

（2）灵活使用不同的图像修复工具。

（3）使用照片润饰工具增强画面中的饱和度。

（4）使用调整图层调整画面整体色调。

Chapter 05 图像色彩的调整

本章概述

使用Photoshop不仅可以直接绘制各种图像，还可以应用各种颜色调整命令对图像进行编辑，修饰图像效果。本章主要介绍调整图像色彩与色调的多种命令的应用，使用户在进行环艺后期处理时，可以根据不同需要对图像的色彩或色调进行调整。

核心知识点

❶ 掌握快速调整图像色调命令的应用
❷ 了解对图像色彩进行简单调整的方法
❸ 掌握对图像色彩进行高级处理的操作

5.1 快速调整图像

在Photoshop中，快速调整图像命令包括“自动色调”、“自动对比度”和“自动颜色”三个命令，这些命令有一个相同点，就是都没有设置对话框，即直接调用。在“图像”菜单中可以看到这三种自动调整命令。下面介绍自动矫正颜色的相关知识。

5.1.1 自动色调

“自动色调”命令是通过快速计算图像的色阶属性，剪切图像中各个通道的阴影和高光区域。打开一张图片，如下左图所示。执行“图像>自动色调”命令或按下Shift+Ctrl+L组合键，如下中图所示。可快速校正图像中的黑场和白场，从而增强图像中的色彩亮度和对比度，使图像更加清新，如下右图所示。

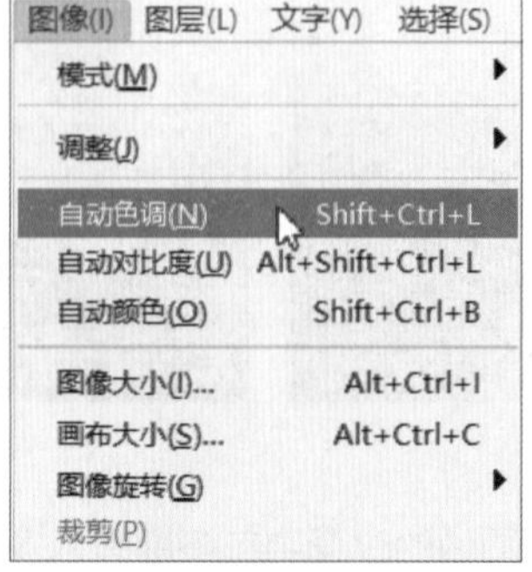

提示：“自动色调”命令的应用

“自动色调”命令是将每个颜色通道中最亮和最暗的像素映射到纯白（色阶为255）和纯黑（色阶为0），中间像素值按比例重新分布，从而增强图像的对比度。

5.1.2 自动对比度

“自动对比度”命令可以自动调整图像的对比度。它不会单独调整通道，因此不会引入或消除色痕，而在剪切图像中的阴影和高光值后将剩余部分的最亮和最暗像素映射到纯白和纯黑。打开一张图片，如下左图所示。执行“图像>自动对比度”命令或按下Alt+Shift+Ctrl+L组合键，如下中图所示。即可自动调整图像的对比度，从而使图像高光更亮阴影更暗，如下右图所示。

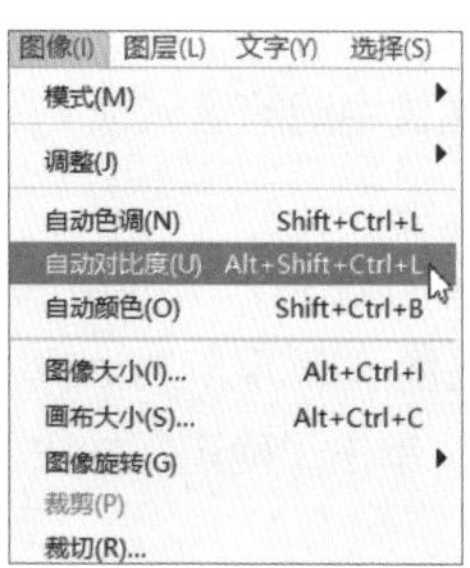

5.1.3 自动颜色

“自动颜色”命令将移去图像中的色相偏移现象，恢复图像平衡的色调效果。应用该命令自动调整图像色调，是通过自动搜索图像以标识阴影、中间调和高光来调整图像的颜色和对比度。

在默认情况下，“自动颜色”命令是以RGB128灰色为目标颜色来中和中间调，同时剪切0.5%的阴影和高光像素。打开一张图片，如下左图所示。执行“图像>自动颜色”命令或按下Ctrl+Shift+B组合键，即可使用“自动颜色”命令对图像进行调整，如下中图所示。自动校正图像偏色的效果，如下右图所示。

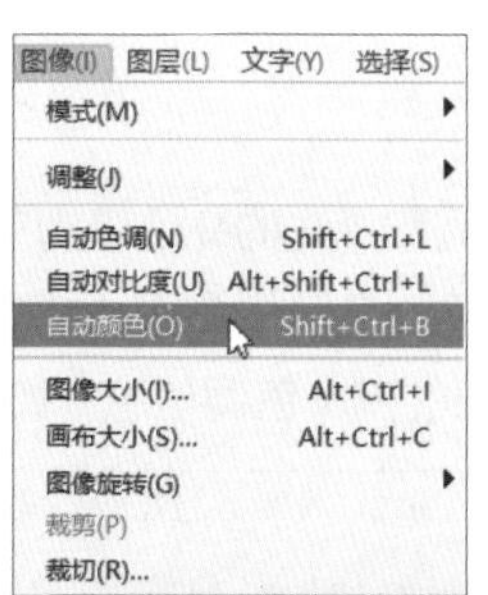

提示：“调整”面板与“调整”命令的区别

“调整”面板与“调整”命令的区别在于应用的方式、应用的内容和应用后的状态和形式等。“调整”面板主要用于调整图层，而“调整”命令则侧重于直接调整图像，并覆盖其原始信息的处理方式；在命令的应用上，“调整”面板中主要包含了颜色调整命令和填充命令，而“调整”命令则包含了更多的基本调整命令，可以通过两种方式来使用，第一种是直接用图像菜单中的命令来处理图像，第二种是使用调整图层来应用这些调整命令；在应用的最终形式上，“调整”面板是直接添加相应命令的调整图层蒙版，而“调整”命令则直接将调整后的效果应用于图像并覆盖其原始数据，且在应用相关命令时会弹出相应的对话框。

5.2 调整图像的命令

色调是构成图像的重要元素之一，通过对图像色调进行调整，可赋予图像不同的视觉感受和风格，让图像呈现全新的面貌。在Photoshop中，用户可以通过对自动调整“色阶”、“曲线”、“色相/饱和度”、“色彩平衡”、“亮度/对比度”及“曝光度”等命令对图像进行简单的调整。这样用户可以灵活地编辑，进行色调调整。本节将重点介绍调整图像的相关知识。

5.2.1 “亮度/对比度”命令

亮度即图像的明暗，对比度表示的是图像中明暗区域最亮的白和最暗的黑之间不同亮度层级的差异范围，范围越大对比越大，反之则越小。

“亮度/对比度”命令是调整图像的色彩。使用方法非常简单，打开一张图片，如下左图所示。执行“图像>调整>亮度/对比度”命令，弹出“亮度/对比度”对话框，如下中图所示。可以通过拖拽“亮度”和“对比度”滑块来调整图像的亮度和对比度，单击“确定”按钮，图像效果如下右图所示。

5.2.2 “色阶”命令

“色阶”命令可以调整图像暗调、灰色调和高光的亮度级别来校正图像的色调，包括反差、明暗、图像层次以及平衡图像的色彩。执行“图像>调整>色阶”命令或按Ctrl+L组合键，如下左图所示。将打开“色阶”对话框，在色阶直方图中可以看到图像的基本色调信息，如下右图所示。

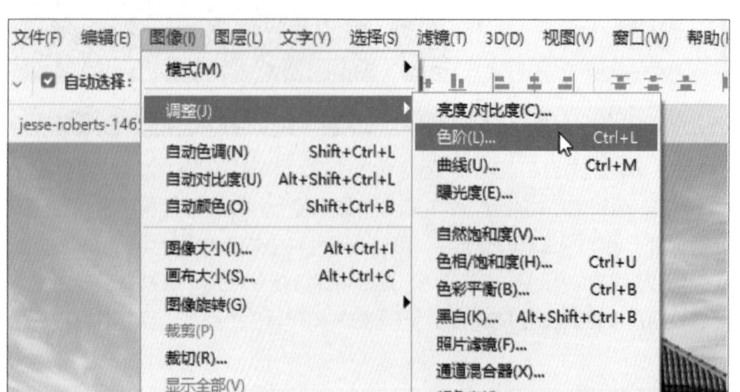

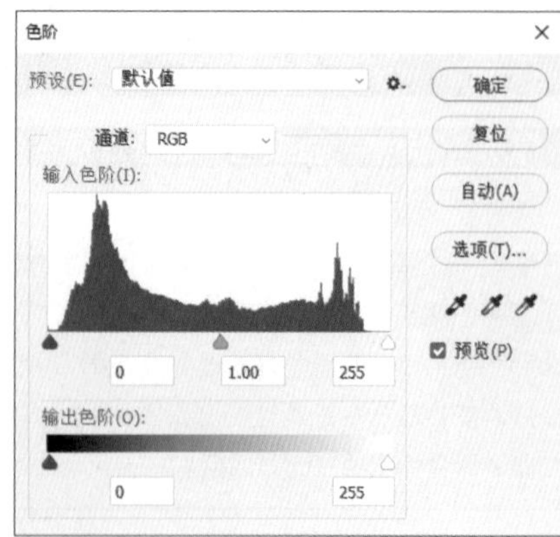

下面对“色阶”对话框中各参数的含义进行介绍。

- **预设**：通过选择预设的色阶样式可快速应用色阶调整效果。
- **通道**：包括当前图像文件颜色模式中的各个通道。
- **输入色阶**：“输入色阶”调整区中的参数，可以设置将映射到“输出色阶”的参数设置。位于直方图左侧的输入滑块代表阴影区域，右侧的输入滑块代表高光区域，中间的输入滑块代表中间调区域。下左图为原图，下中图为向左拖动高光节点效果，下右图为向右拖动阴影节点效果。

- **输出色阶**：应用“输出色阶”选项可使图像中较暗的像素变亮，较亮的像素变暗。
- **自动**：单击“自动”按钮可自动调整图像的色调对比效果。
- **选项**：单击“选项”按钮，弹出“自动颜色校正选项”对话框，在该对话框中可以对图像整体色调范围的应用选项进行设置。
- **取样**：单击“在图像中取样以设置黑场”按钮，可对图像中的阴影区域进行调整；单击“在图像中取样以设置灰场”按钮，可对图像中的中间调区域进行调整；单击“在图像中取样以设置白场”按钮，可对图像中的高光区域进行调整。

5.2.3 “曲线”命令

“曲线”命令用于调整图像的阴影、中间调和高光级别，从而校正图像的色彩范围和色彩平衡。执行“图像>调整>曲线”命令，或按Ctrl+M组合键，即可打开“曲线”对话框，调整图像的整个色调范围，或对图像中的个别颜色通道进行精确调整，如下图所示。

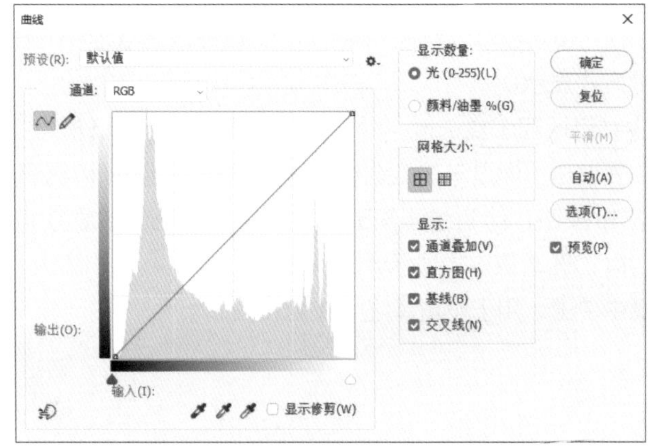

下面对“曲线”对话框中各参数的含义进行介绍。

- **预设**：单击右侧的下拉按钮，在打开的下拉列表中选择一种预设选项，即可在图像上应用该效果。打开一张图像文件，如下左图所示。选择“预设”为“彩色负片”的效果如下中图所示，选择“预设”为“反冲”的效果如下右图所示。

选择“预设”为“强对比度”的效果如下左图所示，选择“预设”为“负片”的效果如下中图所示，选择“预设”为“较亮”的效果如下右图所示。

- **通道**：若要调整图像的色彩平衡，可以在“通道”下拉列表中选取所要调整的通道，然后对图像中某一个通道的色彩进行调整。
- **曲线创建类**：单击“编辑点以修改曲线”按钮，将通过移动曲线的方式调整图像色调；单击“通过绘制来修改曲线”按钮，可在直方图中以铅笔绘画的方式调整图像色调。
- **输出**：移动曲线节点可调整图像色调，右上角的节点代表高光区域，左下角的节点代表阴影区域，中间节点代表中间调区域，将上方节点向右或向下移动，会以加大的“输入”值映射到较小的“输出”值，且图像也会随之变暗；反之图像会变亮。
- **显示数量**：在该选项组中包括两个选项，分别是“光（0-255）”和“颜料/油墨%”，它们分别表示“显示光亮（加色）”和“显示颜料量（减色）”，选择该选项组中的任意一个选项可切换当前曲线调整窗口按照何种方式显示。
- **显示**：在该选项组中共包括四个复选框，分别是“通道叠加”复选框、“直方图”复选框、“基线”复选框和“交叉线”复选框，通过勾选复选框可以控制曲线调整窗口的显示效果和显示项目。
- **网格显示按钮**：单击按钮，使曲线调整窗口以四分之一色调增量方式显示简单网格；单击按钮，使曲线调整窗口以10%增量方式显示详细网格。
- **吸管工具组**：在图像中单击，用于设置黑场、灰场和白场。

5.2.4 “曝光度”命令

“曝光度”命令主要用于调整HDR图像的色调，也可用于8位和16位图像。打开原始图像，如下左图所示。执行“图像>调整>曝光度”命令，即可打开“曝光度”对话框，然后设置相关参数，如下中图所示。单击“确定”按钮，即可调整图像的曝光度，效果如下右图所示。

- **曝光度：** 调整色彩范围的高光端，对极限阴影的影响很轻微。
- **位移：** 使阴影和中间调变暗，对高光的影响很轻微。
- **灰度系数校正：** 使用乘方函数调整图像灰度系数。

5.2.5 “自然饱和度”命令

“自然饱和度”命令调整图像颜色，可通过分别调整该命令中的“自然饱和度”选项和“饱和度”选项对图像进行精细调整，让图像色调更加美观。执行“图像>调整>自然饱和度”命令，弹出“自然饱和度”对话框，对其参数进行设置。

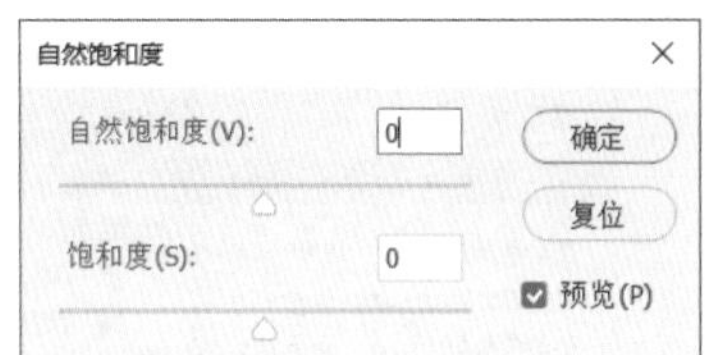

下面对“自然饱和度”对话框中各参数的含义进行介绍。

- **自然饱和度：** 通过输入自然饱和度值或拖动下方的颜色滑块，可调整图像的自然饱和度。
- **饱和度：** 通过输入饱和度值或拖动下方的颜色滑块，可调整图像的饱和度。

5.2.6 “色相/饱和度”命令

色相由原色、间色和复色构成，用于形容各类色彩的样貌特征，如棕榈红、柠檬黄等。饱和度又称为纯度，指色彩的浓度，是以色彩中所含同亮度中性灰度的多少来衡量的。

“色相/饱和度”命令可以调整图像的整体颜色范围或特定颜色范围的色相、饱和度和亮度。执行“图像>调整>色相/饱和度”命令或按Ctrl+U组合键，弹出“色相/饱和度”对话框，在其中可以更改相应颜色的色相、饱和度和亮度参数，从而对图像的色彩倾向、颜色饱和度和敏感度进行调整，以达到具有针对性的色调调整。

下面对“色相/饱和度”对话框中各主要参数的含义进行介绍。

- **预设：** 通过选择预设的色阶样式，可快速应用色阶调整效果。

- **颜色选取选项**：可指定图像的颜色范围，对指定颜色进行调整。
- **色相**：用于调整指定颜色的色彩倾向。
- **饱和度**：用于调整指定颜色的色彩饱和度。
- **明度**：用于调整指定颜色的色彩亮度。
- **颜色调整按钮**：单击按钮后，可在图像上选取颜色。直接单击鼠标左键并拖动，可调整取样颜色的饱和度；按住Ctrl键拖动，可改变取样颜色的色相。
- **着色**：勾选该复选框，若前景色为黑色或白色，则图像被转换为红色色相；若前景色为其他颜色，则图像被转换为该颜色色相，且转换颜色后各像素值明度不变。

5.2.7 “色彩平衡”命令

“色彩平衡”命令用于校正图像的偏色现象，通过在图像原色的基础上根据需要来添加其他颜色，或通过增加某种颜色的补色来减少该颜色的数量，从而改变图像的色调，达到纠正明显偏色的目的。执行“图像>调整>色彩平衡”命令或按Ctrl+B组合键，如下左图所示。弹出“色彩平衡”对话框，在其中进行参数设置，如下右图所示。

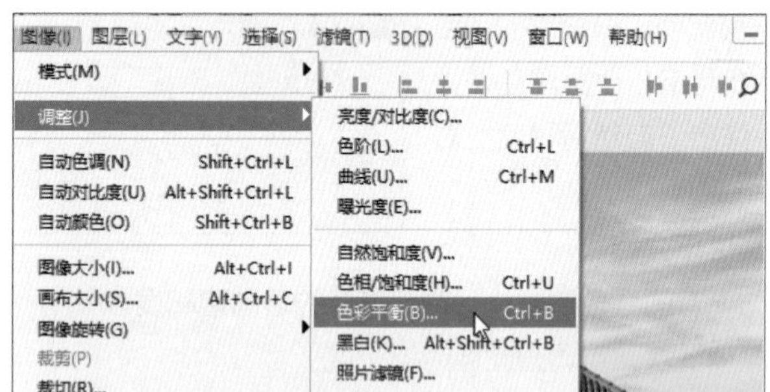

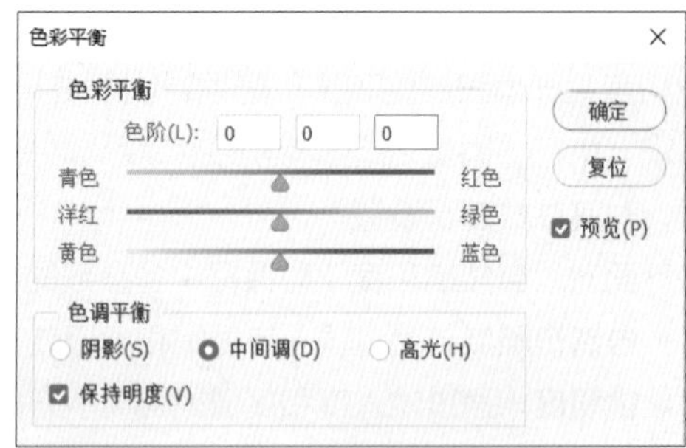

下面对“色彩平衡”对话框中各主要参数的含义进行介绍。

- **“色彩平衡”选项组**：通过输入色阶值或拖动下方的颜色滑块，可调整图像色调。每一个色阶值文本框对应一个相应的颜色滑块，可设置-100~+100的值，将滑块拖向某一颜色则增加该颜色值。
- **“色调平衡”选项组**：用于选择需要进行调整的色彩范围，包括“阴影”、“中间调”和“高光”三个单选按钮，选择相应的选项可以对该选项中的颜色着重调整；勾选“保持明度”复选框，可防止图像的亮度值随着颜色更改而变化，以保持图像的色彩平衡。

5.2.8 “黑白”命令

在Photoshop中，使用“黑白”命令可以快速将图像颜色设置成黑白效果，并且根据绘图需要调整图像黑白效果的显示模式。使用“黑白”命令可以将色彩图像转换为灰度图像，但是图像中的颜色模式保持不变。

执行“图像>调整>色彩平衡”命令或按Ctrl+Alt+Shift+B组合键，在弹出的“黑白”对话框中设置选项组中的各颜色的黑白参数。黑白调整图层通过对不同颜色数值的设置，可以调整黑白灰对比度，使黑白照片也具有层次感。

实战练习 制作彩色至黑白渐变建筑外景效果图

利用“黑白”命令可以实现将整张效果图制作出彩色至黑白过渡的渐变效果。下面介绍具体的操作方法。

步骤 01 打开Photoshop CC软件，然后按下Ctrl+O组合键，在打开的“打开”对话框中选中“房子.jpg”素材图片，单击“打开”按钮将其打开，如下左图所示。

步骤 02 然后选中“背景”图层，按下Ctrl+J组合键，将复制的新图层命名为“图层1”，如下右图所示。

步骤 03 选中“图层1”图层，单击“图层”面板底部的“创建新的填充或调整图层”下拉按钮，在列表中选择“黑白”选项，得到“黑白1”图层，如下左图所示。

步骤 04 按住Ctrl键将“图层1”图层和“黑白1”图层同时选中，然后按下Ctrl+E组合键合并图层，如下右图所示。

步骤 05 选中合并后的“黑白1”图层，单击“图层”面板底部的“添加图层蒙版”按钮，如下左图所示。

步骤 06 选中“黑白1”图层的图层蒙版，选择渐变工具，在属性栏中单击渐变颜色条，在打开的“渐变编辑器”对话框中设置由“#000000”到“#ffffff”的颜色渐变，如下右图所示。

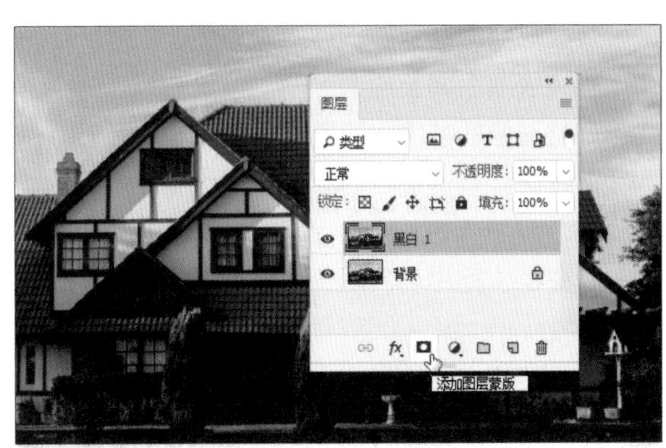

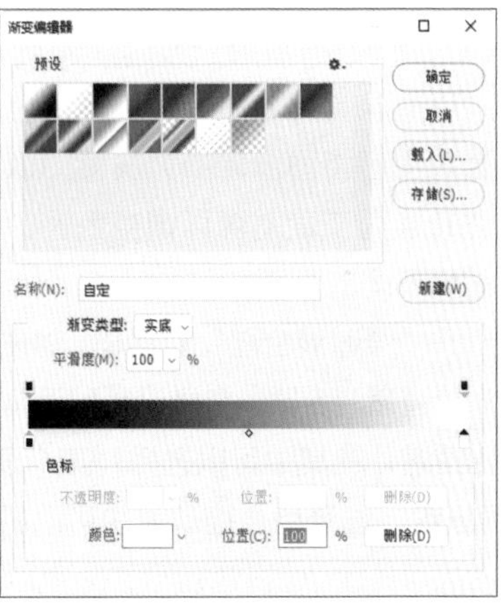

步骤 07 在画面中从最右边向中间拖拽鼠标创建渐变效果。至此，彩色至黑白渐变建筑外景效果制作完成，最终效果如下图所示。

5.2.9 “照片滤镜”命令

“照片滤镜”用于模仿传统相机的滤镜效果处理图像，通过调整图片颜色可以获得各种丰富的效果。执行“图像>调整>照片滤镜”命令，如下左图所示。将弹出“照片滤镜”对话框，如下右图所示。

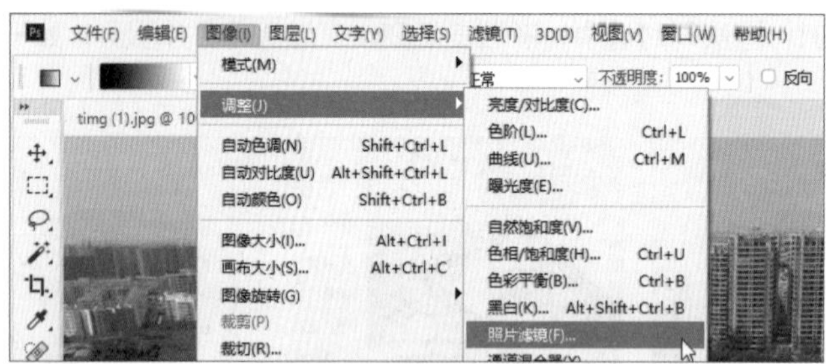

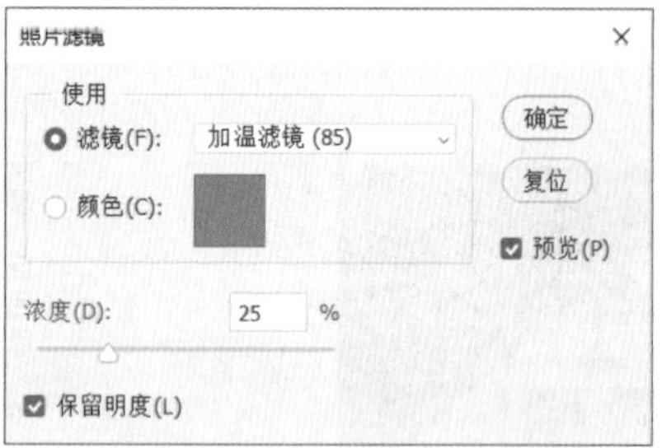

下面对“照片滤镜”对话框中各主要参数的含义进行介绍。

- **滤镜：** 用于选择颜色调整的过滤模式。
- **颜色：** 选中该单选按钮后，单击右侧颜色色块，弹出“拾色器（滤镜颜色）”对话框，可以在对话框中设置精确颜色并对图像进行过滤。
- **浓度：** 拖动此选项的滑块，设置过滤颜色的百分比。
- **保留明度：** 勾选此复选框进行调整时，图片的白色部分颜色保持不变，取消勾选此复选框，则图片的全部颜色都随之改变。

5.2.10 “通道混合器”命令

应用“通道混合器”命令调整图像色调，可直接在原图像状态下调整通道颜色，也可将图像转换为灰度图像，在恢复其通道后调整通道颜色，通过先转换为灰度图像再调整色调的方式，调整图像的艺术化双色调，赋予图像不同的画面效果与风格。执行“图像>调整>通道混合器”命令，将打开“通道混合器”对话框，如右图所示。

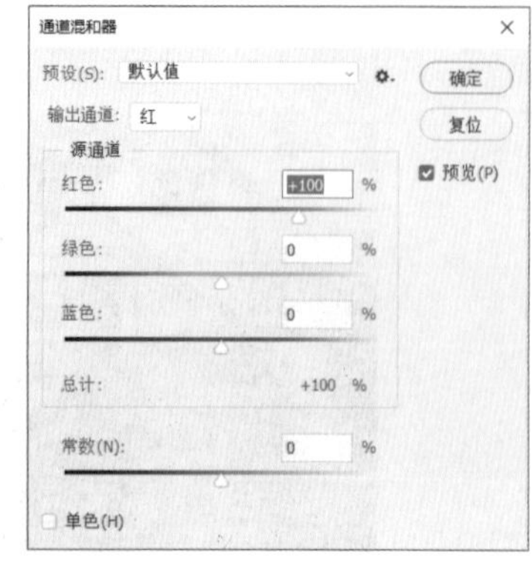

下面对“通道混合器”参数设置对话框中的一些重要选项进行介绍。

- **输出通道：** 在其中可以选择对某个通道进行混合。
- **“源通道”选项组：** 拖动滑块可以减少或增加源通道在输出通道中所占的百分比，其取值范围在-200~200之间。

- **常数**：该选项可将一个不透明的通道添加到输出通道，若为负值视为黑通道，正值则视为白通道。
- **单色**：勾选该复选框后可以对所有输出通道应用相同的设置，创建该色彩模式下的灰度图，也可继续调整参数使灰度图像呈现不同的质感效果。

5.2.11 “颜色查找”命令

在Photoshop中颜色查找命令有两个作用：第一，对图像色彩进行校正，有3DLUT文件（三维颜色查找表文件，精确校正图像色彩）、摘要、设备连接三种校正方法。第二，打造一些特殊效果。

打开一张图片，如下左图所示。执行“图像>调整>颜色查找”命令，在弹出的“颜色查找”对话框中设置需要的色调，如下中图所示。通过预设选项，可快速调整图像的色调，效果如下右图所示。

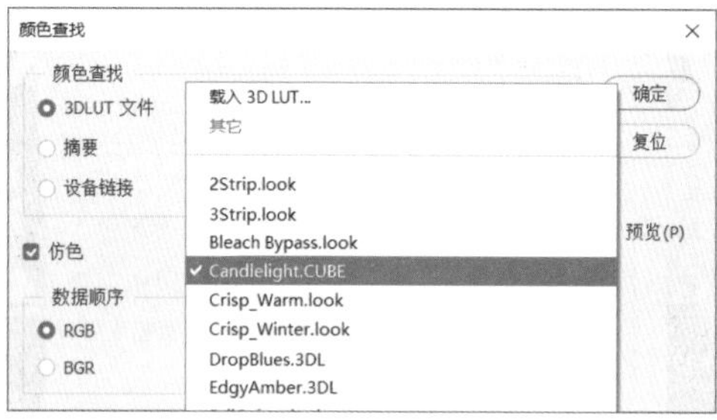

5.2.12 “反相”命令

“反相”命令是将图像中的颜色进行反转处理。在灰度图像中应用该命令，可将图像转换为底片效果，而在彩色图像中应用该命令，将转换各个颜色为相应的互补色。

打开一张图片，如下左图所示。执行“图像>调整>反相”命令或按Ctrl+I组合键，图像中的红色将替换为青色，白色将替换为黑色，黄色将替换为蓝色，绿色将替换为洋红色，如下右图所示。

5.2.13 “色调分离”命令

“色调分离”命令较为特殊，在一般的图像调整处理中使用频率不是很高，但在创建大的单色调区域时非常有用。当减少灰色图像中的灰阶数量时，它的效果最为明显，使用它能将图像中丰富的渐变色简化，从而让图像呈现出木刻版画或卡通画的效果。

执行“图像>调整>色调分离”命令，即可打开“色调分离”对话框，如右图所示。可以通过拖拽色阶滑块调整色彩分离色阶效果。系统将以256阶的亮度对图像中像素亮度进行分配。色阶数值越高，图像产生的变化越小。

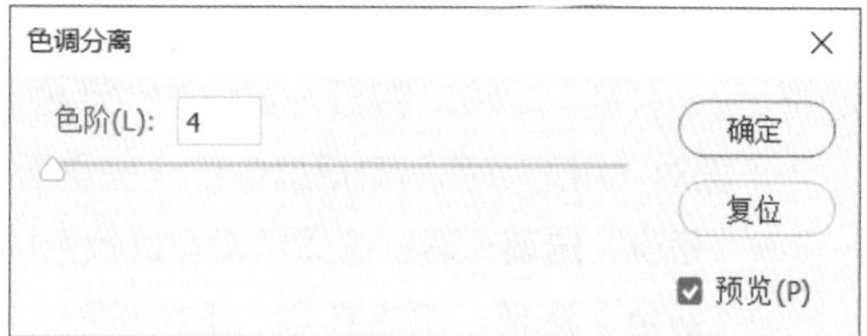

5.2.14 “阈值”命令

“阈值”命令可以将灰度或彩色图像转换为高对比度的黑白效果图像。以中间值128为标准，可以指定某个色阶作为阈值，所有比阈值亮的像素转换为白色，而比阈值暗的像素则转换为黑色。“阈值”命令常常用于需要将图像转换为黑白色效果的操作中，可将一些户外的建筑照片转换为手绘速写的效果，也可将其他照片制作成剪影效果。

打开一张图片，如下左图所示。执行“图像>调整>阈值”命令，弹出“阈值”对话框，如下中图所示。在对话框中拖拽滑块或在“阈值色阶”的数值中输入数值，即可改变图像的阈值，使图像具有高度反差，效果如下右图所示。

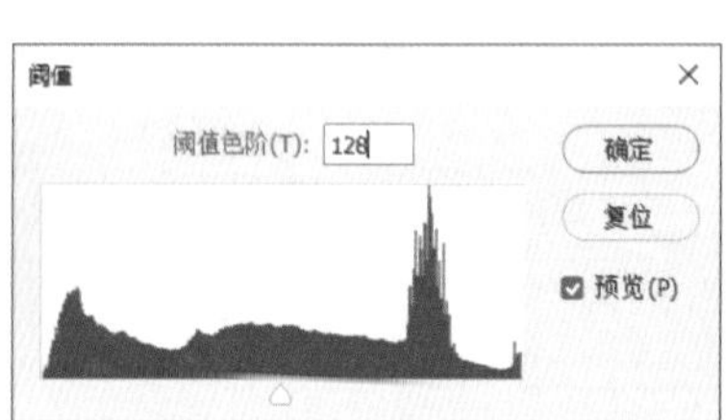

5.2.15 “去色”命令

“去色”命令可以除去图像中的饱和度信息，将图像中所有颜色的饱和度都变为0，从而将图像变为彩色模式下的灰色图像。打开一张图片，如下左图所示。执行“图像>调整>去色”命令或按Ctrl+Shift+U组合键，可以去除图像的颜色信息，如下右图所示。

5.2.16 “可选颜色”命令

“可选颜色”命令用于有针对性地更改图像中相应颜色成分的印刷色数量，而不影响其他主要颜色。它的工作原理是对限定颜色区域中各像素的青、洋红、黄、黑这四色油墨进行调整，有针对性地调整图像中某个颜色或校正色彩平衡等颜色问题。主要用于调整图像中没有主色的色彩成分，但通过调整这些色彩成分也可以达到调亮图像的作用。执行“图像>调整>可选颜色”命令，将打开右图的对话框。

下面对“可选颜色”对话框中的一些重要参数的含义进行介绍。

- **“预设”选项：** 通过选择预设可选颜色样式，可快速应用调整效果。
- **“颜色”选项：** 单击右侧的下拉按钮，在打开的下拉列表中共包括九种颜色，分别为红色、黄色、绿色、青色、蓝色、洋红、白色、中性色和黑色，可选择不同的颜色进行设置。

- **各颜色滑块：** 指定相应的颜色滑块后，拖动滑块调整效果。
- **“方法”选项：** 选择“相对”选项后调整颜色，将按照总量的百分比更改当前原色中的百分比成分；选择“绝对”选项后调整颜色，将按照增加或减少的绝对值更改当前原色中的颜色。

5.2.17 “阴影/高光”命令

“阴影/高光”命令适用于校正在强逆光环境下拍摄产生的图像剪影效果，或是太接近闪光灯而导致的焦点发白现象。执行“图像>调整>阴影/高光”命令，如下左图所示。将弹出“阴影/高光”对话框，默认状态时对话框中只显示“阴影”和“高光”选项组的参数设置，勾选“显示更多选项”复选框，可弹出更多的其他设置选项组，调整画面效果，如下右图所示。

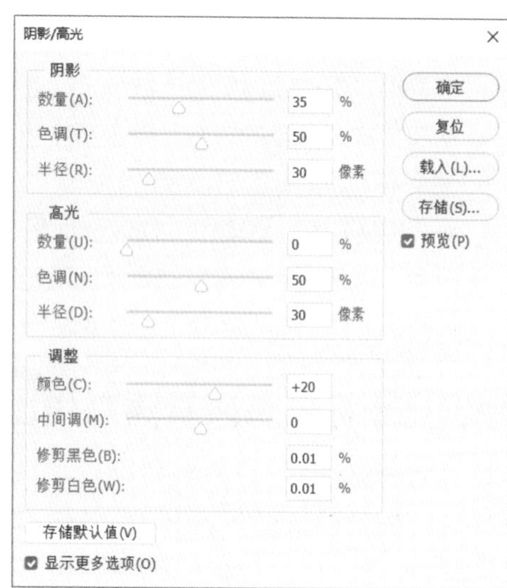

下面对“阴影/高光”对话框中的一些重要参数的含义进行介绍。

- **“阴影”和“高光”选项组：** “数量”用于控制应用于阴影或高光区域的校正量；“色调”用于控制应用于阴影或高光区域的色调修改范围；“半径”可控制每个像素局部相邻的像素大小。
- **“颜色”调整区：** 拖动滑块或输入数值，可调整像素已更改的区域颜色。
- **“中间调”调整区：** 拖动滑块或输入数值，可调整中间调对比度。
- **“修剪黑色”和“修建白色”输入框：** 设置“修剪黑色”和“修剪白色”参数，可指定在图像中将阴影或高光剪切到新的极端阴影或高光颜色，数值越大，图像的对比度越大。
- **“显示更多选项”复选框：** 勾选该复选框，可显示该对话框中的多个选项；取消勾选该复选框，将以简洁方式显示该对话框。

5.2.18 “渐变映射”命令

“渐变映射”命令的原理是在图像中将阴影映射到渐变填充的一个端点颜色，将高光映射到另一个端点颜色，而中间调映射到两个端点颜色之间。使用“渐变映射”命令可以将相等的图像灰度范围映射到指定的渐变填充色。

执行“图像>调整>渐变映射”命令，即可打开“渐变映射”对话框，如下左图所示。单击“灰度映射所用的渐变”色块，打开“渐变编辑器”对话框，对渐变效果进行设置，如下右图所示。

下面对“渐变映射”对话框和“渐变编辑器”对话框中一些重要参数的含义进行介绍。

- **灰度映射所用的渐变：** 单击渐变色块右侧的下拉按钮，打开下拉列表，在此下拉列表中单击任意一个渐变效果，即可设置当前图像的渐变映射为该渐变效果。
- **“渐变选项”选项组：** 在该选项组中有两个复选框，分别是“仿色”和“反向”复选框。勾选“仿色”复选框后，将为图像添加随机杂色并以平滑渐变填充的外观减少带宽效应；勾选“反向”复选框后，将切换对图像进行渐变填充的方向，从而反向渐变映射。

实战练习 将马路风景照制作出唯美晚霞效果

下面介绍利用“渐变映射”命令将马路风景照调出唯美晚霞效果的具体操作方法，用户可以举一反三制作出不同效果的图片，具体操作步骤如下。

步骤 01 打开Photoshop CC软件，按下Ctrl+O组合键，在打开对话框中选择“马路.jpg”素材图片，单击“打开”按钮，效果如下左图所示。

步骤 02 按下Ctrl+J组合键，复制“背景”图层，得到“图层1”图层。单击“图层”面板底部的“创建新的填充或调整图层”下三角按钮，在弹出的下拉列表中选择“渐变映射”选项，如下右图所示。

步骤 03 创建“渐变映射1”图层后，自动打开“属性”面板，单击渐变颜色条，在弹出的“渐变编辑器”对话框中设置渐变颜色色号从左往右分别为#184c0e、#3f160a、#fa4108，如下左图所示。

步骤 04 单击“确定”按钮后，在“图层”面板中设置“渐变映射1”图层的图层混合模式为“颜色”，效果如下右图所示。

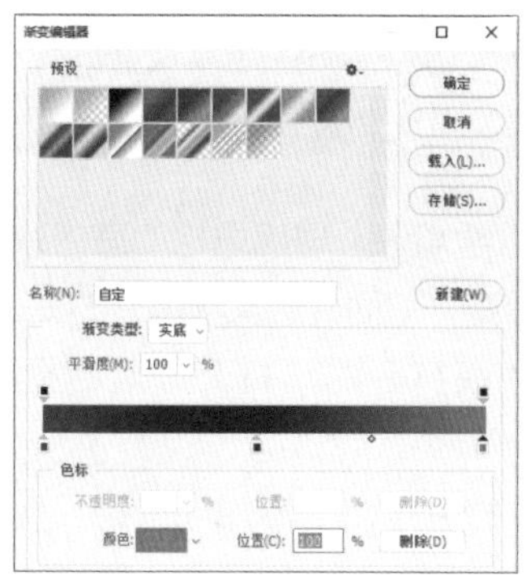

步骤 05 按下Ctrl+J组合键，复制“渐变映射1”图层为“渐变映射1拷贝”图层，设置“渐变映射1拷贝”图层的图层混合模式为“柔光”，“不透明度”为15%。至此，本案例制作完成，查看为马路风景照调出唯美晚霞的效果，如右图所示。

知识延伸：色调的调整

色调是构成图像的重要元素之一，通过对图像色调进行调整，能赋予图像不同的视觉感受和风格，让图像呈现全新的面貌。在Photoshop CC 2018中可通过自动调整“色阶”、“曲线”、“色相/饱和度”、“色彩平衡”、“自然饱和度”、“亮度和对比度”及“曝光度”等命令对图像进行简单的调整。

应用自动色调命令时，是通过“图像”菜单中的相应命令对图像色调进行调整。通过应用“自动色调”、“自动对比度”和“自动颜色”这三个命令，可在不同程度上对图像中的黑场和白场、高光和阴影区域进行校正，让图像色调层次更加真实自然。

色调的进阶调整命令可在不同程度上对图像的颜色进行更为精确而复杂的调整，这些命令包括“变化”、“匹配颜色”、“替换颜色”、“可选颜色”、“阴影/高光”、“通道混合器”和“颜色查找”等。应用这些命令可使图像的色调更加自然，且调整后的效果也更加美观。

在Photoshop中打开一张图片，如下左图所示。调整图像的色调主要用于调整图像的层次、对比度，如下中图所示。而调整图像的色彩是调整图像色彩变化等特征，如下右图所示。

上机实训：替换窗外风景制作现代风格室内效果图

通过对本章图像色彩的调整的学习，下面通过实例巩固前面所学知识。现代风格的室内效果图普遍呈现黑白灰的色调，本案例主要通过自然饱和度、曲线等功能调整图像，下面介绍具体操作方法。

步骤 01 打开Photoshop CC软件，然后按下Ctrl+O组合键，在打开的“打开”对话框中选中“室内.jpg”素材图片，单击“打开”按钮将其打开，如下左图所示。

步骤 02 在工具箱中选择快速选择工具，在属性栏中设置画笔大小，并单击“添加到选区”按钮，然后依次选择窗户的白色区域。按下Ctrl+J组合键复制选中区域，生成“图层1”图层，使其置于“室内”图层上方，如下右图所示。

步骤 03 选中“图层1”图层，在菜单栏中执行“文件>置入嵌入对象”命令，置入“森林.jpg”素材图片，然后调整其大小并拖拽至画面的左侧，如下左图所示。

步骤 04 选中“森林”图层并右击，在快捷菜单中选择“创建剪贴蒙版”命令，效果如下右图所示。

步骤 05 选择“森林”图层，调整图层的“不透明度”为52%，制作类似通过窗户看到森林的效果，如右图所示。

步骤 06 选中“森林”图层，按下Ctrl+Shift+Alt+E组合键，盖印可见图层，生成“图层2”图层。然后执行“图像>调整>自然饱和度”命令，打开“自然饱和度”对话框，设置相关参数，如下左图所示。

步骤 07 单击“确定”按钮，查看设置图像自然饱和度参数后的效果，如下右图所示。

步骤 08 然后在菜单栏中执行“图像>调整>色彩平衡”命令，在打开的“色彩平衡”对话框中设置相关参数，如下左图所示。

步骤 09 单击“确定”按钮，查看设置图像色彩平衡参数后的效果，如下右图所示。

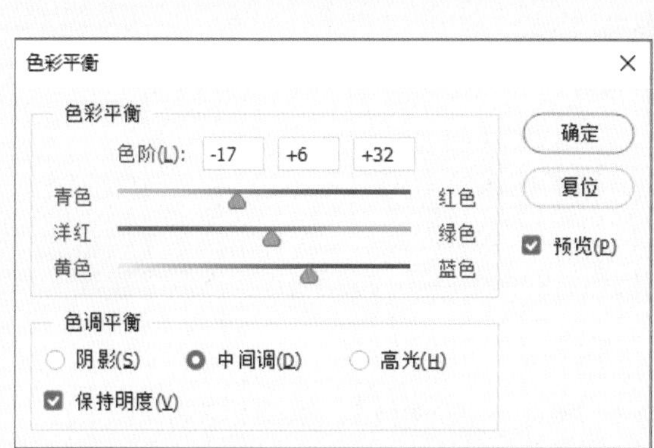

步骤 10 选中“图层2”图层，在菜单栏中执行“图像>调整>曲线”命令，在打开的“曲线”对话框中设置相关参数，单击“确定”按钮，如下左图所示。

步骤 11 至此，本案例制作完成，查看制作现代风格的室内效果图，如下右图所示。

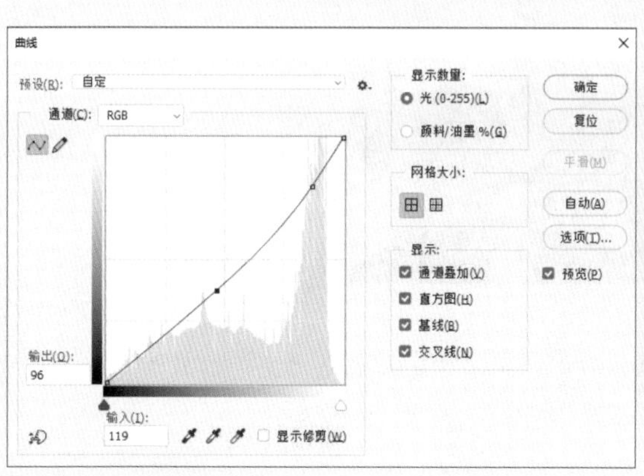

课后练习

1. 选择题

（1）应用“自动色调”命令，可以快速设置图像的色阶属性，其快速键是（　　）。

A. Shift+B　　B. Alt+L　　C. Shift+U　　D. Alt+Shift+L

（2）（　　）命令用于将图像中指定区域的颜色替换为更改的颜色。

A. 替换颜色　　B. 可选颜色　　C. 色彩平衡　　D. 匹配颜色

（3）执行（　　）命令，可以使用渐变效果重新调整图像。

A. 照片滤镜　　B. 色相/饱和度　　C. 渐变颜色　　D. 替换颜色

（4）可以使用（　　）命令，自动调整图像的对比度，使图像中的高光更亮、阴影更暗。

A. 自动色调　　B. 自动对比度　　C. 自动颜色　　D. 亮度/对比度

（5）（　　）命令可以除去图像中的饱和度信息，将图像中所有颜色的饱和度都变为0，从而将图像变为彩色模式下的灰色图像。

A. 去色　　B. 黑白　　C. 反相　　D. 阈值

2. 填空题

（1）__________命令较为特殊，在一般的图像调整处理中使用频率不是很高，使用它能将图像中丰富的渐变色简化，从而让图像呈现出木刻版画或卡通画的效果。

（2）使用“反相”命令后，图像中的红色将替换为青色，白色将替换为黑色，黄色将替换为________，绿色将替换为_________。

（3）“自然饱和度”命令调整图像颜色，可以通过分别调整该命令中的“_________”选项和“_________”选项，对图像进行精细调整。

（4）_________由原色、间色和复色构成，用于形容各类色彩的样貌特征，如棕榈红、柠檬黄等。

3. 上机题

打开给定的素材，如下左图所示。执行图片调整命令为照片添加浪漫色调，效果如下右图所示。

操作提示

（1）可以运用本章节学习的调整命令对图片进行调整。

（2）“色调”是图像调整的关键。

Chapter 06 图层的应用

本章概述

在Photoshop中，图层几乎承载了所有的编辑操作，图层的数量决定了图像的复杂程度。本章将对图层的概念、图层的基本操作、图层的样式、图层混合模式进行介绍，使读者掌握图层的创建方法以及图层的基本操作。掌握好图层的应用，有利于以后的Photoshop的学习。

核心知识点

❶ 了解图层的概念
❷ 熟悉"图层"面板
❸ 掌握图层的基本操作
❹ 了解图层样式
❺ 了解图层的混合模式

6.1 图层的概念

图层就像一张完全透明的纸，每张透明纸上的不同位置的内容彼此叠加，即可得到需要的图像。但是图像的每个部分都是单独存在的，在“图层”面板的缩略图中可以看到每个图层中图像的位置和效果。

下面为大家介绍在环艺设计过程中常用的图层类型，分别是调整图层、文本图层、图层样式、普通图层和背景图层，如下图所示。

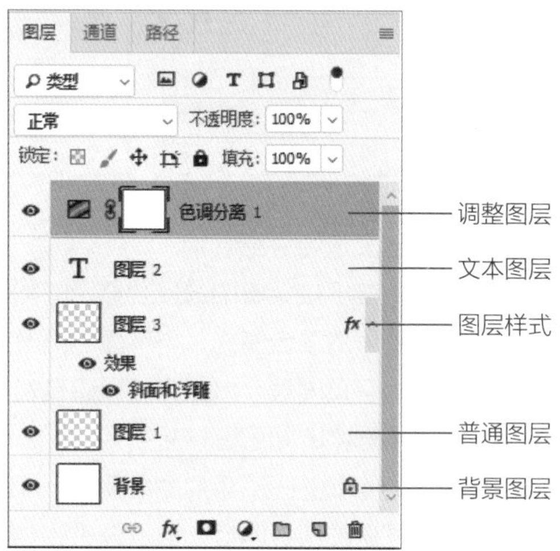

- **调整图层：** 单击“图层”面板下方的“创建新的填充或调整图层”按钮，即可创建调整图层，该图层的右侧会出现一个蒙版。该图层主要用于调整图像的色彩平衡、亮度/对比度、曲线等，但不会改变像素值，而且可以重复编辑。
- **文本图层：** 使用文字工具在图像上添加文字时创建的图层。
- **图层样式：** 添加了图层样式的图层。单击“图层”面板下方的“添加图层样式”按钮，即可为图层添加需要的图层效果，如描边、图案叠加、外发光等。
- **普通图层：** 普通图层是指使用一般方法建立的，没有进行添加样式或者其他特别设置的图层，也是最常用的图层。单击“图层”面板下方的“创建新图层”按钮，即可创建普通图层。
- **背景图层：** 背景图层是一种不透明图层。新建文档时创建的图层，它始终在“图层”面板的最下层，名称为“背景”，该图层就是背景层。当打开图片时，系统会自动将该图像定义为背景图层。

6.2 图层的基本操作

图层的基本操作是学习Photoshop的基础，所以必须掌握“图层”面板的基本操作方法。在“图层”面板中可以完成新建图层、重命名图层、删除图层、添加图层样式、设置图层属性等操作。

6.2.1 “图层”面板

“图层”面板用于创建、管理及编辑图层，图像可放于相同或不同的图层上，而“图层”则放在“图层”面板中，如下图所示。Photoshop的图层操作几乎都可以在“图层”面板上完成。

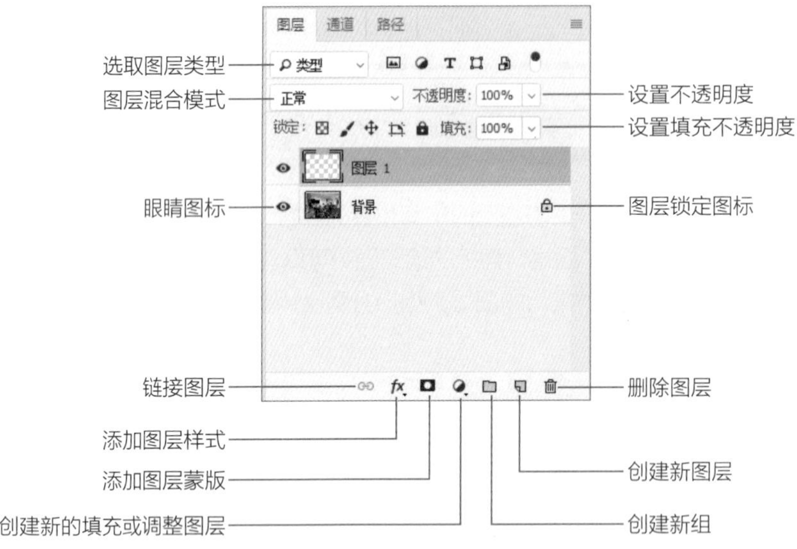

下面对“图层”面板中各参数的含义进行介绍。

- **选取图层类型：** 可根据个人需求在下拉菜单中选择要显示的图层类型，隐藏其他的图层类型。
- **图层混合模式：** 用来设置当前图层的混合模式，与下面的图像混合。
- **眼睛图标：** 显示该图标的图层为可见图层，单击它可以隐藏对应的图层。
- **链接图层：** 单击该按钮，可以将选中的图层链接起来。
- **添加图层蒙版：** 单击该按钮，为当前的图层添加图层蒙版。
- **设置不透明度：** 用于设置当前图层的不透明度，数值越小，当前图层越透明。
- **设置填充不透明度：** 用于设置当前图层的填充不透明度，它与图层不透明度类似，但不会影响图层效果。
- **图层锁定图标：** 显示该图标时，表示图层处于锁定状态。
- **删除图层：** 选择要删除的图层或图层组，单击该按钮将其删除。
- **创建新图层：** 单击该按钮新建一个普通图层。
- **创建新组：** 单击该按钮新建一个图层组。

提示：设置图层缩略图的大小

在“图层”面板中，图层左侧的图像是该层的缩略图，包含了该图层的所有图像信息。用户若需要调整图层缩略图的大小，可以使用以下两种方法：一是在图像缩略图上右击鼠标，在弹出的快捷菜单中可以选择无缩略图、小缩略图、中缩略图和大缩略图四个选项；二是单击“图层”面板右侧的下拉菜单按钮，单击“面板选项”选项，在打开的“图层面板选项”中也可以设置图层缩略图的大小。

6.2.2 创建图层

在Photoshop CC 2018中，新建图层的方法有两种，第一种方法是单击“图层”面板下方的“创建新图层”按钮，创建一个新的图层，如下左图所示。第二种方法是执行“图层>新建>图层”命令，打开“新建图层”对话框，在该对话框中可以设置新建图层的名称、颜色和模式等，如下右图所示。

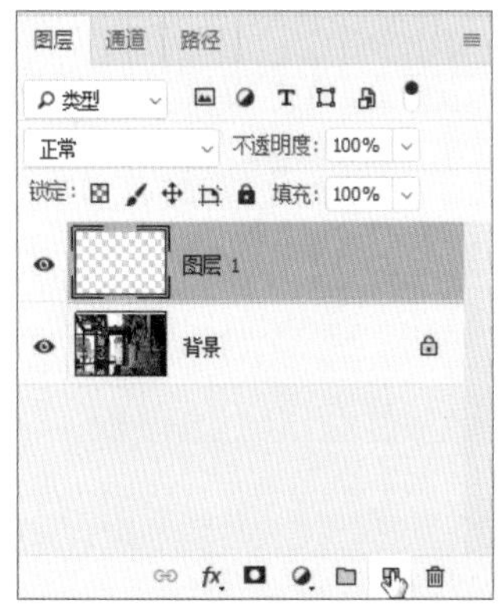

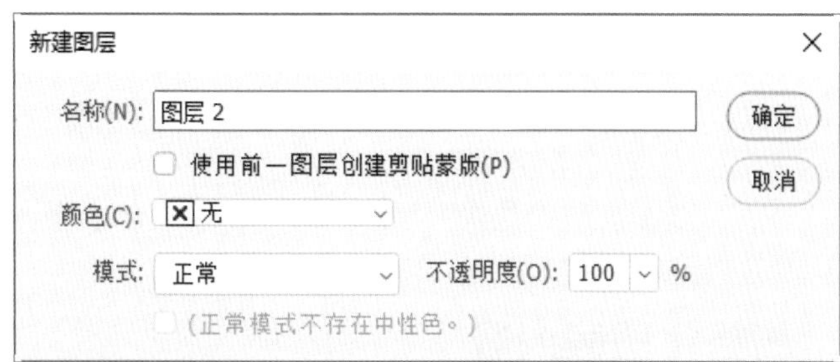

6.2.3 选择/复制图层

下面介绍在不同的情况下选择图层的方法。

- **选择一个图层**：在“图层”面板中单击所需的图层即可选择该图层，如下左图所示。
- **选择多个图层**：如果要选择多个相邻的图层，可以单击第一个图层，然后按住Shift键单击最后一个图层，如下中图所示；如果要选择多个不相邻的图层，可按住Ctrl键单击所需的图层，如下右图所示。

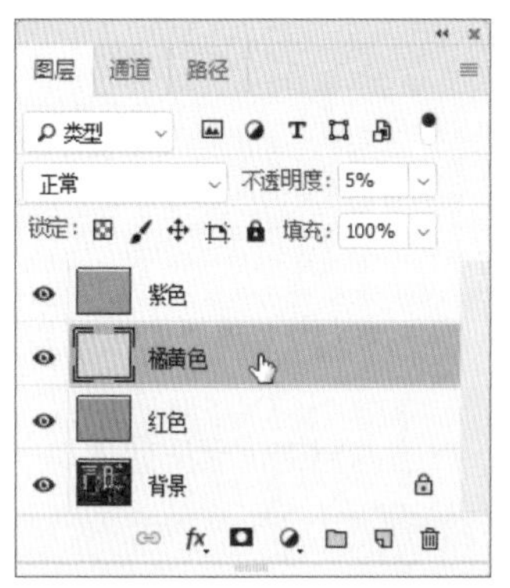

- **选择所有图层**：执行“选择>所有图层”命令，即可选择“图层”面板中的所有图层，如下左图所示。
- **取消选择图层**：执行“选择>取消选择图层”命令，就可以取消选择图层，如下右图所示。

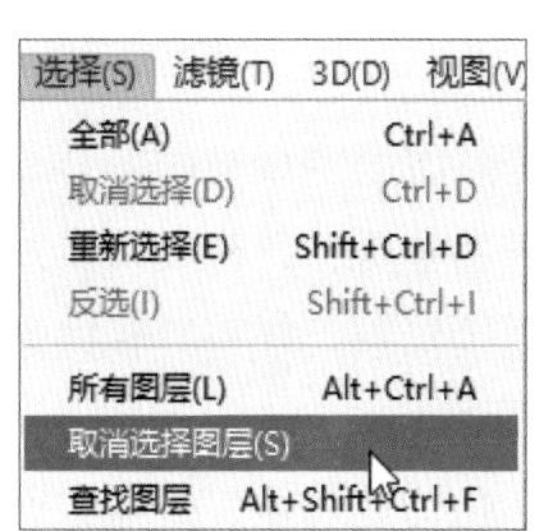

复制图层的方法有两种，一是在“图层”面板中，按住鼠标左键将要复制的图层拖到“创建新图层”按钮上，释放鼠标左键即可复制该图层，如下左图所示。二是单击要复制的图层，然后执行“图层>复制图层”命令，打开“复制图层”对话框，如下右图所示。在该对话框中可以设置名称和文档，设置完成后单击“确定”按钮，即可复制图层。

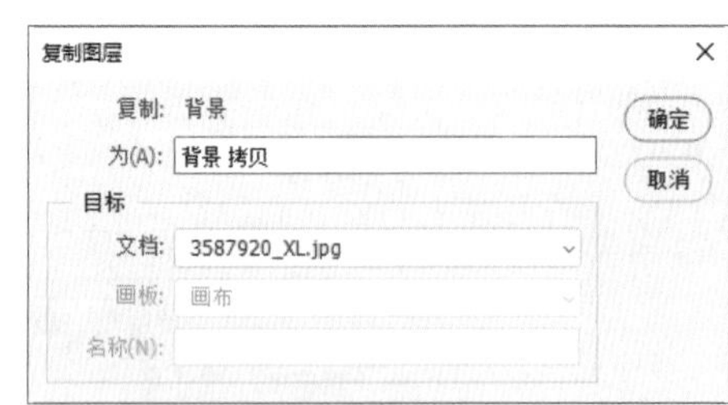

6.2.4 栅格化图层内容

如果要使用画笔工具和滤镜编辑形状图层、矢量蒙版、文字图层等包含矢量数据的图层，需要先将其栅格化，使图层中的内容转化为栅格图像，才能使用画笔工具和相应的编辑。选择需要栅格化的图层，执行“图层>栅格化”子菜单中的命令，如下图所示，即可栅格化图层内容。

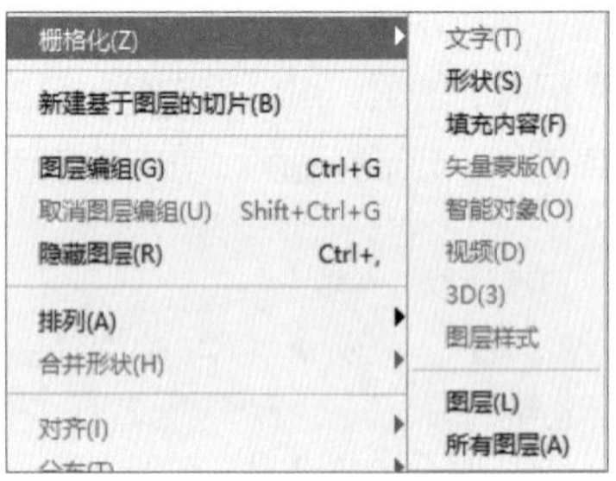

下面对“图层>栅格化”子菜单中各命令的含义和应用进行介绍。

- **文字**：栅格化文字图层，栅格化以后，文字内容不能再修改。
- **形状**：栅格化形状图层，下左图为栅格化形状图层前的效果，下右图为栅格化后的效果。

- **填充内容**：栅格化形状图层的填充内容。
- **矢量蒙版**：栅格化矢量蒙版，并将其转换为图层蒙版。
- **智能对象**：栅格化智能对象，并将其转换为像素。
- **图层**：栅格化当前图层。
- **所有图层**：栅格化包括智能对象、矢量数据和生成的数据的所有图层。

6.2.5 排列/分布图层

“图层”面板中的图层是按照创建的先后顺序堆叠起来的，在实际操作中，可以根据需要重新调整图层的堆叠顺序，也可以选择多个图层执行对齐或分布操作。

1. 调整图层的堆叠顺序

在“图层”面板中，图层是按照创建的先后顺序堆叠排列的。在“图层”面板中选中一个图层，然后拖拽到另一个图层的上面或下面，即可改变图层的堆叠顺序。改变图层的顺序会改变整体图像最后的呈现效果。

2. 对齐图层

要将多个图层中的图像内容进行对齐，首先在“图层”面板中将它们全部选中，然后执行“图层>对齐”子菜单中的命令，如下左图所示。执行图层对齐操作必须具备一个条件，即图像具有多个图层，且有两个及以上图层被同时选中的情况下才可以执行对齐操作。

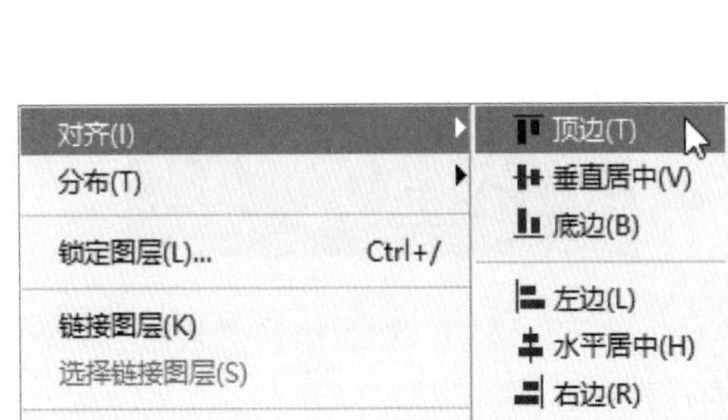

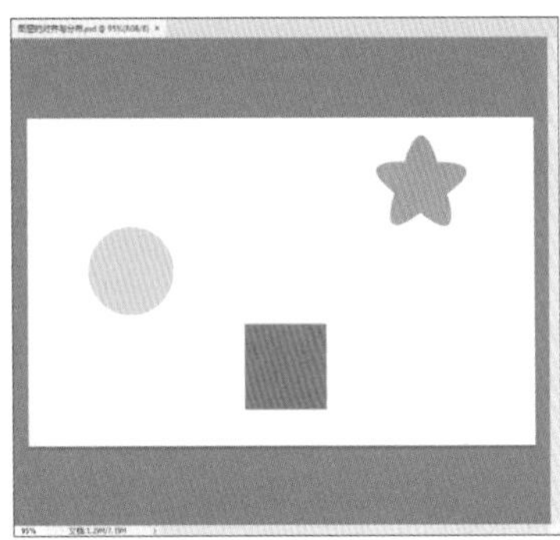

按住Ctrl键单击“图层1”、“图层2”、“图层3”，将它们选中，然后执行“对齐”命令，下图从左到右分别以顶边、垂直居中、底边、左边、水平居中和右边方式对齐。上右图为原图。

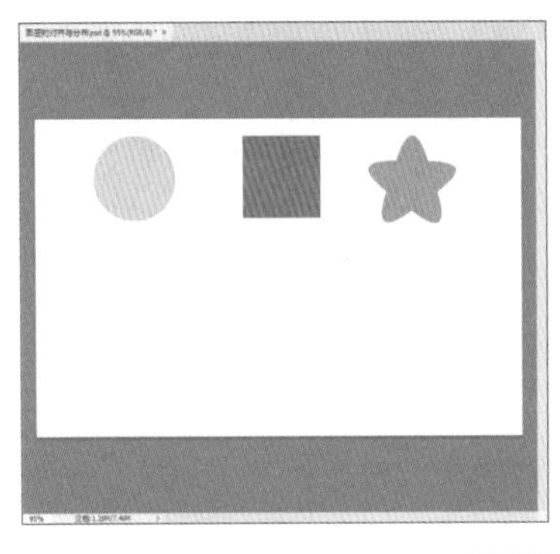
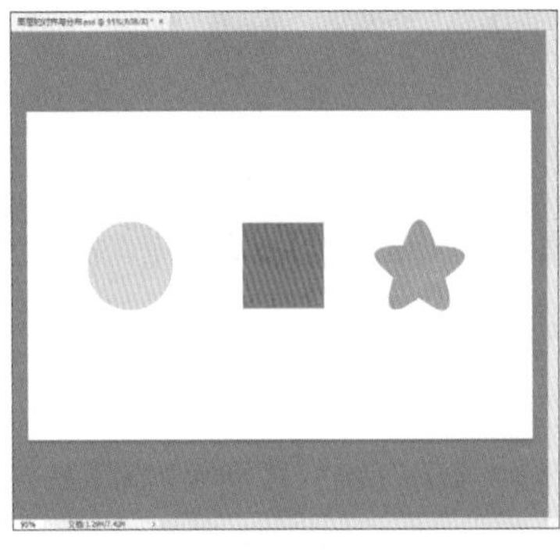
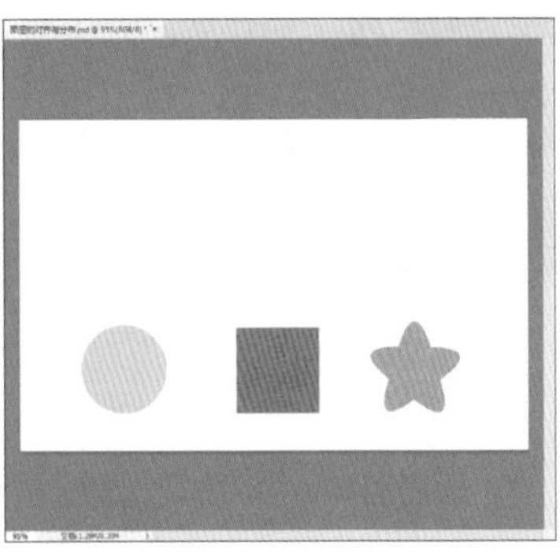
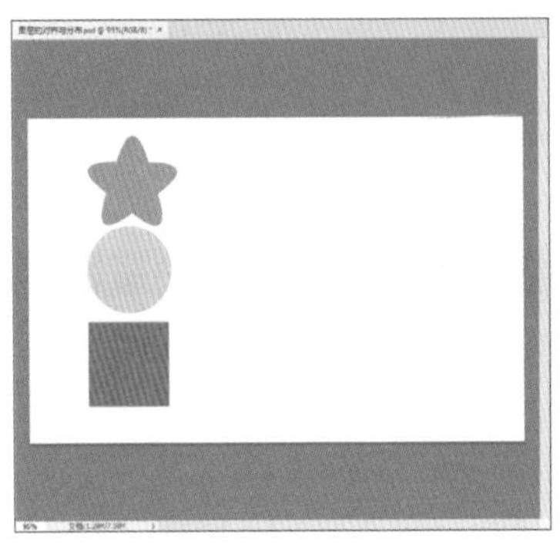
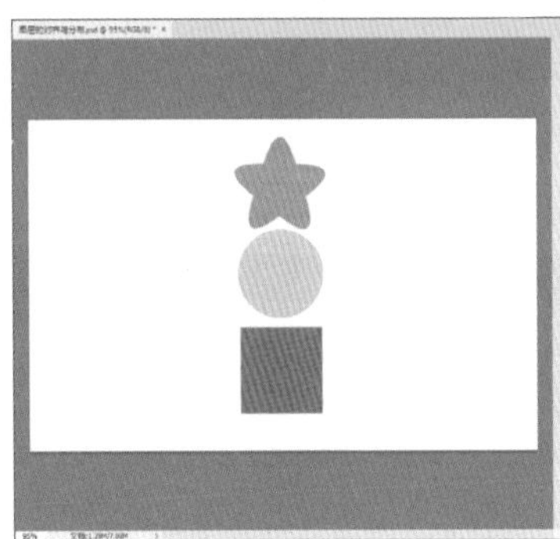

下面对“图层>对齐”子菜单中各命令的含义和应用进行介绍。

- **顶边**：将选中图层最顶端的像素与当前图层最顶端像素进行对齐。
- **垂直居中**：将选中图层垂直方向的中心像素与当前图层垂直方向的中心像素对齐。
- **底边**：将选中图层最底端的像素与当前图层最底端像素进行对齐。
- **左边**：将选中图层最左边的像素与当前图层最左边的像素进行对齐。
- **水平居中**：将选中图层水平方向的中心像素与当前图层上水平方向上的中心像素对齐。
- **右边**：将选中图层最右边的像素与当前图层最右边的像素进行对齐。

3. 分布图层

要将多个图层中的图像内容进行分布，首先在“图层”面板中将它们全部选中，然后执行“图层>分布”子菜单中的命令，如下左图所示。执行图层分布操作必须具备一个条件，图像具有多个图层，且有三个及以上的图层被同时选中，“分布”命令才会被激活。

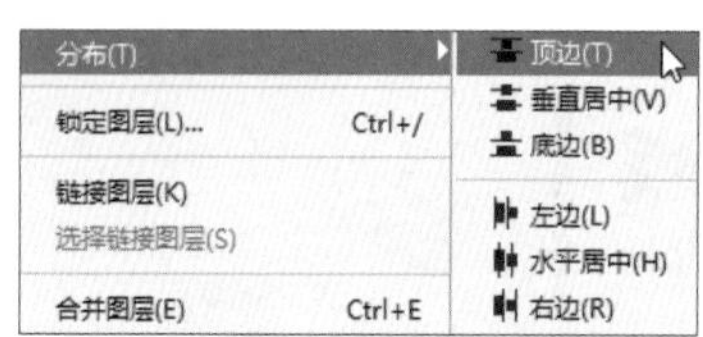

按住Ctrl键单击“图层1”、“图层2”、“图层3”，将它们选中，然后执行“分布”命令。上右图为原图。下图从左到右分别以顶边、垂直居中和底边的方式分布。

下面对“图层>分布”子菜单中六种分布方式的含义和应用进行介绍。

- **顶边**：从每个图层的顶端像素开始，按照平均间隔分布图层。
- **垂直居中**：从每个图层的垂直居中像素开始，按照平均间隔分布图层。
- **底边**：从每个图层的底部像素开始，按照平均间隔分布图层。
- **左边**：从每个图层的左边像素开始，按照平均间隔分布图层。
- **水平居中**：从每个图层水平中心像素开始，按照平均间隔分布图层。
- **右边**：从每个图层的右边像素开始，按照平均间隔分布图层。

提示：对齐/分布图层的快捷操作

在工具箱中选择移动工具，然后在属性栏中单击顶边、垂直居中、底边、左边、水平居中、右边对齐/分布按钮来进行图层的对齐/分布操作。

6.2.6 合并/盖印图层

在环艺设计过程中，图像编辑完成后会将图层合并，对于不再需要更改的图层，也会将其合并，这样做便于图层的管理，减少图层数量的同时又能减小文件的大小。盖印是一种比较特殊的图层合并方法，它可以将多个图层的图像内容合并到一个图层中，同时保持其他图层不受影响。

1. 合并图层

合并图层在编辑图像的过程中经常会使用到，下面介绍向下合并图层、合并可见图层、拼合图层的操作方法。

- **向下合并图层：**在有些情况下，需要将一个图层与它下面的图层合并，可以选择该图层，然后执行“图层>向下合并”命令，即可将该图层向下合并。合并后的图层名称沿用下层的图层名称。下左图为原图，下右图为合并后的效果。

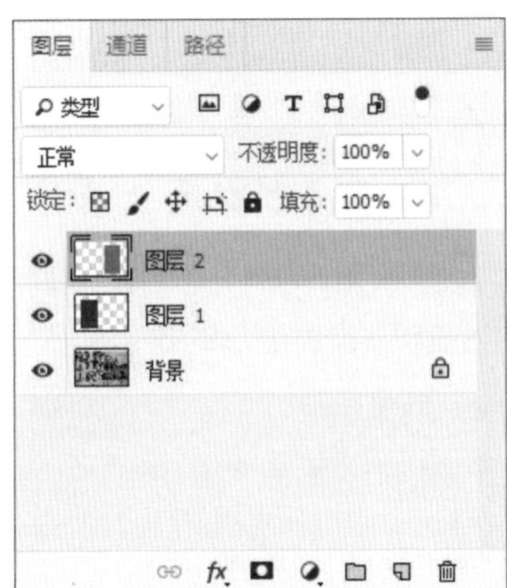

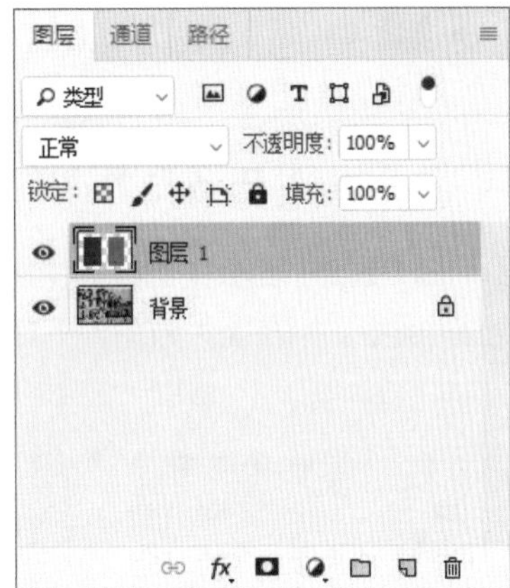

- **合并可见图层：**选择要合并的图层，执行“图层>合并可见图层”命令，可见图层将被合并为一个图层，隐藏的图层并不会被合并。下左图为原图，下右图为合并后的效果。

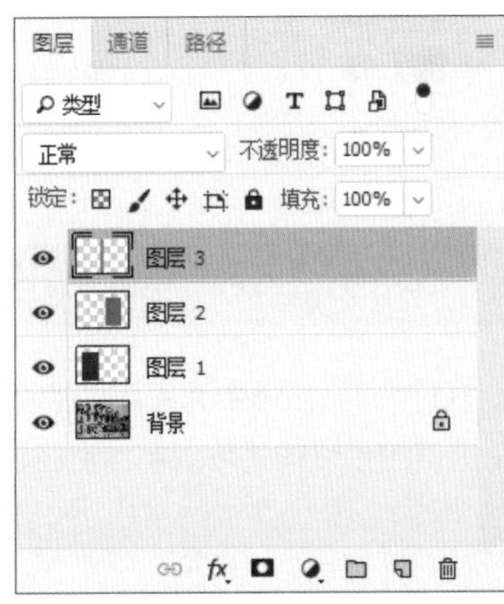

- **拼合图层：**如果要将所有的图层合并到“背景”图层，可以执行“图层>拼合图像”命令。如果有隐藏的图层，则会弹出提示对话框，询问是否扔掉隐藏的图层，可以根据需要进行选择。

提示：合并图层的快捷键

如果要将一个图层与它下面的图层合并，可以按Ctrl+E组合键，即可将该图层向下进行合并。如果要合并可见的图层，可以按Shift+Ctrl+E组合键，即可合并可见的图层。

2. 盖印图层

盖印在保持图像完整的同时，又不会影响到其他图层，是一种常用的图层合并方法。下面介绍向下盖印、盖印多个图层的操作方法。

- **向下盖印：**在“图层”面板中选择一个图层，按下Ctrl+Alt+E组合键，即可将该图层的图像合并到下面的图层中。下左图为原图，下右图为向下盖印后的效果。

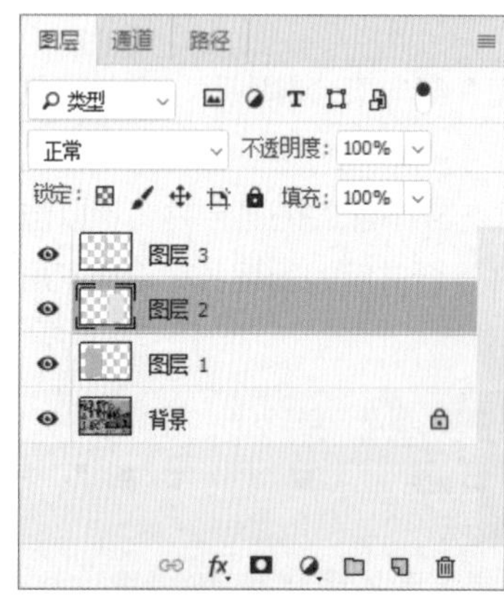

- **盖印多个图层：**在“图层”面板中选择多个图层，按下Ctrl+Alt+E组合键，即可将选择图层的图像合并到一个新的图层中。下左图为原图，下右图为盖印多个图层后的效果。

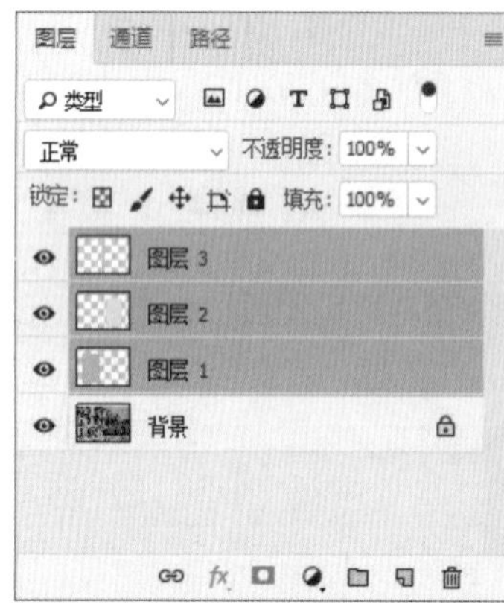
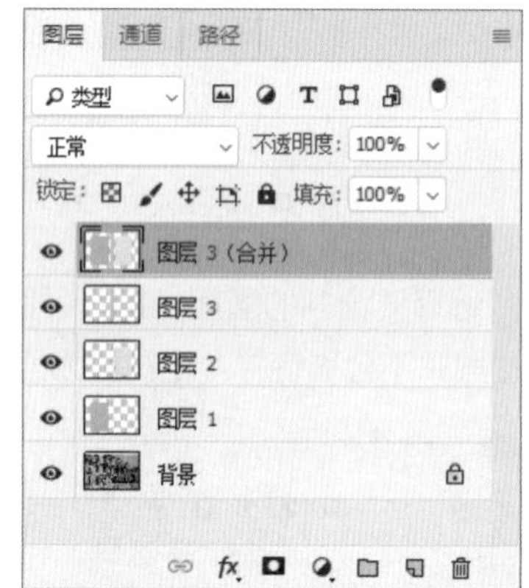

6.3 图层样式

图层样式是应用于图层或图层组的一种图层效果。在Photoshop中为图层中的图像添加投影、外发光、内发光、斜面和浮雕等效果，利用这些Photoshop提供的预设样式可以制作出各种图像效果，或者使用“图层样式”对话框来创建自定样式。

6.3.1 添加图层样式

添加图层样式的常用方法有三种，一是在“图层”面板中选中要添加图层样式的图层，执行“图层>图层样式”子菜单中的命令，即可为该图层添加图层样式，如下左图所示。第二种方法是双击需要添加图层样式效果的图层，在弹出的“图层样式”对话框中可以根据需要选择要添加的图层样式效果，如下中图所示。第三种方法是单击“图层”面板下方的“添加图层样式”按钮，在弹出的下拉列表中选择要添加的图层效果，如下右图所示。

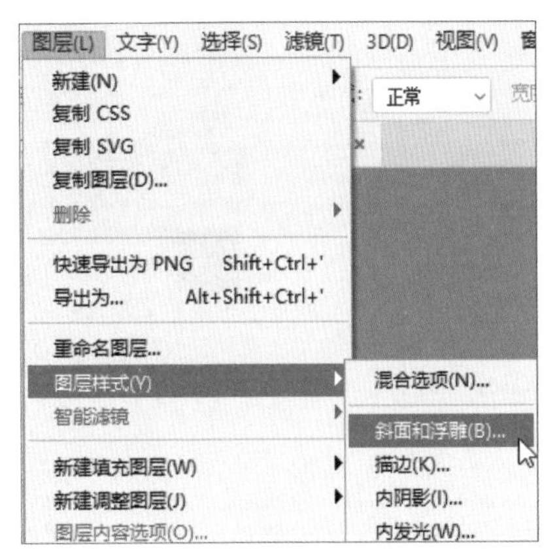

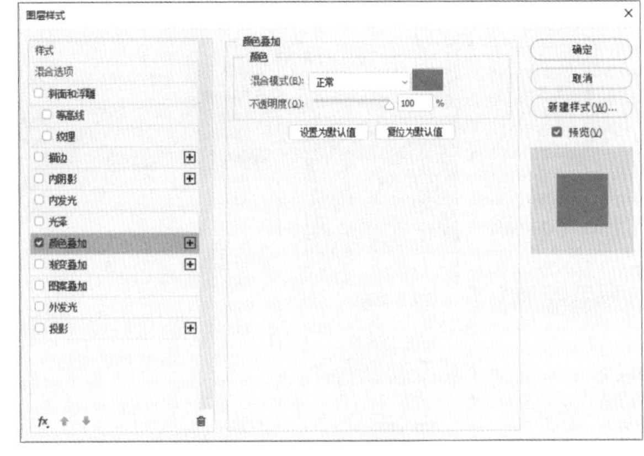

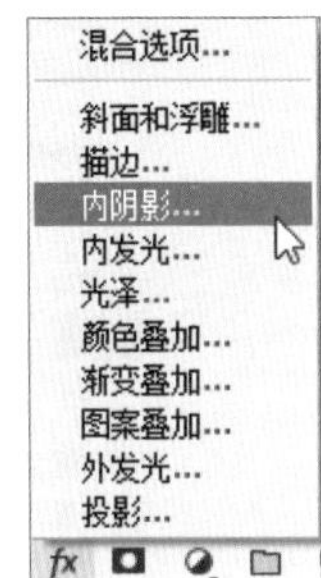

6.3.2 斜面和浮雕

“斜面和浮雕”效果可以为图像添加高光与阴影的各种组合，使图像呈现立体感。斜面和浮雕样式还包括“等高线”和“纹理”两个子选项卡，它们可以为图层添加等高线和透明纹理效果。执行“图层>图层样式>斜面和浮雕”命令，如下左图所示，打开“图层样式”对话框，如下右图所示。

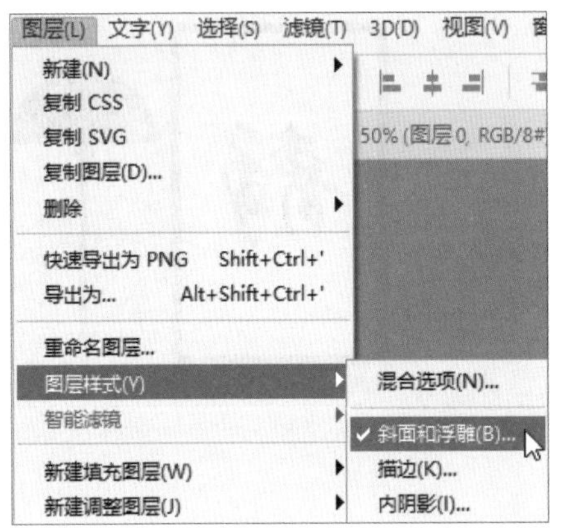

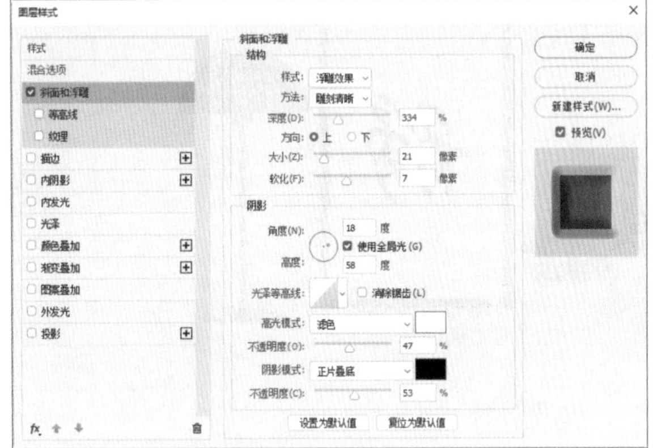

下左图为原图，下右图为添加“斜面和浮雕”样式后的图像效果。

6.3.3 描边

描边样式主要是使用颜色、渐变、图案三种方式勾画图像的轮廓，常用于文字和形状的效果设置。执行“图层>图层样式>描边”命令，如下左图所示，打开“图层样式”对话框，如下右图所示。

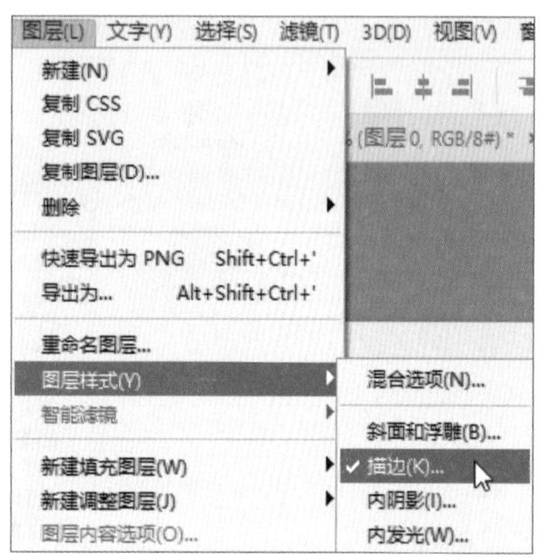

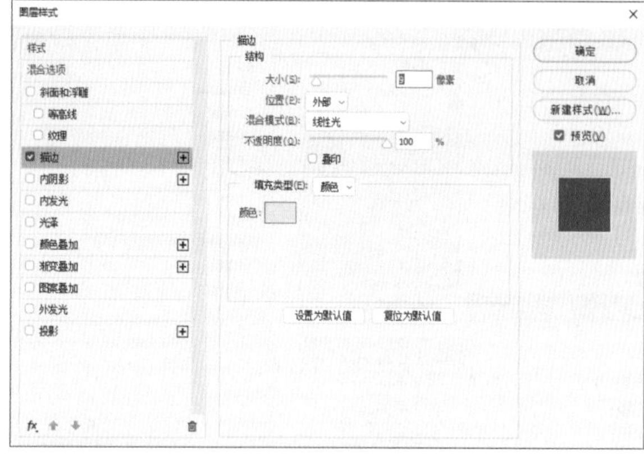

下左图为原图，下右图为添加“描边”样式后的图像效果。

6.3.4 内阴影

“内阴影”样式用于在图像的边缘内部添加阴影，产生内部凹陷的效果。下左图为原图，下右图为添加“内阴影”样式后的图像效果。

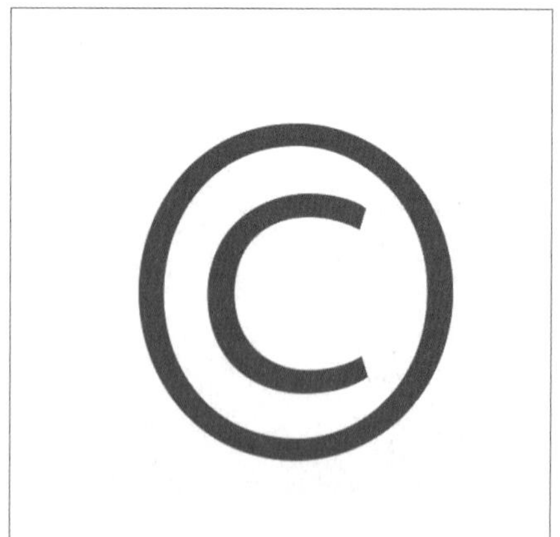

提示：“内阴影”与“投影”设置的不同之处

“投射”样式是通过“扩展”选项来控制投影边缘的渐变程度的，而“内阴影”是通过“阻塞”选项来控制的。

6.3.5 内发光

“内发光”样式可以在图像边缘以内添加一个发光的效果。执行“图层>图层样式>内发光”命令，如下左图所示。打开“图层样式”对话框，设置如下右图所示。在“图层样式”对话框中，可以根据需要选择光源的位置，“居中”是从中心开始发光，“边缘”是边缘向内发光。

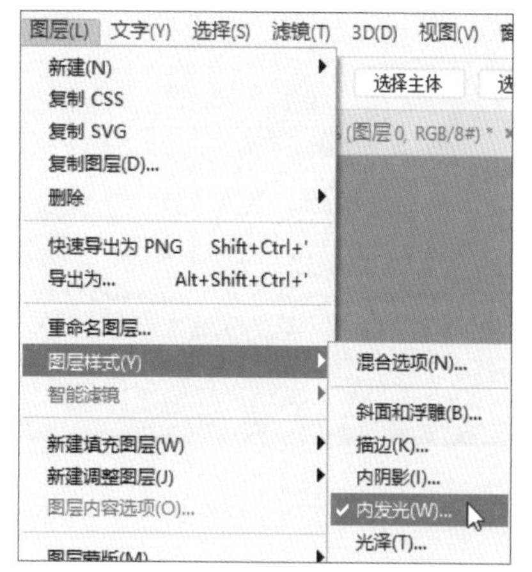

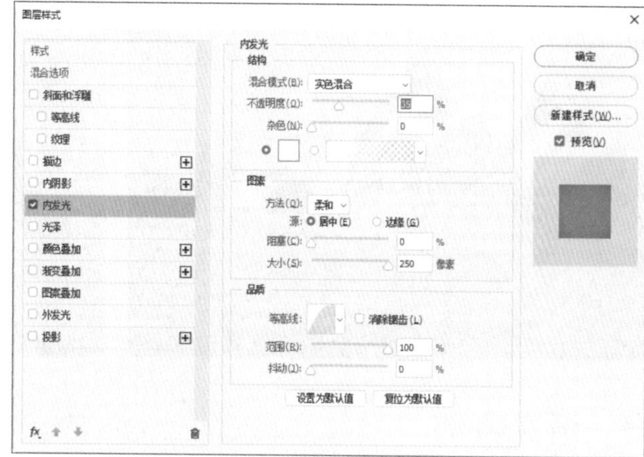

下左图为原图，下右图为添加“内发光”样式后的图像效果。

6.3.6 光泽

“光泽”样式可以生成光滑的内部阴影，多用于创建金属表面的光泽外观。下左图为原图，下右图为添加“光泽”样式后的图像效果。

6.3.7 颜色叠加

“颜色叠加”样式通过设置混合模式和不透明度，为图层叠加指定的颜色。下左图为原图，下右图为添加“颜色叠加”样式后的图像效果。

6.3.8 渐变叠加

“渐变叠加”样式可以在图层上叠加渐变颜色，通过设置混合模式、不透明度、渐变、样式、角度等来调整渐变的叠加效果。执行“图层>图层样式>渐变叠加”命令，如下左图所示。在打开的“图层样式”对话框中设置相关参数，如下右图所示。

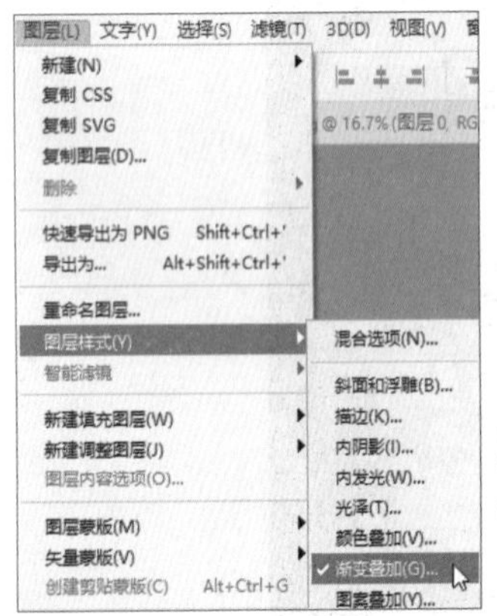

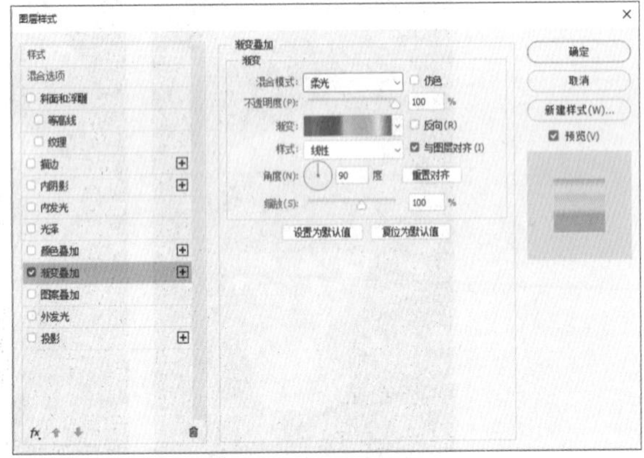

下左图为原图，下右图为添加“渐变叠加”样式后的图像效果。

实战练习 制作胶片风格的建筑效果图

电影胶片质感的照片有其独特的色彩和丰富的故事感，吸引了越来越多的年轻人的追捧。本案例将介绍如何让数码照片营造出胶片感，让照片更耐看、更有味道，下面介绍具体操作步骤。

步骤 01 打开Photoshop CC软件，然后按下Ctrl+O组合键，在打开的“打开”对话框中选中“建筑.jpg”素材图片，单击“打开”按钮将其打开，如下左图所示。

步骤 02 选中“背景”图层，按Ctrl+J组合键复制“背景”图层，得到“图层1”图层。选中“图层1”，单击“图层”面板底部的“添加图层样式”下拉按钮，在列表中选择“混合选项”选项，如下右图所示。

步骤 03 在打开的“图层样式”对话框中，勾选“描边”复选框，切换至“描边”选项面板，设置描边效果的相关参数，在“填充类型”选区设置“填充类型”为“颜色”、“颜色”为纯白，如下左图所示。

步骤 04 勾选“内阴影”复选框，切换至“内阴影”选项面板，设置“不透明度”为58%、“角度”为30度、“距离”为31像素、“阻塞”为34%、“大小”为142像素，如下右图所示。

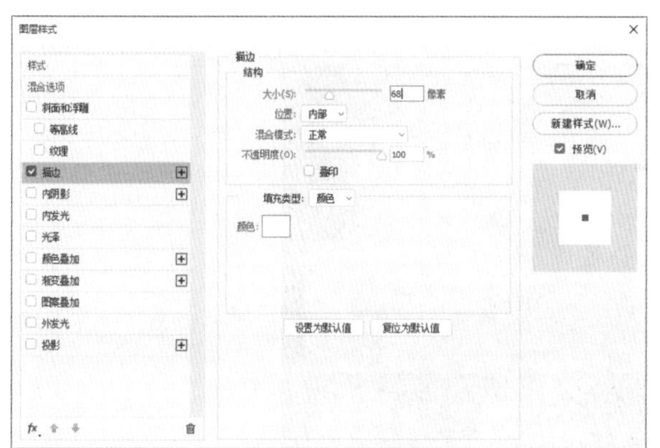

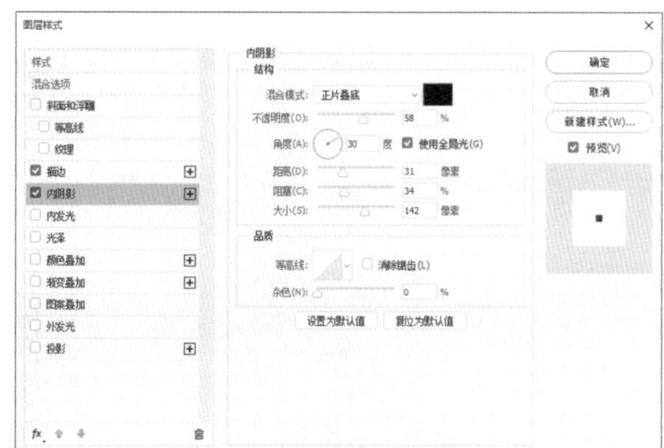

步骤 05 勾选“光泽”复选框，切换至“光泽”选项面板，设置“不透明度”为13%、“距离”为24像素、“大小”为38像素，如下左图所示。

步骤 06 勾选“颜色叠加”复选框，切换至“颜色叠加”选项面板，设置颜色为“#cfac20”、“不透明度”为9%，如下右图所示。

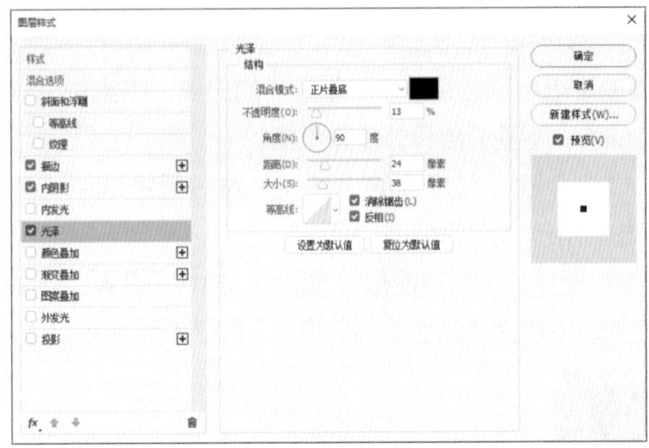

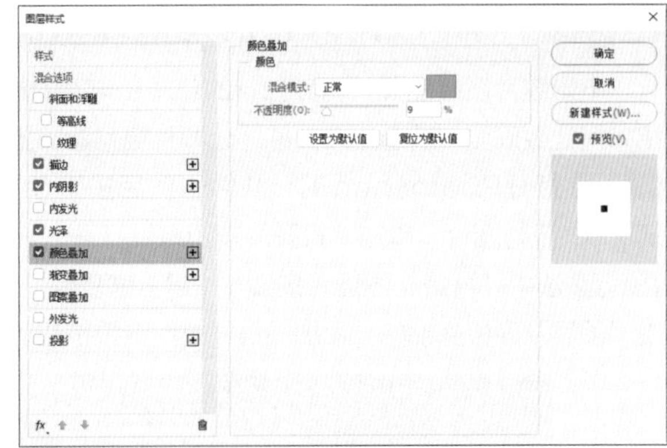

步骤 07 勾选“渐变叠加”复选框，切换至“渐变叠加”选项面板，设置“不透明度”为18%，设置渐变顶端颜色为“#d7d7d7”、底端颜色为“#ffffff”，设置“角度”为39度，如下左图所示。

步骤 08 设置完成后单击“确定”按钮，查看建筑的效果，如下右图所示。

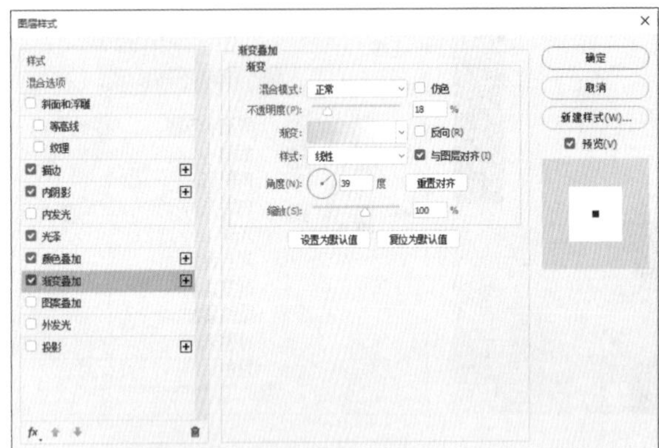

步骤 09 选中“图层1”图层，按下Ctrl+J组合键，将新图层命名为“图层2”，然后执行“滤镜>杂色>添加杂色”命令，在打开的“添加杂色”对话框中设置“数量”为6.78%，选中“高斯分布”单选按钮，如下左图所示。

步骤 10 单击“确定”按钮，查看建筑的效果，如下右图所示。

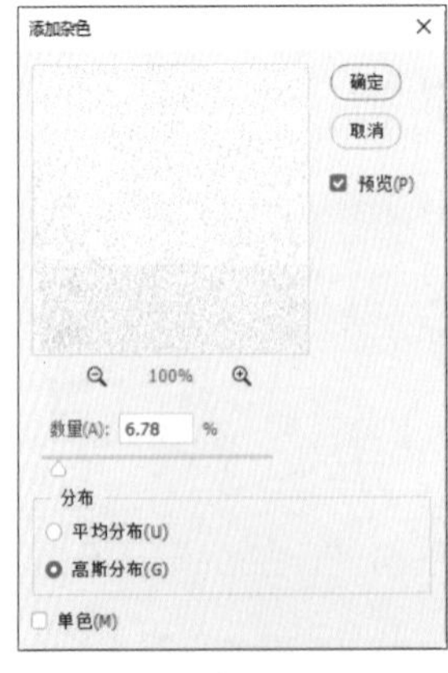

步骤 11 选中“图层2”图层，在菜单栏中执行“图像>调整>渐变映射”命令，在打开的“渐变映射”对话框中设置顶端颜色为“#f4da8d”、底端颜色为“#ffffff”，如下左图所示。

步骤 12 单击“确定”按钮，调整“图层2”图层的“不透明度”为10%，效果如下右图所示。

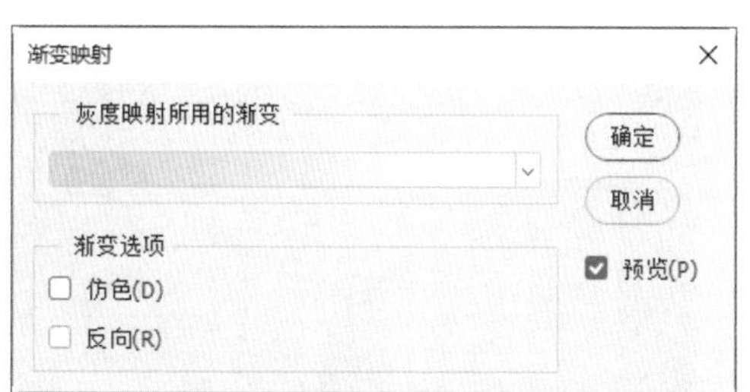

步骤13 按下Ctrl+Shift+Alt+E组合键，盖印可见图层，将新图层命名为“图层3”。选中“图层3”图层，在菜单栏中执行“图像>调整>亮度/对比度”命令，在打开的“亮度/对比度”对话框中设置“亮度”为-5、“对比度”为50，如下左图所示。

步骤14 单击“确定”按钮，查看效果，如下右图所示。

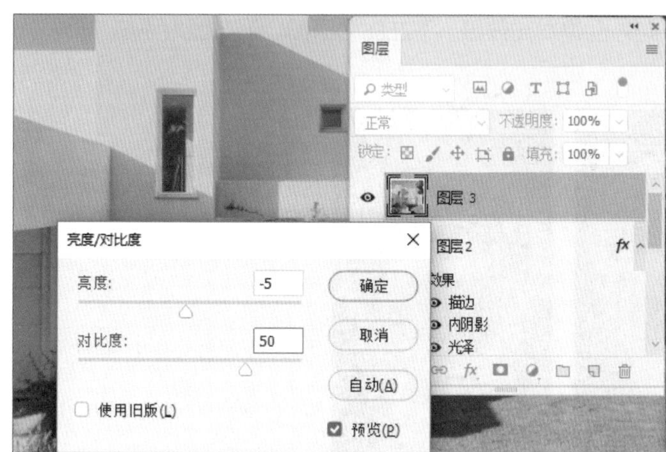

步骤15 选中“图层3”图层，在菜单栏中执行“图像>调整>自然饱和度”命令，在打开的“自然饱和度”对话框中设置“自然饱和度”值为+30、“饱和度”值为+18，如下左图所示。

步骤16 设置完成后单击“确定”按钮，查看制作胶片风格建筑效果图的最终效果，如下右图所示。

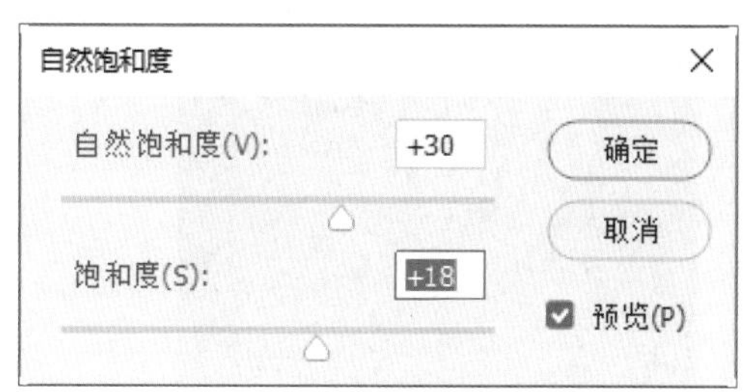

6.3.9 图案叠加

“图案叠加”样式可以在图层上叠加指定的图案，通过设置混合模式、不透明度、缩放来调整图案的叠加效果。下左图为原图，下右图为添加“图案叠加”样式后的图像效果。

6.3.10 外发光

“外发光”样式可以沿着图层内容的边缘向外创建发光效果。下左图为原图，下右图为添加“外发光”样式后的图像效果。

6.3.11 投影

“投影”可以给图层内容添加阴影，从而产生投影的效果，使图像产生立体感。下左图为原图，下右图为添加“投影”样式后的图像效果。

6.4 图层的混合模式

图层的混合模式就是将一个图层中的像素与下层中的像素进行不同形式的混合。采用不同的图层混合模式得到的图像效果也会不同。下面介绍编辑图像过程中常用的混合模式。

Photoshop中有6组27种混合模式，如下左图所示。下右图所示为一个PSD格式的分层文件，本节将介绍调整“图层1”的混合模式，演示它与下面图层中的像素是如何混合的。

6.4.1 组合模式组

组合模式组包括“正常”和“溶解”两种模式。Photoshop默认的混合模式是“正常”模式，图层“不透明度”为100%时，上面图层的图像完全遮挡住下面图层的图像。选择“溶解”模式并降低图层的“不透明度”，如下左图所示。可使半透明区域上的像素产生点状颗粒，如下右图所示。

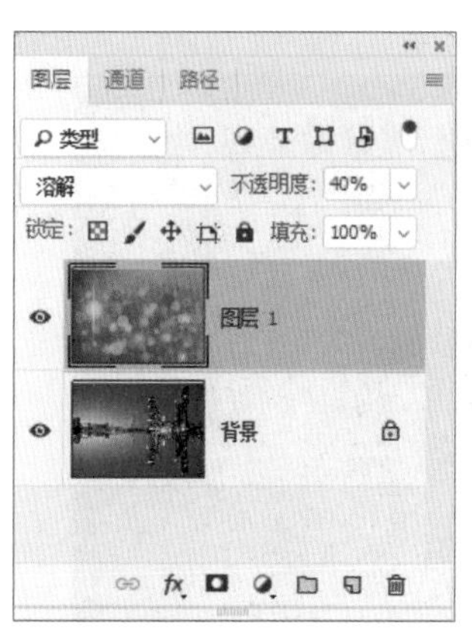

6.4.2 加深模式组

加深模式组包括“变暗”、“正片叠底”、“颜色加深”、“线性加深”、“深色”五种混合模式。该组混合模式会使图像变暗，图像的对比度增强。选择“变暗”模式时，如下左图所示，当前图层较亮的像素会被底层较暗的像素替换，从而实现整个图像变暗的效果，如下右图所示。

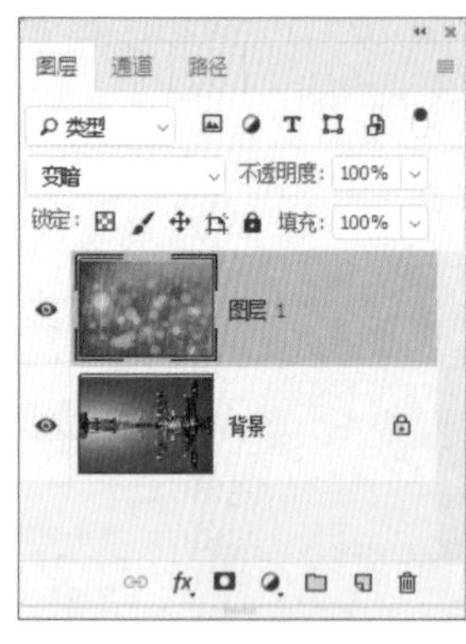

选择“正片叠底”模式时，当前图层中的像素与底层的白色混合时，保持不变；与黑色混合时则被替换。下左图为图层“不透明度”为100%的效果，下右图为图层“不透明度”为50%的效果。

6.4.3 减淡模式组

减淡模式组包括“变亮”、“滤色”、“颜色减淡”、“线性减淡（添加）”、“浅色”五种混合模式。该组模式的特点是混合后图像的对比度减弱，图像的明度整体偏亮。选择“变亮”模式，当前图层中较亮的像素会替换底层较暗的像素。下左图为“变亮”模式时图层“不透明度”为100%的效果，下右图为图层“不透明度”为50%的效果。

“滤色”模式可以使图像产生漂白的效果。下左图为“滤色”模式时图层“不透明度”为100%的效果，下右图为图层“不透明度”为50%的效果。

6.4.4 对比模式组

对比模式组包括“叠加”、“柔光”、“强光”、“亮光”、“线性光”、“点光”、“实色混合”七种混合模式。该组混合模式可以增强图像的反差，在混合时，50%的灰色会完全消失，暗于50%灰的图像将变暗，亮于50%灰的图像将变亮。选择“叠加”模式，如下左图所示，可以增强图像的颜色，并且保持底层图像的暗调和高光，效果如下右图所示。

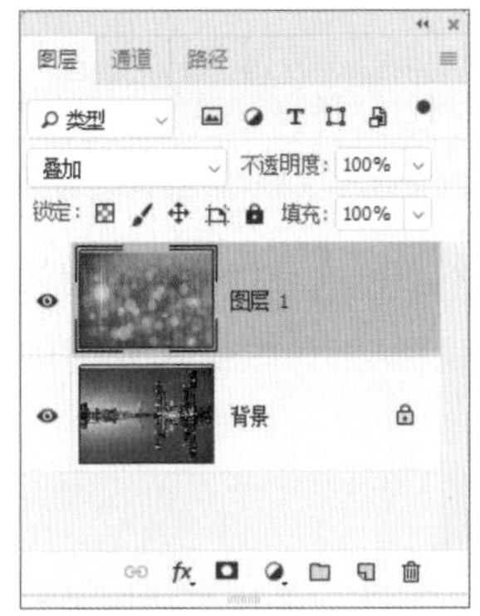

6.4.5 比较模式组

比较模式组包括“差值”、“排除”、“减去”、“划分”四种模式。该组混合模式将比较当前图层的图像和底层图层的图像，将相同的区域显示为黑色，不同的区域则以灰色或彩色图像显示。选择“减去”模式，可以从目标通道的像素中减去源通道中的像素值，如下右图所示。

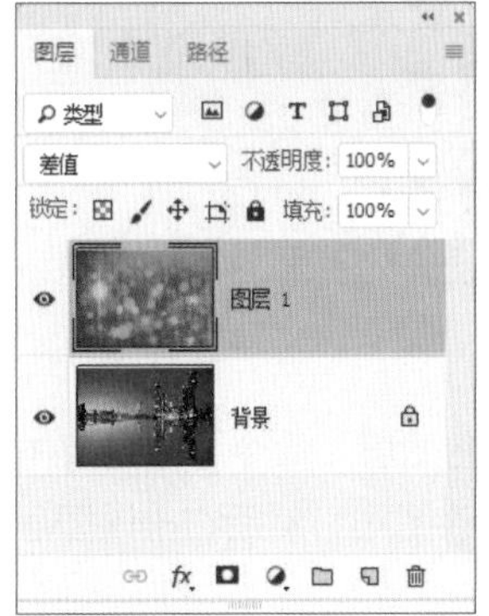

6.4.6 色彩模式组

色彩模式组包括“色相”、“饱和度”、“颜色”、“明度”四种混合模式。使用该组混合模式时，会将色相、饱和度、亮度中的一种或两种要素应用在混合的效果中。选择“色相”模式时，如下左图所示，当前图层的色相会应用到底层图像的亮度和饱和度中，改变底层图像的色相，但不影响亮度和饱和度，效果如下右图所示。

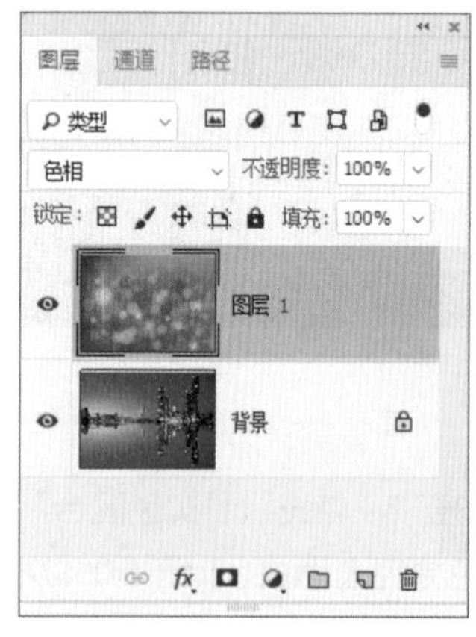

知识延伸：链接图层及修改图层的名称和颜色

如果要同时处理多个图层中的图像，可将这些图层链接在一起，然后再进行统一操作。图层面板中图层数量较多时，可以为其中较为重要的图层重新命名或为该图层设置与其他图层易区分的颜色。下面介绍如何链接图层及修改图层的名称和颜色。

1. 链接图层

在“图层”面板中，选择要进行链接的图层，如下左图所示。单击“图层”面板下方的“链接图层”按钮，即可将这些图层链接在一起，如下右图所示。如果要取消链接，可以选择其中的图层，再次单击“链接图层”按钮即可。

2. 修改图层的名称和颜色

如果要修改图层的名称，可选中该图层，执行“图层>重命名图层”命令，或者双击该图层的名称，然后在文本框中输入新的名称。如果要修改图层的颜色，可选中该图层，然后右击该图层，在弹出的菜单中选中需要的颜色即可。

上机实训：制作手绘室内设计效果图

对于手绘基础较差的用户，可以利用Photoshop将图片转为手绘效果图。本案例主要使用图层的混合模式，以及后面章节中将讲解的滤镜功能实现手绘效果图效果，下面介绍具体操作方法。

步骤01 打开Photoshop CC软件，然后按下Ctrl+O组合键，在打开的“打开”对话框中选中“室内.jpg”素材图片，单击“打开”按钮将其打开，如下左图所示。

步骤02 按下Ctrl+J组合键，复制“背景”图层并命名为“图层1”，如下右图所示。

步骤03 选中“图层1”图层，按下Ctrl+I组合键执行“反相”命令，或者执行“图像>调整>反相”命令，效果如下左图所示。

步骤04 选中“图层1”图层，执行“滤镜>模糊>高斯模糊”命令，在打开的“高斯模糊”对话框中设置“半径”值为15像素，单击“确定”按钮，效果如下右图所示。

步骤05 选中“图层1”图层，将图层混合模式设置为“颜色减淡”，查看效果，如下左图所示。

步骤06 选中“图层1”图层，单击“图层”面板底部的“创建新的填充或调整图层”下拉按钮，在打开的下拉列表中选择“黑白”选项，效果如下右图所示。

步骤 07 此时将打开“属性”面板，在“预设”下拉列表中选择“中灰密度”选项，设置“红色”值为40、“青色”值为-110、“绿色”值为55、“青色”值为40、“蓝色”值为50，如下左图所示。

步骤 08 按下Ctrl+Shift+Alt+E组合键盖印可见图层，得到“图层2”图层，如下右图所示。

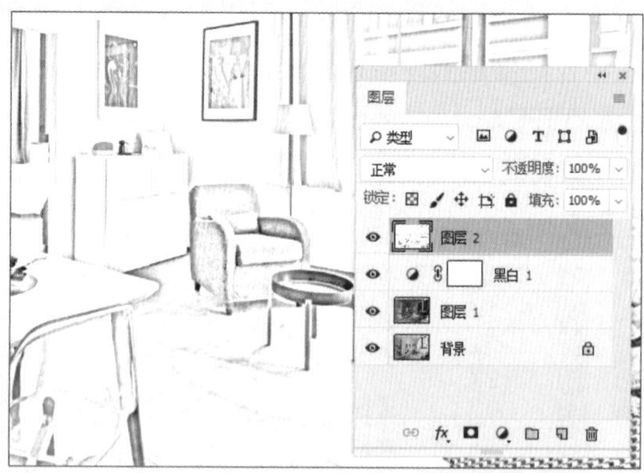

步骤 09 选中“图层2”图层，执行“滤镜>滤镜库”命令，在打开的对话框中选择“风格化>照亮边缘”选项，设置“照亮边缘”的“边缘宽度”为1、“边缘亮度”为10、“平滑度”为10，设置完成后单击“确定”按钮，如下左图所示。

步骤 10 选中“图层2”图层，将图层混合模式设置为“叠加”，“不透明度”为40%，查看效果，如下右图所示。

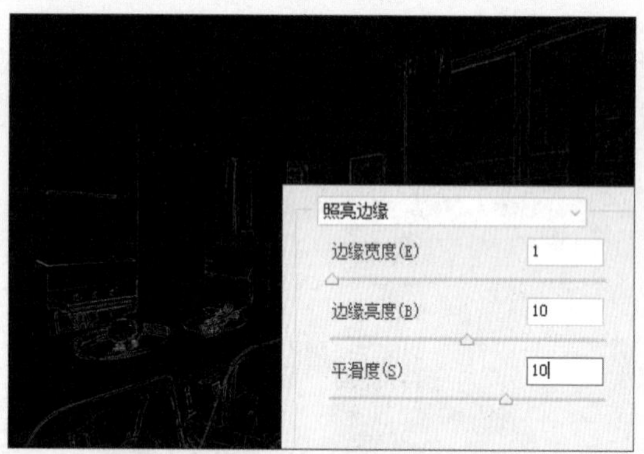

步骤 11 新建图层并命名为“图层3”，按下Shift+F5组合键，在打开的“填充”对话框中选择“内容”为“白色”，单击“确定”按钮，如下左图所示。

步骤 12 选中“图层3”图层，执行“滤镜>滤镜库”命令，在打开的对话框中选择“纹理>纹理化”选项，选择“纹理”为“画布”，设置“缩放”为170%、“凸现”值为5、“光照”为“上”，然后单击“确定”按钮，如下右图所示。

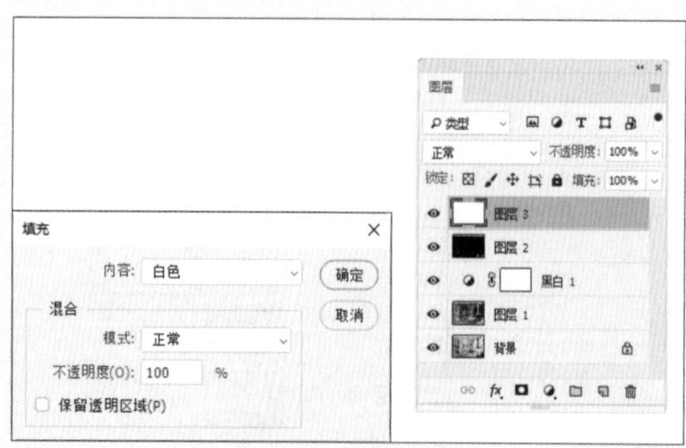

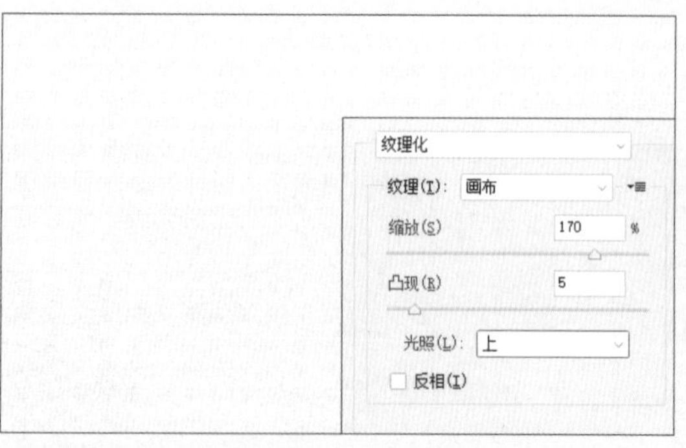

步骤13 选中“图层3”图层，设置图层混合模式为“叠加”，“不透明度”为15%，效果如下左图所示。

步骤14 按下Ctrl+Shift+Alt+E组合键盖印可见图层，得到“图层4”图层，如下右图所示。

步骤15 选中“图层4”图层，按下Ctrl+L组合键，打开“色阶”对话框，设置“输入色阶”值分别为130、1.30、255，然后单击“确定”按钮，如下左图所示。

步骤16 选中“图层4”图层，执行“图像>调整>亮度/对比度”命令，在打开的“亮度/对比度”对话框中设置“亮度”值为-20、“对比度”值为10，如下右图所示。

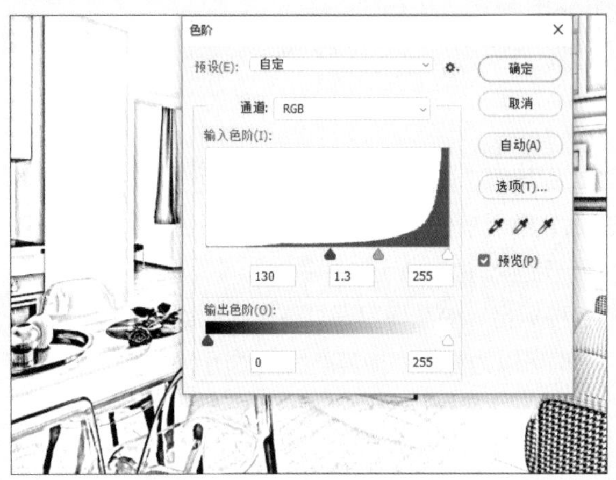

步骤17 单击“确定”按钮，查看制作手绘室内设计效果图的效果，如下图所示。

课后练习

1. 选择题

(1) 执行图层对齐操作必须具备一个条件，图像具有多个图层，且有（　　）个及以上图层被同时选中的情况下，才可以执行对齐操作。

A. 2　　B. 4　　C. 6　　D. 8

(2) 在有些情况下，需要将一个图层与它下面的图层合并，可以选择该图层，然后执行“图层>向下合并”命令，或按下（　　）组合键，即可将该图层向下合并。

A. Ctrl+A　　B. Ctrl+V　　C. Ctrl+C　　D. Ctrl+E

(3) 如果要选择多个不相邻的图层，可按住（　　）键选择所需的图层。

A. Enter　　B. Shift　　C. Ctrl　　D. Alt

(4) 如果要将多个图层中的图像内容进行对齐，首先在“图层”面板中将它们全部选中，然后执行“图层>对齐”子菜单中的命令。对齐的方式有（　　）种。

A.2　　B. 4　　C. 6　　D. 8

(5) 图层的混合模式就是将一个图层中的像素与下层中的像素进行不同形式的混合。采用不同的图层混合模式得到的图像效果也会不同。Photoshop中有（　　）种混合模式。

A. 26　　B. 27　　C. 28　　D. 29

2. 填空题

(1) 色彩模式组包括四种混合模式，它们分别是色相、饱和度、________、________模式。

(2) 如果要选择多个相邻的图层，可以单击第一个图层，然后按住________键单击最后一个图层。

(3) “颜色叠加”样式通过设置混合模式和________，为图层叠加指定的颜色。

(4) “斜面和浮雕”效果可为图像添加高光与阴影的各种组合，使图像呈现立体感。斜面和浮雕样式还包括________和________两个子选项卡，它们可以为图层添加等高线和透明纹理效果。

(5) 图层分布的六种方式是顶边、垂直居中、底边、左边、水平居中和________。

3. 上机题

打开提供的素材文件，利用本章所学的知识，为图像增添绚丽的效果。原图如下左图所示，下中图为图像编辑完成后的“图层”面板，下右图为最终效果。

操作提示

(1) 可以运用本章所学的图层混合模式对图层进行叠加。

(2) 使用调整图层来调整图像整体的亮度和对比度。

Chapter 07 蒙版与通道

本章概述

本章主要介绍各类蒙版的应用，并对其构成原理、特性、创建方式及编辑方法进行讲解，同时也对通道的种类、通道的基本编辑和高级应用进行介绍。通过通道与蒙版知识的学习，为深入学习平面效果处理奠定坚实的基础。

核心知识点

1. 了解什么是通道
2. 掌握通道的基本操作
3. 掌握图层蒙版、矢量蒙版和剪贴蒙版的应用
4. 掌握Alpha通道的应用

7.1 蒙版

蒙版就好比蒙在图像上面的一块板，保护某一部分不被操作，从而使用户更精确地抠图，得到更真实的边缘和融合效果。在Photoshop中，蒙版可以分为图层蒙版、矢量蒙版、剪贴蒙版和快速蒙版四种类型。蒙版是以隐藏的形式来保护下方图层的，在编辑的同时保护图像不会被编辑破坏，具有转换方便、修改方便和可使用不同滤镜等优点。下面对蒙版知识进行介绍。

7.1.1 图层蒙版

在Photoshop中，图层蒙版是图像处理中最为常用的蒙版，它是依附于图层存在的，是由图层缩略图和图层蒙版缩略图组成的。图层蒙版主要是对图像合成进行处理，通过使用画笔工具在蒙版缩略图中涂抹，白色蒙版下的图像被完全保留，黑色蒙版下的图层则不可见，灰色蒙版下的图像呈半透明效果，从而起到保护、隔离的作用。

1. 创建图层蒙版

在“图层”面板中选择图层，执行“图层>图层蒙版>显示全部”命令，即可为选择的图层创建显示图层蒙版，如下左图所示。执行“图层>图层蒙版>隐藏全部”命令，即可为选择的图层创建隐藏图层蒙版，如下中图所示。当创建选区时，在“图层”面板中单击“添加图层蒙版”按钮，选区内的图像将被保留，选区外的图像将被隐藏，在蒙版中该区域显示黑色，如下右图所示。

2. 删除图层蒙版

若要删除图层蒙版，在“图层”面板中的蒙版缩略图上单击鼠标右键，在弹出的菜单中选择“删除图层蒙版”命令，如下左图所示；或执行“图层>图层蒙版>删除”命令，可删除所选图层中的图层蒙版，如

下中图所示；还可以拖动图层缩略图到“删除图层”按钮 上，释放鼠标后，在弹出的对话框中单击“删除”按钮即可，如下右图所示。

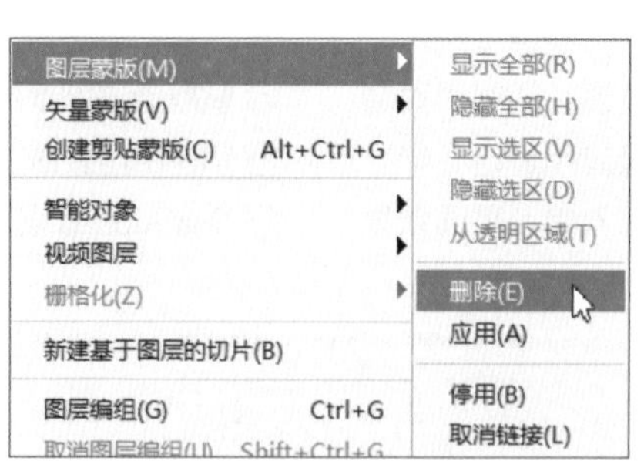

7.1.2 矢量蒙版

矢量蒙版与图层蒙版一样，都是依附图层而存在的。矢量蒙版主要是由钢笔工具或形状工具创建的蒙版，是与分辨率无关的蒙版。它实质上是使用路径制成蒙版，对路径覆盖的图像区域进行隐藏，使其不显示，而仅显示无路径覆盖的图像区域。

在“图层”面板中，可以通过形状工具创建矢量蒙版。单击自定形状工具 ，在属性栏中选择“路径”选项，绘制相应的路径，如下左图所示。然后单击属性栏中的“蒙版”按钮 ，可快速创建一个带有矢量蒙版的图层，如下右图所示。也可以绘制路径后，执行“图层>矢量蒙版>当前路径”命令，创建相应的矢量蒙版。

7.1.3 剪贴蒙版

在Photoshop中，剪贴蒙版也称剪贴组，它通过使用处于下方图层的形状来限制上方图层的显示形状，达到一种剪贴画的效果。它由两部分组成，一部分为基层，即基础层，用于定义显示图像的范围或形状。另一部分为内容层，用于存放将要表现的图像内容。使用剪贴蒙版可以在不影响原图像的同时有效地完成剪贴制作。

1. 创建剪贴蒙版

打开一张图片，如下左图所示。执行“图层>创建剪贴蒙版”命令，或者在“图层”面板中按住Alt键的同时将光标放在图层面板中分隔两组图层的线上，当其变成黑色向下箭头形状时，单击鼠标左键，即可创建剪贴蒙版，如下中图所示。最终效果如下右图所示。

2. 释放剪贴蒙版

当创建了剪贴蒙版后，执行“图层>释放剪贴蒙版”命令，可将该图层以及上面的所有图层从剪贴蒙版中移出。选择基础图上方的图层并执行该命令，可释放剪贴蒙版中的所有图层。也可以按住Alt键的同时将光标移到要释放的图层之间，当光标变为被划掉的黑色向下箭头形状时单击鼠标，即可释放上方的所有图层。

实战练习 制作高层建筑外景效果图

本案例将通过制作高层建筑的外景效果图，介绍如何使用Photoshop创建剪贴蒙版，并对建筑周围的绿化景观效果进行调整，包括天空、绿地、花草、道路等，具体操作步骤如下。

步骤 01 打开Photoshop CC软件，按下Ctrl+O组合键，在打开的“打开”对话框中选中从3ds Max中导出的“高层.jpg”素材图片，单击“打开”按钮将其打开，如下左图所示。

步骤 02 执行“文件>置入嵌入对象”命令，在打开的“置入嵌入的对象”对话框中选择“天空.jpg”素材图片，单击“置入”按钮，根据需要对置入天空素材的大小和位置进行调整，然后单击属性栏中的“提交变换”按钮，如下右图所示。

步骤 03 在“图层”面板中单击“天空”图层前面“指示图层可见性”眼睛图标，将该图层隐藏。选中“背景”图层后，在工具箱中选择魔棒工具，在“背景”图层中单击，将黄色部分选中，如下左图所示。

步骤 04 按下Ctrl+J组合键，复制该选区，得到“图层1”图层，如下右图所示。

步骤 05 在“图层”面板中再次单击“天空”图层前面“指示图层可见性”图标，显示“天空”图层。按住Alt键的同时将鼠标指针移至“天空”图层和“图层1”图层中间，待鼠标指针变为黑色向下箭头时单击，如下左图所示。

步骤 06 即可创建剪贴蒙版，效果如下右图所示。

步骤 07 使用魔棒工具选择“背景”图层中的红色区域，按Ctrl+J组合键复制该选区，如下左图所示。

步骤 08 置入“草地.jpg”素材，放置在红色选区图层上方，调整相应位置和大小，确保完全覆盖下方红色图层，然后向下创建剪贴蒙版，效果如下右图所示。

步骤 09 置入“道路.jpg”素材，调整大小、方向和位置，覆盖于深蓝色色块上方，如下左图所示。

步骤 10 按住Alt键在“图层1”上单击鼠标左键单独显示基础色块图层，分别选取休闲道路部分并按Ctrl+J组合键，原位置复制该图层，如下右图所示。

步骤11 置入“大理石地面.jpg”素材，调整道路形状，不足的地方可用印章工具补齐，将该图层放置于休闲道路图层上方并完全覆盖，如下左图所示。

步骤12 按住Alt键的同时将鼠标指针移到两图层中间，待鼠标指针变为黑色向下箭头时单击鼠标左键，即可向下创建剪贴蒙版，效果如下右图所示。

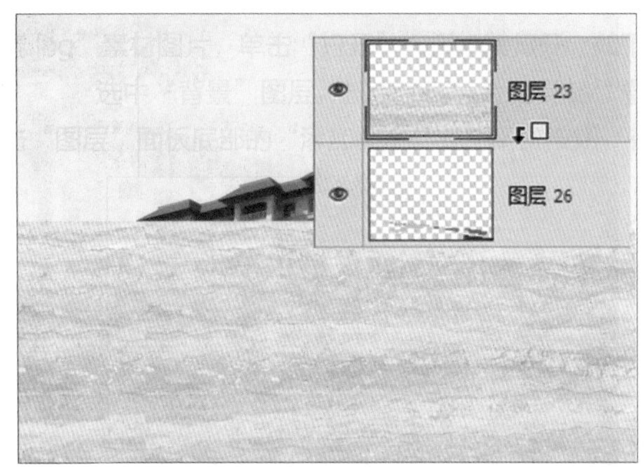

步骤13 置入“深色大理石地面.jpg”素材图片，分别截取相应的形状，放置于相应位置，以点缀地面效果，如下左图所示。

步骤14 按照相同的方法点缀其他部分，最后删除该图层，效果如下右图所示。

步骤15 置入车辆、树木、花草、人物等素材，放在相应的位置，调整其大小，效果如下左图所示。

步骤16 查看效果，发现天空和地面物体不太融合，按住Ctrl键单击“图层14”，载入选区，并将黄色改为白色，如下右图所示。

步骤17 然后选择“图层13”，单击“添加图层蒙版”按钮，设置黑白渐变的蒙版，让天空和地面过渡一下，如下左图所示。

步骤18 最后在楼房前面加上前景配景，使画面显得更有层次感。至此，本案例制作完成，最终效果如下右图所示。

7.2 通道

Photoshop中的通道，从概念上来讲与图层类似，它是用来存放图像的颜色信息和选区信息的。用户可以通过调整通道中的颜色信息来改变图像的色彩，或对通道进行相应的编辑操作以调整图像或选区信息。通道既可以表示选择区域和墨水强度，同时还可以表示不透明度和颜色等信息。通道共分为三种类型，分别是颜色通道、Alpha通道和专色通道，每种通道都有各自的用途。本节将从通道的含义、种类及“通道”面板等基础内容介绍通道相关知识。

7.2.1 “通道”面板

通道是用来存储图像信息的，存储不同类型信息的灰度图像，一个图像最多可有56个通道，所有的新通道都具有与原图像相同的尺寸和像素数目。通道的作用包括存储选区、存储专色信息、表示不透明度和表示颜色信息等。

执行“窗口>通道”命令，即可显示“通道”面板。在“通道”面板中显示出以当前图像文件的颜色模式为基础的相应通道。通道作为图像的组成部分，与图像的格式息息相关，图像颜色模式的不同也决定了通道的数量和模式。

提示：“通道”面板的应用

在Photoshop中，在RGB、CMYK、Lab、灰度等颜色模式中是不能对颜色通道进行重命名操作的。而在多通道模式中，可对颜色通道进行重命名操作，由于颜色模式下的通道是由多个图像效果叠加形成的，每个通道是单独存在的，且该模式下没有复合通道，因此，可在“通道”面板中对每个通道进行重命名操作。

默认情况下，“通道”面板中是没有信息的，如下左图所示。在Photoshop中打开一个图像文件后，“通道”面板如下右图所示。

“通道”面板的底部有四个工具按钮，下面对其进行详细介绍。

- **指示通道可见性**：当图标为形状时，图像窗口显示该通道的图像；单击该图标后，图标变为形状，隐藏该通道的图像，再次单击即可再次显示图像。

- **将通道作为选区载入**：用于将通道作为选择区域调出。
- **将选区存储为通道**：用于将选择区域存入通道中。
- **创建新通道**：用于创建或复制新的通道。
- **删除当前通道**：用于删除图像中的通道。

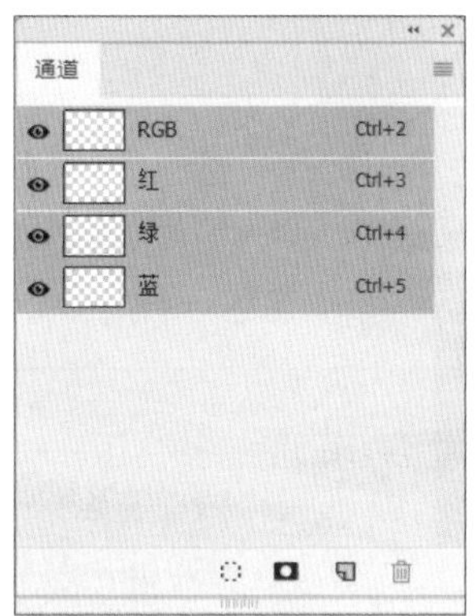

7.2.2 颜色通道

描述图像色彩信息的通道即为颜色通道。图像的颜色模式决定了通道的数量，在“通道”面板上存储的信息也相应随之变化。每个单独的颜色通道都是一幅灰度图像，仅代表这个颜色的明暗变化。

下面介绍颜色通道的不同种类及特点。

- **RGB颜色通道**：包含红、绿、蓝和用于编辑图像的复合通道。
- **CMYK颜色通道**：包含青色、洋红、黄色、黑色和复合通道。
- **Lab通道**：包括明度、a、b和复合通道。
- **其他通道**：位图、灰色、双色调和索引颜色图像。

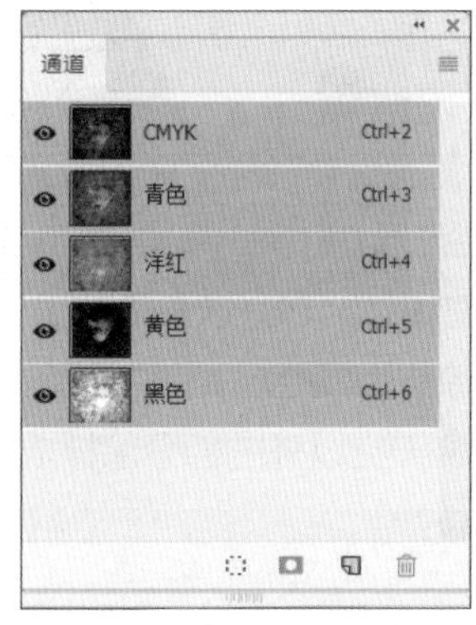

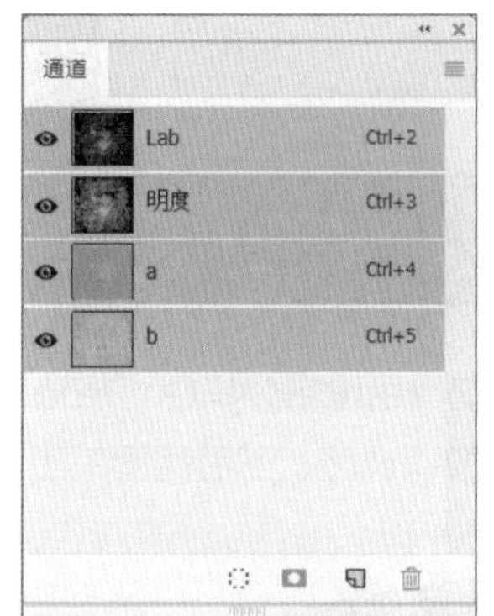

提示：“颜色通道”的应用

在“通道”面板中，可使用颜色通道中的分色功能抠取人物或动物的毛发、美白人物、修复图像偏色效果等，从而呈现特殊的颜色效果。

实战练习 制作唯美星空下的公园效果

想要拍出好看的星空照片，不仅需要良好的天气条件，还需要昂贵的器材，但学习完Photoshop通道的相关知识后，也可以自己动手制作唯美星空下的公园效果，具体操作步骤如下。

步骤 01 打开Photoshop CC软件，按下Ctrl+O组合键，在打开的“打开”对话框中选中“公园.jpg”素材图片，单击“打开”按钮打开图片，如下左图所示。

步骤 02 在“通道”面板中选中“蓝”通道，单击鼠标右键，在弹出的快捷菜单中选择“复制通道”命令，得到“蓝拷贝”通道。隐藏“蓝”通道，显示“蓝拷贝”通道，如下右图所示。

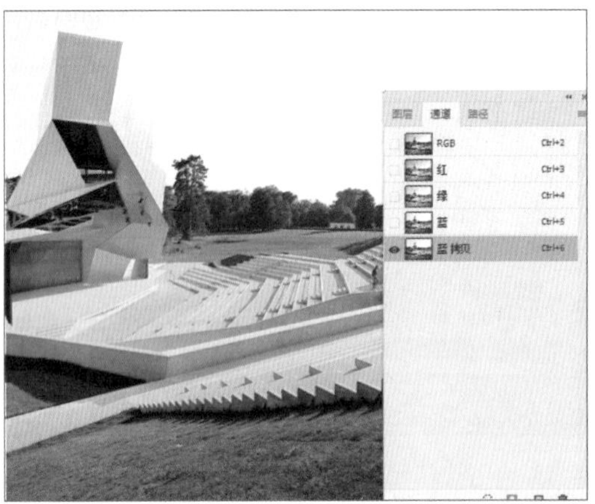

步骤 03 按下Ctrl+L组合键，在打开的“色阶”对话框中调整色阶的输入值分别为185、1.00、255，如下左图所示。

步骤 04 选择工具箱中的多边形套索工具，将建筑外轮廓勾画出来创建选区，如下右图所示。

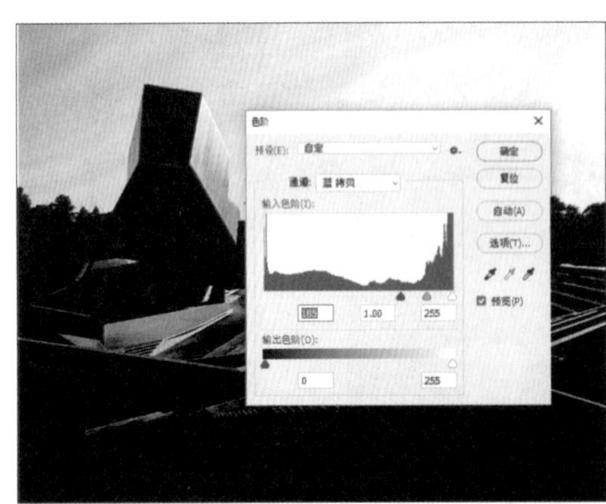

步骤 05 选择画笔工具，将前景色设置为黑色，将选区涂抹为黑色，如下左图所示。

步骤 06 按下Ctrl+D组合键取消选区，然后用画笔工具将天空以外的部分涂抹成黑色，如下右图所示。

步骤07 执行“选择>色彩范围”命令，打开“色彩范围”对话框，此时光标变成吸管样式，吸取图像中黑色区域的颜色，单击“确定”按钮，即可选中黑色部分，如下左图所示。

步骤08 然后在“通道”面板中选中RGB通道，效果如下右图所示。

步骤09 切换至“图层”面板中，选中“背景”图层，按下Ctrl+J组合键复制图层，将新图层命名为“地面”，如下左图所示。

步骤10 按住Ctrl键单击“地面”图层图层缩略图即可载入选区，效果如下右图所示。

步骤11 选中“背景”图层，按下Ctrl+Shift+I组合键反向选择选区。然后按下Ctrl+J组合键复制图层，命名为“天空”，如下左图所示。

步骤12 隐藏“背景”图层，选中“地面”图层，按下Ctrl+L组合键，在打开的“色阶”对话框中调整色阶的输入值为0、0.31、255，单击“确定”按钮，如下右图所示。

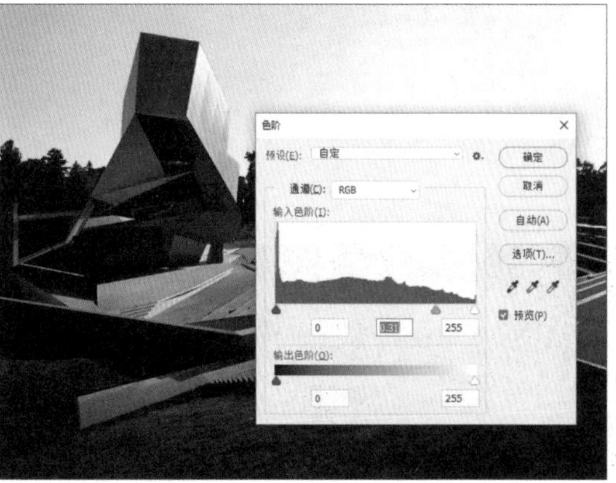

步骤 13 在菜单栏中执行“图像>调整>亮度/对比度”命令，在打开的“亮度/对比度”对话框中设置“亮度”值为-85、“对比度”值为-15，单击“确定”按钮，效果如下左图所示。

步骤 14 选中“天空”图层，执行“文件>置入嵌入对象”命令，在打开的对话框中选中“星空.png”素材图片，单击“置入”按钮，将星空素材置于天空上方并调整位置，效果如下右图所示。

步骤 15 选中“星空”图层，选择工具箱中的矩形工具，在画面中绘制矩形，如下左图所示。

步骤 16 在矩形工具属性栏中选择填充模式为“渐变”，设置顶端颜色为“#8f8c87”、底端颜色“#f5d77d”、“角度”为60度，如下右图所示。

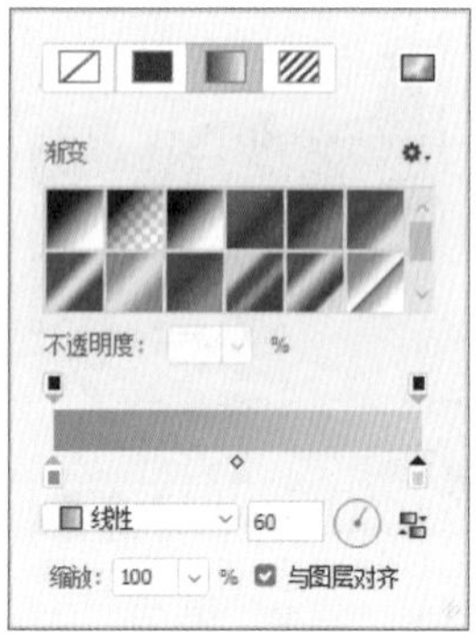

步骤 17 设置完成后，查看矩形的填充效果，如下左图所示。

步骤 18 选中“矩形1”图层，设置图层混合模式为“柔光”，“不透明度”为80%，效果如下右图所示。

7.2.3 Alpha通道

Alpha通道主要用于存储选区，它将选区存储为“通道”面板中可编辑的灰度蒙版。它可以通过“通道”面板来创建和存储蒙版，用于处理或保护图像的某些部分。Alpha通道和专色通道中的信息只能在PSD、TIFF、RAW、PDF、PICT和Pixar格式中进行保存。Alpha通道相当于一个8位的灰阶图，它使用256级灰度来记录图像中的透明度信息，可以用于定义透明、不透明和半透明区域。Alpha通道可以通过通道面板创建，新创建的通道默认为Alpha X（X为自然数，按照创建顺序依次排列）。Alpha通道主要用于存储选区，它将选区存储为“通道”面板中可编辑的灰度蒙版。

创建Alpha通道的方法是首先在图像中使用相应的选区工具创建需要保存的选区，如下左图所示。然后在“通道”面板中单击“创建新通道”按钮，新建“Alpha1”通道，如下中图所示。此时在图像窗口中保持选区，填充选区为白色后取消选区，如下右图所示。在“Alpha1”通道中保存了选区，保存选区后可随时重新载入该选区或将该选区载入到其他图像中。

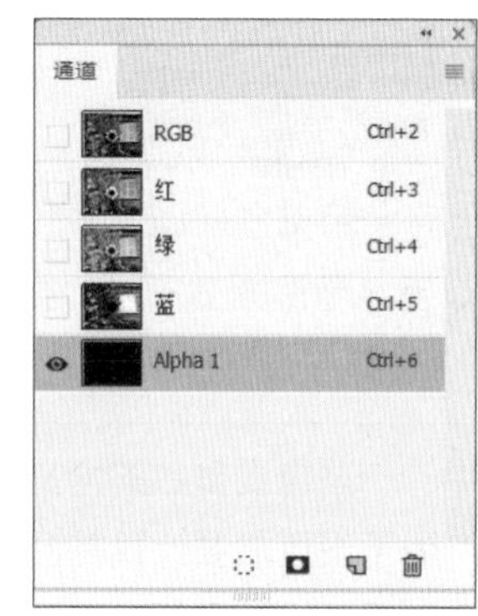

7.2.4 专色通道

专色通道是一类较为特殊的通道，它可以使用除青色、洋红、黄色和黑色以外的颜色来绘制图像。它用特殊的预混油墨来替代或补充印刷色油墨，常用于需要专色印刷的印刷品。除了默认的颜色通道外，每一个专色通道都有相应的印板，在打印输出一个含有专色通道的图像时，必须先将图像模式转换到多通道模式下。

创建专色通道的方法是在“通道”面板中单击右上角的扩展按钮，在弹出的快捷菜单中选择“新建专色通道”选项，如下左图所示，即可新建专色通道，如下右图所示。专色通道是一种较为特殊的通道，它可以使用除青色、洋红、黄色和黑色以外的颜色来绘制图像。值得注意的是，除了默认的颜色的通道外，每一个专色通道都有相应的印板，在打印输出一个含有专色通道的图像时，必须先将图像模式转换到多通道模式下。

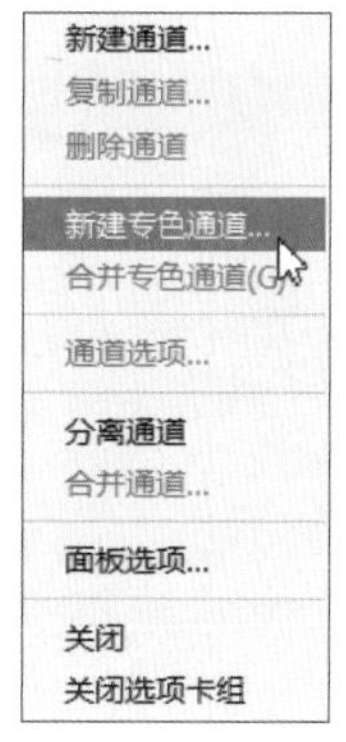

7.2.5 通道混合工具

图层之间可以通过图层面板中的混合模式选项来混合，而通道之间则主要靠“应用图像”和“计算”来实现混合。这两个命令与混合模式的关系密切，常用来修改选区，是高级抠图工具。下面对“应用图像”和“计算”命令在通道中的应用进行介绍，使读者能更深入地了解并应用通道调整图像色调。

1. “应用图像”命令

“应用图像”命令是通过指定单个源的图层和通道计算得出结果，并应用到当前选择的图像中。执行“图像>应用图像”命令，弹出“应用图像”对话框，如下图所示。在该对话框中可以指定单个源的图层和通道混合方式，也可以对源添加一个蒙版计算方式。

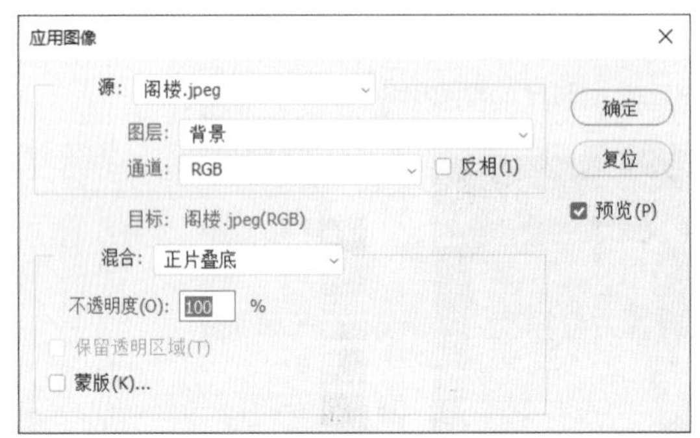

下面对“应用图像”对话框中的一些重要参数的含义进行介绍。

- **源：** 在该选项下拉列表中常用于设置需要计算并合并应用图像的源。
- **图层：** 在该选项下拉列表中常用于设置需要进行计算的源的图层。
- **通道：** 在该下拉列表中，可设置需要进行设置的源的通道，也可以在该选项中重新设置通道源。
- **反相：** 勾选该复选框后，将对混合后的图像色调做反相处理。
- **混合：** 在该下拉列表中常用于设置计算图像时应用的混合模式，可调整出丰富的色调效果。
- **不透明度：** 设置所应用的混合模式的不透明度。
- **蒙版：** 勾选该复选框将弹出与该选项相同的选项组，可将该图像应用于蒙版后的显示区域。

2. “计算”命令

使用“计算”命令可将两个尺寸相同的图像或同一图像中的两个不同通道进行混合，并将混合的结果应用到新图像或新通道及当前选区中。执行“图像>计算”命令，即可弹出“计算”对话框，如下图所示。在弹出的“计算”对话框中可设置通道混合模式的方式、通道的选择和目标源等，设置完成后单击“确定”按钮，可合成个性的图像效果。

下面对“计算”对话框中的一些重要参数的含义进行介绍。

- **源 1：**通过在该选项组中设置，可选择图像中的第一个通道，并对选择该通道的图层以及何种通道进行选择。
- **源 2：**通过在该选项组中设置，可选择图像中的第二个通道，并对选择该通道的图层以及何种通道进行选择。
- **通道：**设置需要计算源的通道。
- **图层：**设置需要计算源的图层。
- **混合：**设置计算图像时应用的混合模式，可调出不同灰度效果的图像。
- **不透明度：**设置所应用的混合模式的不透明度。
- **蒙版：**勾选“蒙版”复选框，将弹出与选项相应的选项组。可设置该选项通过蒙版应用混合模式的效果，使图像中的部分区域不受计算影响。
- **结果：**通过选择“新建文档”、“新建通道”和“选区”选项，将以不同的计算结果模式创建计算结果。当选择“新建文档”选项时，可创建一个新的Alpha通道。选择“选区”选项时，将以计算的结果创建选区。

知识延伸：“通道选项”对话框应用

当创建一个Alpha通道后，若对该通道进行编辑，可单击右上角的扩展按钮，弹出快捷菜单，如下左图所示。然后选择“通道选项”命令，在弹出的“通道选项”对话框中可设置通道的名称，色彩指示的方式和颜色的不透明度，如下右图所示。

下面对“通道选项”对话框中的一些重要参数的含义进行介绍。

- **名称：**在该文本框中可以设置新建Alpha通道的名称。
- **被蒙版区域：**选中该选项，则表示新建通道中有颜色的区域代表蒙版区域，白色区域代表选区。
- **所选区域：**选中该按钮，表示新建通道中的白色区域代表蒙版区域，有颜色区域代表选区。
- **专色：**选中该按钮，将创建一个新的专色通道。
- **颜色：**单击颜色色块，可在弹出的“拾色器”对话框中设置用于显示蒙版的颜色。在默认情况下，该颜色为“不透明度”为50%的红色。在“不透明度”选项中可设置0%~100%的百分比，即设置蒙版颜色的不透明度。

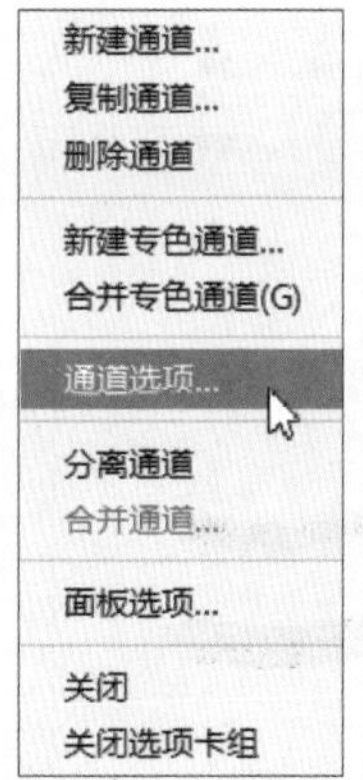

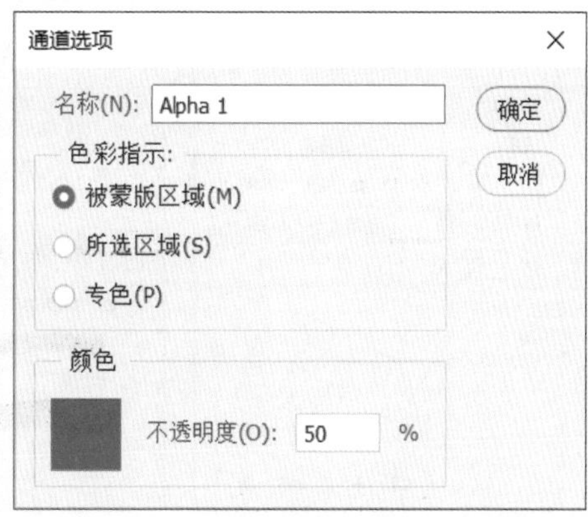

上机实训：制作创意合成瓶子里的城堡场景图

通过对蒙版和通道的学习，用户对Photoshop会有更深的理解，下面通过制作创意合成瓶子里的城堡场景图，进一步学习图层蒙版的应用，具体操作如下。

步骤 01 打开Photoshop CC软件，直接按下Ctrl+O组合键，在打开的“打开”对话框中选中“城堡.jpg”素材图片，单击“打开”按钮将其打开，如下左图所示。

步骤 02 将准备好的“瓶子.jpg”素材图片拖到打开的“城堡.jpg”文件中，如下右图所示。

步骤 03 选中“背景”图层，将“背景”图层解锁为“图层0”图层，将“图层0”图层拖至“瓶子”图层上方，如下左图所示。

步骤 04 设置“图层0”图层的“不透明度”为60%，按下Ctrl+T组合键，调整图像大小和位置，将城堡装到瓶身中，效果如下右图所示。

步骤 05 单击“图层”面板底部的“添加图层蒙版”按钮，为“图层0”添加图层蒙版，如下左图所示。

步骤 06 选择工具箱中的画笔工具，在属性栏中单击“画笔预设”下拉按钮，在弹出的面板中调整“大小”参数，“常规画笔”选择“柔边圆”，如下右图所示。

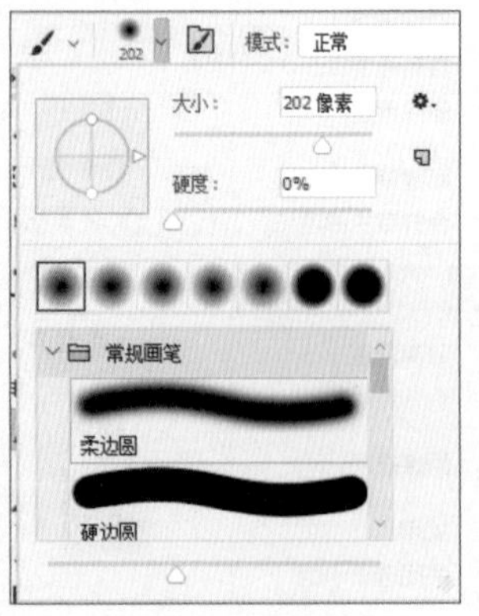

步骤 07 使用画笔工具在蒙版上沿着瓶身边缘将瓶身外的图像擦除，多次反复擦除至想要的效果，然后设置图层的“不透明度”为100%，如下左图所示。

步骤 08 合并“图层0”和“图层1”图层，然后复制合并后的“图层0”图层，得到“图层0拷贝”图层，按下Ctrl+T组合键并右击图像，在弹出的快捷菜单中选择“垂直翻转”命令，然后按下Shift+↓组合键，向下移动“图层0拷贝”图层，使其成为倒影，效果如下右图所示。

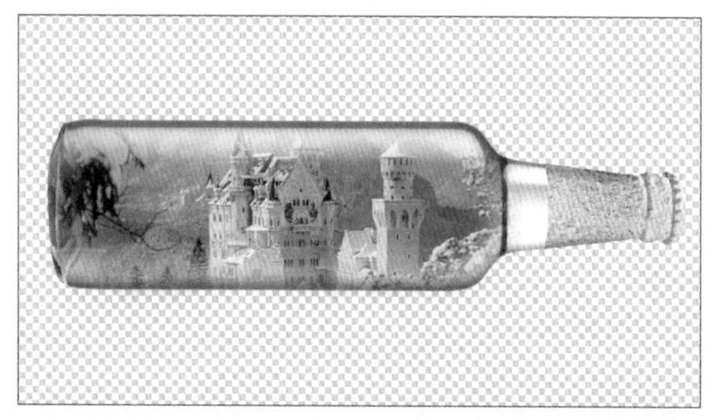

步骤 09 选中“图层0拷贝”图层，单击“添加图层蒙版”按钮，为其添加图层蒙版。按下快捷键B，启用画笔工具，把“图层0拷贝”图层倒影中不需要的部分擦除，效果如下左图所示。

步骤 10 在“图层0”图层的下方新建“图层1”图层，选择工具箱中的渐变工具，在属性栏中单击颜色条，在弹出的“渐变编辑器”对话框中设置从“#f5dd8c”到“#8acff9”的渐变效果，如下右图所示。

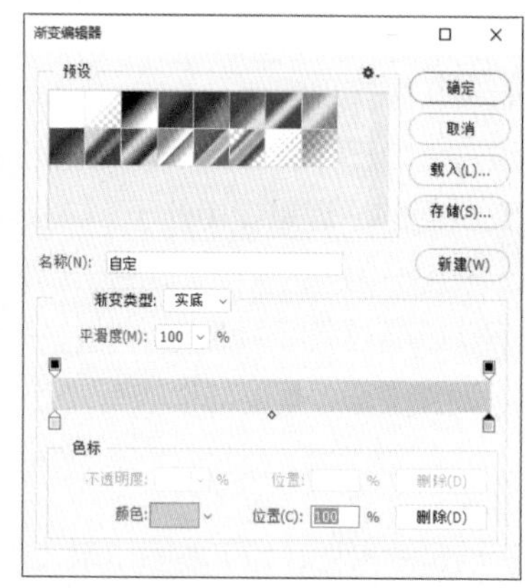

步骤 11 设置完成后单击“确定”按钮，在属性栏中单击“对称渐变”按钮，然后在“图层1”图层中由中间向上拖拽，调出想要的效果作为背景图，如下左图所示。

步骤 12 将“图层0拷贝”图层的“不透明度”设置为20%。至此，创意合成瓶子里的城堡场景图制作完成，查看最终效果如下右图所示。

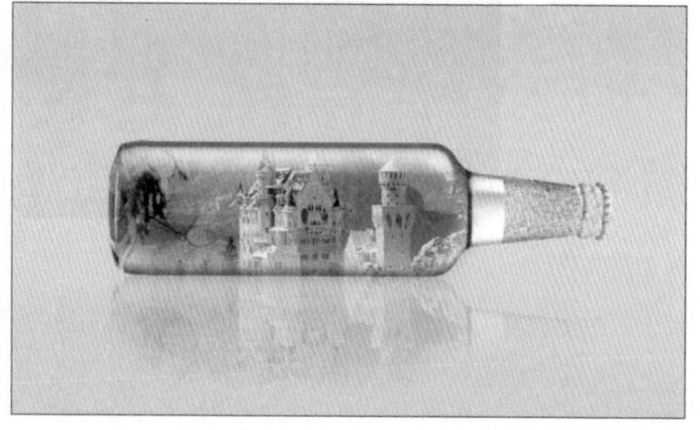

课后练习

1. 选择题

（1）在Photoshp中，按下（　　）组合键可以创建剪贴蒙版。

A. Shift+Ctrl+G　　B. Alt+Ctrl+G　　C. Shift+Ctrl+E　　D. Alt+Shift+E

（2）在复合通道中，不能应用（　　）。

A.“调整”命令　　B.“应用图像”命令　　C.“计算”命令　　D.“复制”命令

（3）在RGB模式中的“通道”面板中，按下（　　）组合键键，可以快速选择“蓝”通道。

A. Ctrl+3　　B. Ctrl+4　　C. Ctrl+5　　D. Ctrl+2

（4）在“通道”面板中，单击“创建新通道”按钮的同时，按下（　　）键，可弹出“新建通道”对话框。

A. Shift　　B. Alt　　C. Ctrl　　D. Shift+Ctrl

（5）通道是用来存储图像信息的，存储不同类型信息的灰度图像，一个图像最多可有（　　）个通道。

A. 56　　B. 4　　C. 3　　D. 28

2. 填空题

（1）在Photoshop中，蒙版可以分为图层蒙版、矢量蒙版、_________和快速蒙版四种类型。

（2）图层之间可以通过图层面板中的混合模式选项来混合，而通道之间则主要靠“_________”和“计算”来实现混合。

（3）通道共分为三种类型，分别是_________、_________和_________，每种通道都有各自的用途。

（4）剪贴蒙版的原理是使用处于下方图层的形状来限制上方图层的显示状态。剪贴蒙版由两部分组成，一部分为_________，另一部分为_________。

（5）图层蒙版通过蒙版中的_________来控制图像的显示区域，可用于合成图像，也可以控制填充图层、调整图层、智能滤镜的有效范围。

3. 上机题

打开给定的素材，如下左图所示。在“通道”面板中，结合调整命令调整图像为反转片的色调效果，如下右图所示。

操作提示

（1）可以运用本章节学习的“通道”面板对图片进行调整。

（2）结合调整命令调整图像。

Chapter 08 滤镜的应用

本章概述

本章主要介绍对图像效果进行调整的相关知识和操作。Photoshop中提供了一系列滤镜调整命令，包括滤镜库、智能滤镜、扭曲与素描滤镜、风格化滤镜和杂色与其他滤镜。通过本章的学习，为展现图像多样化效果有很大的帮助。

核心知识点

❶ 了解滤镜的原理
❷ 掌握滤镜菜单及其使用的方法和技巧
❸ 掌握各种滤镜命令对图像效果的高级调整
❹ 了解滤镜库的作用

8.1 滤镜的原理

在Photoshop中，滤镜主要是用来实现图像的各种特殊效果的，它在Photoshop中具有非常神奇的作用。滤镜的操作非常简单，但真正用起来却很难恰到好处。滤镜通常需要同通道、图层等结合使用，才能获得最佳艺术效果。本节将介绍一下什么是滤镜及其种类，以及查看滤镜信息的方法。

8.1.1 什么是滤镜

在Photoshop中，滤镜基本可以分为内嵌滤镜、内置滤镜、外挂滤镜三种。内嵌滤镜指内嵌于Photoshop程序内部的滤镜；内置滤镜指Photoshop缺省安装时，Photoshop安装程序自动安装到pluging目录下的滤镜；外挂滤镜是指除上面两种滤镜以外，由第三方厂商为Photoshop所生产的滤镜，它们不仅种类齐全、品种繁多而且功能强大。

在Photoshop的“滤镜”主菜单中，“滤镜库”、“镜头矫正”、“液化”和“消失点”是特殊滤镜，单独放置在菜单中，其他滤镜依据其主要功能被放置在不同类别的滤镜组中。了解各滤镜的具体应用方法是熟练应用滤镜的基础，下面对“滤镜”菜单进行介绍。

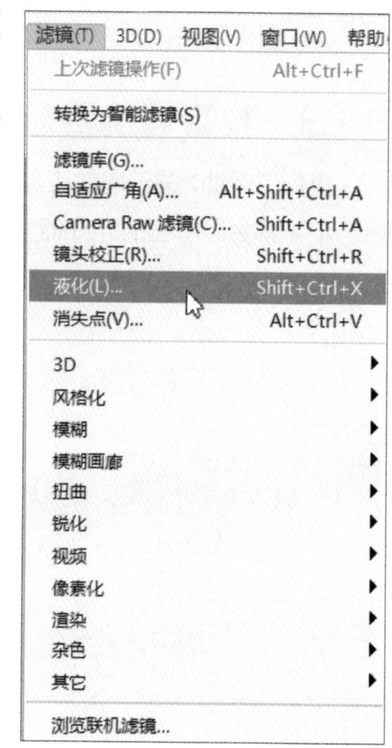

- **“转换为智能滤镜”选项：** 打开图像后执行该命令，可将图层转换为智能对象图层。此时对该图像进行所有滤镜操作都可视为智能滤镜操作，对滤镜的参数可以进行调整和修改，使图像的处理过程更加智能化。
- **“滤镜库”选项：** 单击该命令可直接打开“滤镜库”对话框，其中收录整理了Photoshop的部分滤镜，在此可以快速运用这些滤镜，并可预览滤镜效果。
- **“独立滤镜组”选项：** 其中包括自适应广角、镜头校正、液化和消失点四个滤镜，单击选择后即可使用。
- **“滤镜组”选项：** 包括了3D、风格化、模糊、模糊画廊、扭曲、锐化、视频、像素化、渲染、杂色和其他11类滤镜组，每个滤镜组又包含了多个滤镜命令，执行相应的命令即可使用这些滤镜。

8.1.2 滤镜的种类

在Photoshop中，根据滤镜产生的效果不同可以分为独立滤镜、校正性滤镜、变形滤镜、效果滤镜和其他滤镜。通过应用不同的滤镜可以制作出无与伦比的图像效果。如果按照滤镜的种类和主要用途来划分，可将滤镜划分为杂色滤镜、扭曲滤镜、抽出滤镜、渲染滤镜、CSS滤镜、风格化滤镜、液化滤镜和模糊滤镜八种，下面详细介绍这八种滤镜的特点。

- **杂色滤镜：** 有五种，分别为减少杂色、蒙尘与划痕、去斑、添加杂色、中间值滤镜，主要用于校正图像处理过程（如扫描）的瑕疵。
- **扭曲滤镜：** 共12种，该系列滤镜都是用几何学的原理来把一幅影像变形，以创造出三维效果或其他的整体变化。每一个滤镜都能产生一种或数种特殊效果，但都离不开一个特点，即对影像所选择的区域进行变形、扭曲。
- **抽出滤镜：** 通常用于抠图。其功能强大，使用灵活，是Photoshop中最常用的抠图工具，简单易用，容易掌握。
- **渲染滤镜：** 可以在图像中创建云彩图案、折射图案和模拟的光反射，也可以在三维空间中操纵对象，并由灰度文件创建纹理填充，以产生类似三维的光照效果。
- **CSS滤镜：** 其标识符是“filter”，总体的应用和其他的CSS语句相同。CSS滤镜可分为基本滤镜和高级滤镜两种。
- **风格化滤镜：** 通过置换像素和查找并增加图像的对比度，在选区中生成绘画或印象派的效果。它是完全模拟真实艺术手法进行创作的。
- **液化滤镜：** 可用于推、拉、旋转、反射、折叠和膨胀图像的任意区域。用户创建的扭曲可以是细微的或剧烈的，这就使液化滤镜成为修饰图像和创建艺术效果的强大工具。
- **模糊滤镜：** 在Photoshop中，模糊滤镜效果包括14种滤镜，它可以使图像过于清晰或对比度过于强烈的区域产生模糊效果。它通过平衡图像中已定义的线条和遮蔽区域的清晰边缘旁边的像素，使变化显得柔和。

8.1.3 查看滤镜信息

执行“帮助>关于增效工具”命令，在下拉菜单中包含了Photoshop滤镜和增效工具的目录，选择任意一个，就会显示它的详细信息，如滤镜版本、制作者、所有者等，如下图所示。

8.2 滤镜库与特殊滤镜

在Photoshop中，滤镜库是整合多个滤镜的对话框，用户可以同时将多个滤镜应用在一个图像中，或对一个图像多次应用同一个滤镜。镜头矫正、自适应广角滤镜和消失点滤镜等不属于任何一个滤镜组，它们是具有各自特点的特殊滤镜，主要用于对图像进行镜头校正、变形等操作。下面对滤镜库和特殊滤镜进行介绍。

8.2.1 滤镜库概述

在滤镜库中提供了多种特殊效果滤镜的预览，在该对话框中可以应用多个滤镜、打开或关闭滤镜的效果、复位滤镜的选项，以及更改应用滤镜的顺序。如果对设置的图像效果满意，单击“确定”按钮即可将设置的效果应用到当前图像中。但是“滤镜库”中只包含“滤镜”菜单中的部分滤镜。执行“滤镜>滤镜库”命令，即可弹出“滤镜库”对话框，如下图所示。

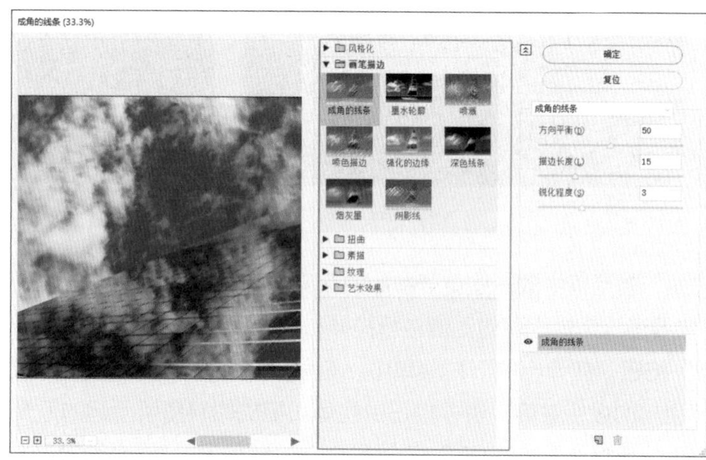

下面对“滤镜库”对话框中常用的重要参数的含义进行介绍。

- **预览区：** 在该区域中，用户可以预览当前加载的滤镜效果。
- **新建效果图层**：单击此按钮，可新建当前所使用的滤镜效果到滤镜图层中。
- **删除效果图层**：单击此按钮，可将当前滤镜图层列表中的滤镜删除。
- **滤镜列表：** 单击需要应用的滤镜图标，可预览使用该滤镜的效果。
- **滤镜参数选项组：** 应用不同的滤镜，在该区域中将显示出不同的选项组，通过设置不同的参数可以得到各种各样的图像效果。
- **滤镜效果图层列表：** 对当前图像应用多个相同或不同的滤镜命令，在此效果图层列表中，可以将这些滤镜命令效果叠加起来以得到更丰富的效果。
- **滤镜下拉列表：** 单击该下拉列表框右侧的下拉按钮，在弹出的下拉列表中可以选择相应的滤镜，这些滤镜是按照滤镜名称的拼音顺序排列的。

提示：“效果图层”的应用

滤镜库对话框中的效果图层，是指在滤镜库对话框中可以对当前操作的图层应用多个滤镜命令，每个滤镜命令可以被认为是一个滤镜效果图层。

在滤镜库对话框中，用户可以复制、删除和隐藏这些滤镜效果图层，也可以根据需要调整这些滤镜应用到图层中的顺序与参数，从而将这些滤镜的效果叠加起来，得到更加丰富的图像。

8.2.2 自适应广角滤镜

自适应广角滤镜可以用于校正照片的畸变，无论是广角镜头造成的镜头扭曲，还是其他原因造成的畸变。还可以快速拉直在全景图或采用鱼眼镜头和广角镜头拍摄的照片中看起来弯曲的线条。

自适应广角滤镜可以检测相机和镜头型号，并使用镜头特性对图像进行拉直。还可以添加多个约束，以指示图片的不同部分中的直线。使用有关自适应广角滤镜的信息，移去扭曲。执行“滤镜>自适应广角”命令，即可弹出“自适应广角”对话框，如下图所示。

下面对“自适应广角”对话框中的一些重要参数的含义进行介绍。

- **“工具”选项：** 主要通过选择工具对图像进行拉伸、移动以及放大处理。
- **“选择投影模型”按钮：** 在弹出的下拉菜单中，有鱼眼、透视、自动、完整球面四个选项。鱼眼校正由鱼眼镜头所引起的极度弯度；透视校正由视角和相机倾斜角所引起的汇聚线；自动会自动根据图片效果进行校正；完整球面校正 360 度全景图，全景图的长宽比必须为 2:1。
- **参数设置区：** 包含缩放、焦距、裁剪因子三个选项。缩放用于设置缩放图像比例，使用此值最小化在应用滤镜之后引入的空白区域；焦距用于设置镜头的焦距，如果在照片中检测到镜头信息，则会自动填写此值；裁剪因子设置参数值确定如何裁剪最终图像，将此值与“缩放”配合使用以补偿应用滤镜时引入的任何空白区域。
- **细节：** 用于查看光标指定点细节。
- **预览区：** 用于预览滤镜效果，在下方可以观察照片的相机与拍摄参数。

提示：滤镜作用的范围

Photoshop为用户提供了上百种滤镜，其作用范围仅限于当前正在编辑的、可见的图层中的选区，若图像此时没有选区，软件则默认对当前图层上的整个图像进行处理。值得注意的是，RGB颜色模式的图像可使用Photoshop CC 2018中的所有滤镜；而位图模式、16位灰度模式、索引模式和48位RGB模式等图像则无法使用滤镜，其他色彩模式如CMYK模式，只能使用部分滤镜，画笔描边、素描、纹理以及艺术效果等类型的滤镜将无法使用。

8.2.3 Camera Raw滤镜

Camera Raw是Photoshop CC 2018中的一款图像处理的专业插件，主要用于处理Raw数据，使得到的画质更加完美。该软件主要针对特殊格式的数码照片进行处理，如RAW、DNG和NEF格式等。且Adobe Camera Raw处理器常用于校正图像上的瑕疵、人物红眼、修复图像色调、局部污点、调整局部图像或色调。

在Photoshop CC 2018中打开一张图片，执行“滤镜>Camera Raw滤镜”命令，即可打开“Camera Raw滤镜”对话框，如下图所示。

下面对“Camera Raw”对话框中的一些重要参数的含义进行介绍。

- **工具按钮：**在工具栏中单击各种调整工具，可快速修复图像的局部或调整整体颜色，以及调整画面构图等效果。
- **预览窗口：**该区域用于预览图像或调整后的照片效果，可通过缩放工具调整画面视图，也可在左下角输入数值，以及调整图像显示比例。
- **直方图：**用于查看图像的颜色信息。面板右上角的黄色小三角代表“阴影修改警告”，表示该图像的色温、阴影等差异。
- **调整面板：**在调整面板选项卡中单击任意选项按钮，可切换到相应的调整面板中。包括“基本”、“色调曲线”、“细节”、“HSL/灰度”、“色调分离”和“镜头校正”等调整面板。
- **存储图像：**单击该按钮，可在弹出的对话框中设置文件的存储格式和存储位置，将照片另存为其他照片文件。
- **“打开图像”按钮：**单击该按钮，可在Photoshop预览窗口中打开图像。
- **“完成”按钮：**单击该按钮，可直接存储图像效果至源照片，并退出Camera Raw。

提示：认识工具按钮

在Camera Raw处理中，认识按钮组中的各个按钮，可以快速地对图像文件进行编辑，从而提高工具效率，下面对其进行介绍。

- 缩放工具：在预览窗口中单击图像，可放大图像；按住Alt键单击图像，将缩小预览图像效果；双击缩放工具，可将图像放大至100%，也可以通过框选来放大图像。
- 抓手工具：该工具用于拖动并查看图像的细节。
- 白平衡工具：使用该工具可以快速校正白平衡。
- 颜色取样器工具：在预览窗口中单击图像，可以对该图像进行颜色取样。
- 目标调整工具：按住该工具可在弹出的菜单中选择指定的命令选项，切换至对应的面板中。
- 裁剪工具：在图像中拖动可创建裁剪框，完成后按Enter键即可。若要取消裁剪效果，按Esc键即可。
- 拉直工具：用于校正倾斜的照片，在画面中创建垂直或水平参考线即可。

实战练习 制作商业区夜景灯光效果图

学习完Camera Raw滤镜后，下面将介绍使用该滤镜制作商业区夜景灯光效果图的操作方法，本案例还涉及图层蒙版和混合模式等的应用，具体操作如下。

步骤 01 打开Photoshop CC软件，直接按下Ctrl+O组合键，在打开的“打开”对话框中选中“商业区.jpg”素材图片，单击“打开”按钮将其打开，如下左图所示。

步骤 02 按Ctrl+J组合键，复制“背景”图层并命名为“夜景”图层。按照同样的方法再复制一个图层并命名为“灯光”图层，如下右图所示。

步骤 03 单击“灯光”图层前面的眼睛图标暂时隐藏此图层，选择“夜景”图层，依次执行菜单栏中的“滤镜>转换为智能对象”、“滤镜>Camera Raw滤镜”命令，如下左图所示。

步骤 04 在弹出的对话框中根据图像效果调整“色温”、“色调”、“曝光”等参数，然后单击“确认”按钮，退出Camera Raw滤镜，如下右图所示。

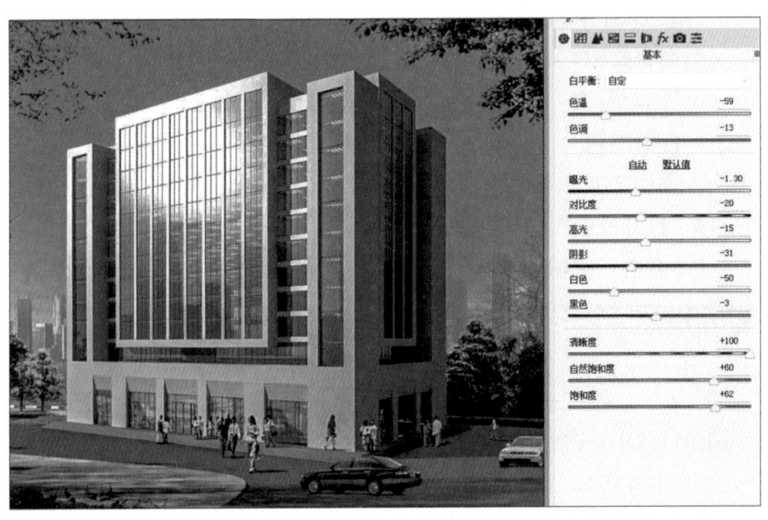

步骤 05 单击“添加图层蒙版”按钮，给“夜景”图层添加图层蒙版。按快捷键P，调出钢笔工具，用钢笔把大厦抠出来。按Atl+Delete组合键将蒙版填充黑色，按快捷键B，调出画笔工具，用黑色画笔把过渡部分擦自然一点，如下左图所示。

步骤 06 将准备好的“夜空.jpg”素材图片拖入到“夜景”图层上方，并设置该图层的混合模式为“正片叠底”，如下右图所示。

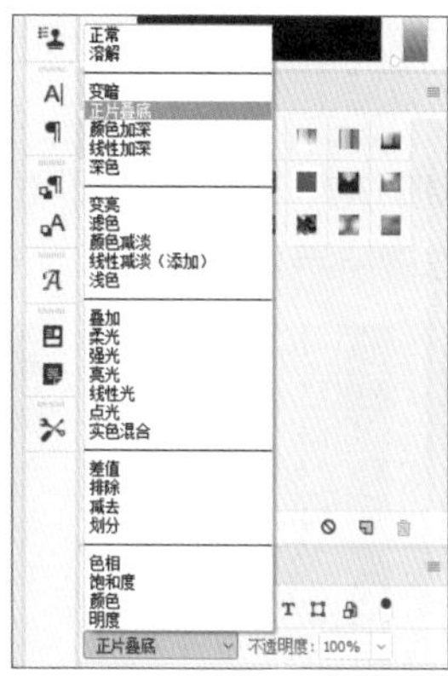

步骤 07 选中“夜空”图层，单击“添加图层蒙版”按钮为该图层添加蒙版。按快捷键P，调出钢笔工具，用钢笔把天空之外的部分抠出来。按Alt+Delete组合键，将蒙版图层用黑色填充，按快捷键B，调出画笔工具，用黑色画笔把边缘过渡处擦均匀，如下左图所示。

步骤 08 单击“灯光”图层前面的眼睛图标让图层显示可见，并依次执行菜单栏中的“滤镜>转换为智能对象”、“滤镜>Camera Raw滤镜”命令，在弹出的对话框中根据图像效果调整“色温”、“清晰度”、“自然饱和度”等参数，调好后单击“确定”按钮退出，如下右图所示。

步骤 09 选中“灯光”图层，单击“添加图层蒙版”按钮为该图层添加蒙版。按Alt+Delete组合键将该图层蒙版填充黑色。按快捷键P，调出钢笔工具，用钢笔把大厦玻璃抠出来。按Ctrl+Enter组合键变成选区，然后按Ctrl+Delete组合键将选区填充白色表现灯光效果，如下左图所示。

步骤 10 按照同样的方法将大厦所有玻璃都抠出来做成灯光效果，效果如下右图所示。

步骤 11 按下快捷键B，调出画笔工具，用白色画笔把大厦正面和侧面地板上的灯光影子擦出来，效果如下左图所示。

步骤 12 单击“创建新的填充或调整图层”按钮，在展开的列表中选择“色彩平衡”选项，建立“色彩平衡1”图层，如下右图所示。

步骤 13 在属性面板中调整色调参数，如下左图所示。

步骤 14 单击“创建新图层”按钮，新建“图层1”图层，按Alt+Delete组合键将该图层填充黑色，将图层的“不透明度”调整为30%，如下右图所示。

步骤 15 至此，本例制作完成。查看为商业区制作的夜晚灯光的效果，如下图所示。

8.2.4 镜头校正滤镜

“镜头校正”滤镜是一个独立滤镜，利用该滤镜可以修复常见的镜头瑕疵，轻易消除桶状和枕形变形、照片周围的暗角，以及造成边缘出现彩色光晕的色差等。执行“滤镜>镜头校正”命令，打开“镜头校正”对话框，如下图所示。在该对话框中可设置相机的品牌、型号，以及镜头型号等。设置后将激活相应的选项，此时在“修正”选项组中勾选相应的复选框即可校正相应的选项。单击“自定”选项卡，调整各个滑块的参数，即可对图像进行相应的调整。

下面对“镜头校正”对话框中的一些重要参数的含义进行介绍。

- **“工具箱”选项组：** 该选项中包含执行镜头校正的各种工具，其中移去扭曲工具通过向中心或向内拖动校正失真图像；拉直工具是通过绘制一条直线，将图像移动到新的横轴或纵轴；移动网格工具是通过拖动来移动对齐网格。
- **“修正”选项组：** 通过勾选“几何扭曲”、“色差”和“晕影”复选框来调整图像的扭曲、色差、晕影等。
- **边缘：** 通过单选下拉按钮，可在弹出的下拉菜单中选择“边缘扩展”、“明度”、“黑色”和“白色”四个选项，调整图像的边缘效果。

8.2.5 液化滤镜

“液化”滤镜的原理是将图像以液体形式进行变化，使变化中的像素替换原来的图像像素，可以使用“液化”滤镜对人物进行修饰，还可以制作出火焰、云彩、波浪等各种效果。执行“滤镜>液化”命令，即可打开“液化”对话框，如下图所示。

下面对“液化”对话框中的一些重要参数的含义进行介绍。

- **工具箱**：在该工具箱中单击任意工具可对图像进行变形。
- **画笔工具选项**：设置图像扭曲中使用的画笔大小和压力程度。
- **人脸识别液化**：可以对人物的眼睛、鼻子、嘴唇、脸部形状进行调整。
- **载入网格选项**：包括“使用存储的网格”、“使用上次的网格”和“存储此网格”三种选项。
- **蒙版选项**：用于编辑修改蒙版区域。
- **视图选项**：显示或隐藏编辑蒙版区域或网格。

8.2.6 消失点滤镜

使用“消失点”滤镜可以在选定的图像区域内进行复制、粘贴图像的操作，操作对象会根据区域内的透视关系进行自动调整，以配合透视效果。

默认情况下，在Photoshop中查看图像时，消失点网格是不可见的，得到的是栅格化的网格效果。在绘制编辑网格中粘贴图像，调整其大小后将自动吸附在所编辑的网格中。还可以通过应用“消失点”滤镜在新建的图层中绘制编辑网格，即可在图层中看到所编辑的网格效果。执行“滤镜>消失点”命令，即可打开“消失点”对话框，如下图所示。

下面对“消失点”对话框中的一些重要参数的含义进行介绍。

- **工具组**：包括创建和编辑透视网格的各种工具，其中包括编辑平面工具、创建平面工具、选框工具、图章工具和变换工具。
- **扩展**：在扩展菜单中可以自定义点的内容，以及渲染和导出方式。“渲染网格至Photoshop”命令将默认不可见的网格渲染至Photoshop中，得到栅格化的网格；“导出DXF”和“导出3DS”命令将3D信息和测量结果分别以DXF和3DS格式导出。
- **网格大小**：设置网格在平面的大小，设置网格角度。

8.3 智能滤镜

在Photoshop中，智能滤镜是常用到的功能，它是结合智能对象产生的，可以将整幅图像或校正的图层转换为智能对象以编辑智能滤镜。当图像转换为智能对象后，对图像执行的所有滤镜操作均会自动默认为智能滤镜操作，因此不会真正改变图像中的任何像素，并且还可以随时修改参数或者删除。

8.3.1 智能滤镜与普通滤镜的区别

在Photoshop中，普通滤镜是通过修改来生成效果。从“图层”面板中可以看出，“背景”图层的像素被修改了，如果保存图像并关闭，就无法恢复为原来的效果了，如下左图所示。

智能滤镜是一种非破坏性的滤镜，它将滤镜效果应用于智能对象上，不会修改图像上的原始数据。如下右图所示，可以看出智能滤镜包含一个类似于图层样式的列表，只要单击智能滤镜前面的眼睛图标，将滤镜效果隐藏或删除，即可恢复原始图像。

8.3.2 创建智能滤镜

将普通图层转换为智能滤镜的方法有两种：校正需要转换的图像后，直接执行“滤镜>转换为智能滤镜”命令即可，如下左图所示。在“图层”面板中需要转换的图层上单击鼠标右键，在弹出的菜单中选择“转换为智能对象”命令，如下右图所示。

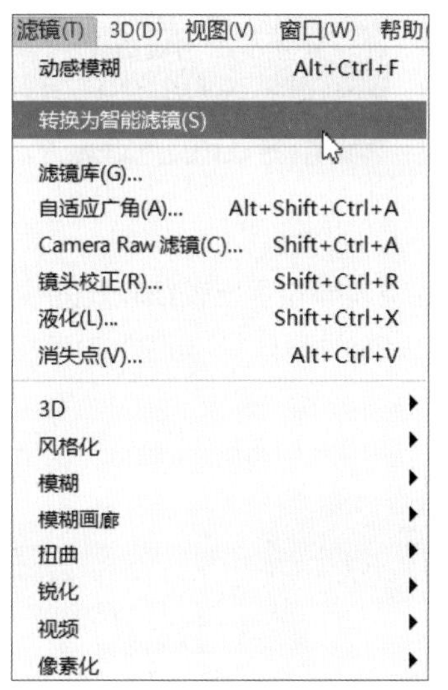

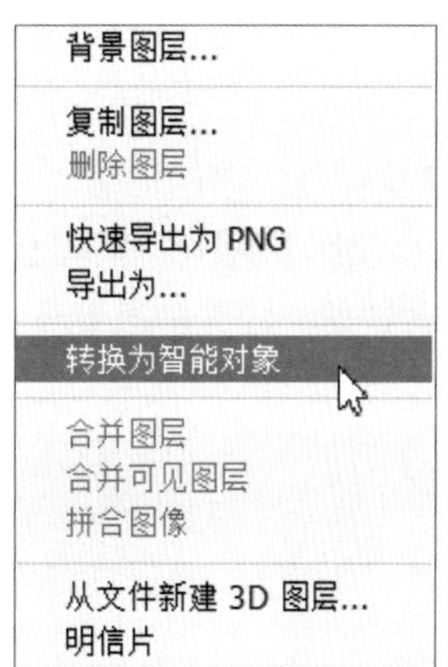

8.3.3 编辑智能滤镜

执行“滤镜>转换为智能滤镜”命令后，图像转变为了智能对象，在图层下方会出现智能滤镜层，它的功能更像是一个图层组，对图像应用的所有滤镜都出现在智能滤镜层下方。而选择该层后，还可以对智能滤镜蒙版进行编辑，编辑该蒙版时，图像应用滤镜区域也会随之发生变化。

8.4 滤镜组的应用

滤镜是图片处理的“灵魂”，它可以编辑当前可见图层或图像选区内的图像效果，将其制作成各种特效。滤镜组是将功能类似的滤镜归类编组，包括“风格化滤镜组”、“模糊滤镜组”、“模糊画廊滤镜组”、“扭曲滤镜组”、“锐化滤镜组”、“像素化滤镜组”、“渲染滤镜组”、“杂色滤镜组”和“其他滤镜组”九个滤镜组。下面分别对九个滤镜组进行详细介绍。

8.4.1 风格化滤镜组

风格化滤镜的应用原理是通过置换像素并查找和提高像素中对比度，产生一种绘画式或印象派艺术效果，它是完全模拟真实艺术手法进行创作的。“风格化滤镜组”包含了“查找边缘”、“照亮边缘”、“等高线”、“风”、“浮雕效果”、“扩散”、“拼贴”、“曝光过度”、“凸出”和“油画”十种滤镜，其中“照亮边缘”滤镜收录在滤镜库中。下面对这些滤镜组进行详细介绍。

1. “查找边缘”滤镜

“查找边缘”滤镜能够查找图像中有明显区别的颜色边缘并加以强调，用相对于白色背景色的黑色线条勾勒图像的边缘。打开一张图片，如下左图所示。执行“滤镜>风格化>查找边缘”命令，如下右图所示。

2. “等高线”滤镜

“等高线”滤镜能够查找颜色过渡的边缘，并围绕边缘勾画出较细较浅的线条，以获得与等高线图中的线条类似的效果。执行“滤镜>风格化>等高线”命令，打开“等高线”对话框，对参数进行调整，如下左图所示。设置完成后查看效果，如下右图所示。

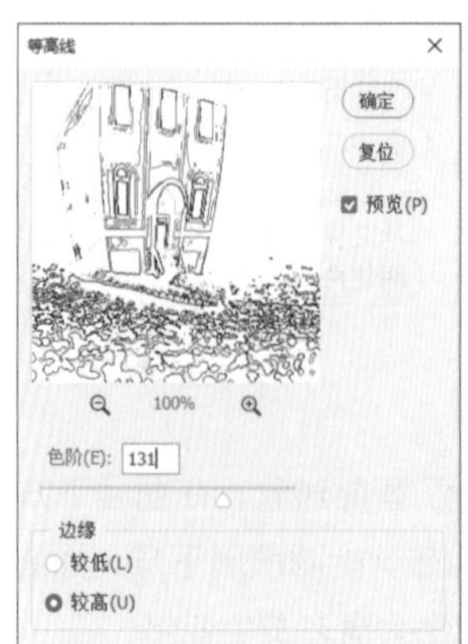

3. “拼贴”滤镜

“拼贴”滤镜是将图像分割成许多方形的小方块，且每个小方块产生侧移，形成瓷砖平铺的效果。执行“滤镜>风格化>拼贴”命令，打开“拼贴”对话框，对参数进行调整，如下左图所示。设置完成后查看效果，如下右图所示。

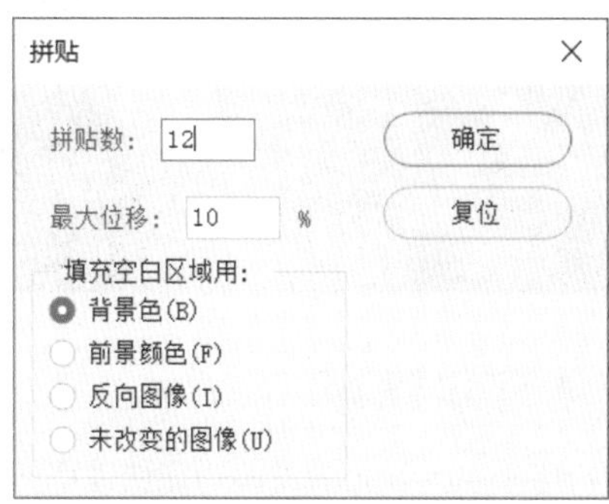

8.4.2 模糊滤镜组

使用“模糊”滤镜组中的滤镜命令，可将图像边缘过于清晰或对比度过于强烈的区域进行模糊处理，产生各种不同的模糊效果，起到柔化图像的作用。“模糊滤镜组”中包含了“表面模糊”、“动感模糊”、“方框模糊”、“高斯模糊”、“进一步模糊”、“径向模糊”、“镜头模糊”、“模糊”、“平均”、“特殊模糊”和“形状模糊”11种滤镜。使用时只需执行“滤镜>模糊”命令，在级联菜单中选择相应的滤镜命令即可。下面对这些滤镜进行详细介绍。

1. “表面模糊”滤镜

“表面模糊”滤镜是在保留图像边缘的同时对图像进行模糊。打开一张素材图片，如下左图所示。执行“滤镜>模糊>表面模糊”命令，打开“表面模糊”对话框，对其参数进行调整，如下中图所示。设置完成后查看效果，如下右图所示。

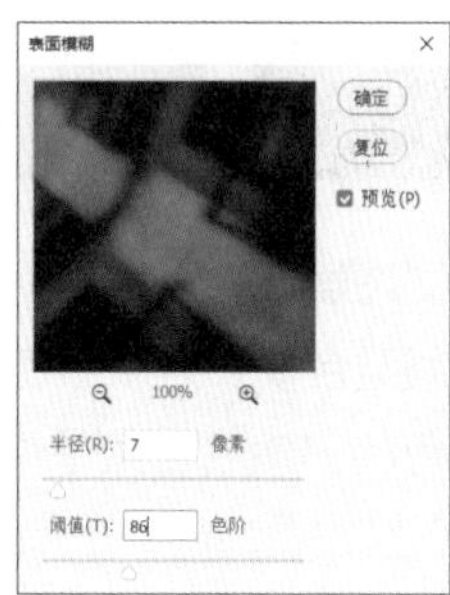

下面对“表面模糊”对话框中的参数含义进行详细介绍。

- **半径**：用来指定模糊取样区域的大小。
- **阈值**：用来控制相邻像素色调与中心像素值相差多大时才能成为模糊的一部分，色调值小于阈值的像素将被排除在模糊之外。

2. “动感模糊”滤镜

“动感模糊”滤镜只是在单一方向上对图像像素进行模糊处理，模仿摄影中物体高速运动时的曝光来表现速度感，该滤镜常用于运动物体的图像对画面背景的处理。执行“滤镜>模糊>动感模糊”命令，打开“动感模糊”对话框，对参数进行调整，如下左图所示。设置完成后查看效果，如下右图所示。

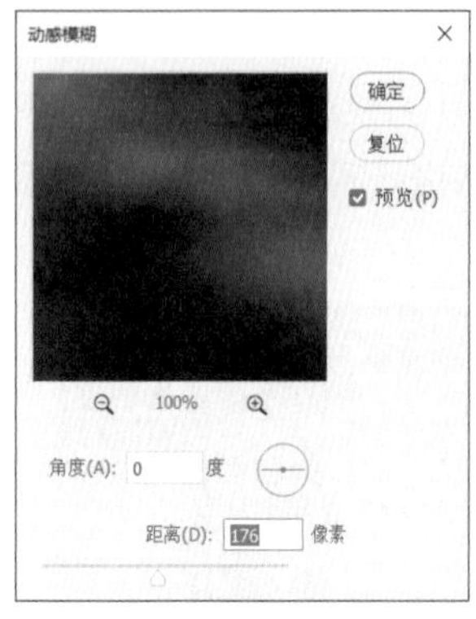

实战练习 快速制作素描艺术效果的埃菲尔铁塔

很多人对素描情有独钟，本案例将介绍如何使用Photoshop的滤镜功能快速把一张普通的彩色图片变成素描画效果，下面介绍具体操作方法。

步骤 01 打开Photoshop CC软件，直接按下Ctrl+O组合键，在打开的“打开”对话框中选中“巴黎铁塔”素材图片，单击“打开”按钮，或者直接把素材图片拖进Photoshop CC中，将其打开，如下左图所示。

步骤 02 选中“背景”图层，按下Ctrl+J组合键复制图层，得到“图层1”图层。按下Ctrl+shift+U组合键，对图像执行“去色”命令，效果如下右图所示。

步骤 03 按下Ctrl+J组合键，复制去色后的“图层1”图层，得到“图层1 拷贝”图层。选中该图层，按下Ctrl+I组合键，执行“反相”命令，设置图层混合模式为“颜色减淡”，如下左图所示。

步骤 04 此时“图层1 拷贝”图层基本是白色的，然后在菜单栏中执行“滤镜>其他>最小值”命令，如下右图所示。

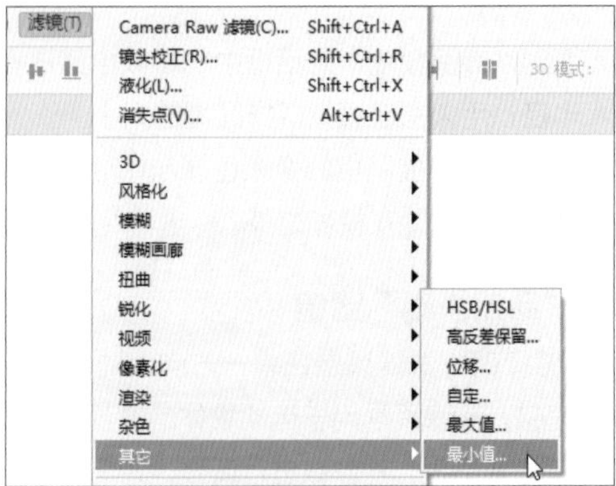

步骤05 在打开的“最小值”对话框中设置“半径”为2像素，单击“确定”按钮，如下左图所示。

步骤06 在“图层”面板中双击“图层1 拷贝”图层，打开“图层样式”对话框，在“混合选项”面板中按住Alt键，在“混合颜色带”选项区域中调整下层图层值为67，然后单击“确定”按钮，如下右图所示。

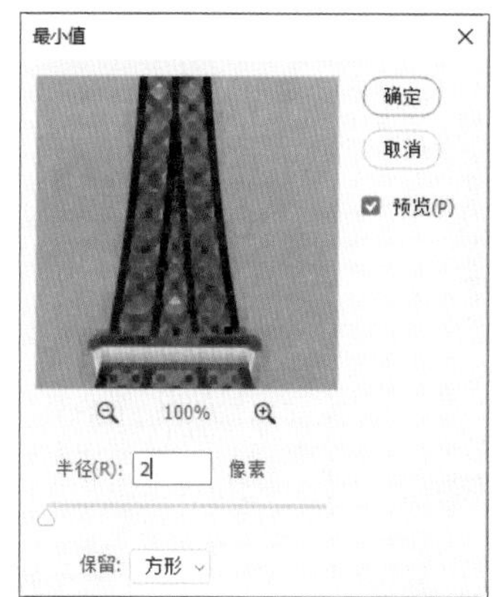

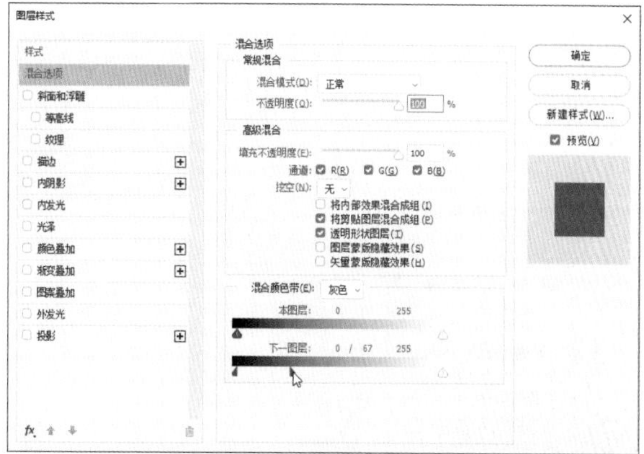

步骤07 在“图层”面板中按住Ctrl键选中“图层1”和“图层1 拷贝”图层，单击鼠标右键，选择“合并图层”命令，然后单击“添加图层蒙版”按钮，如下左图所示。

步骤08 添加图层蒙版后，在菜单栏中执行“滤镜>杂色>添加杂色”命令，如下右图所示。

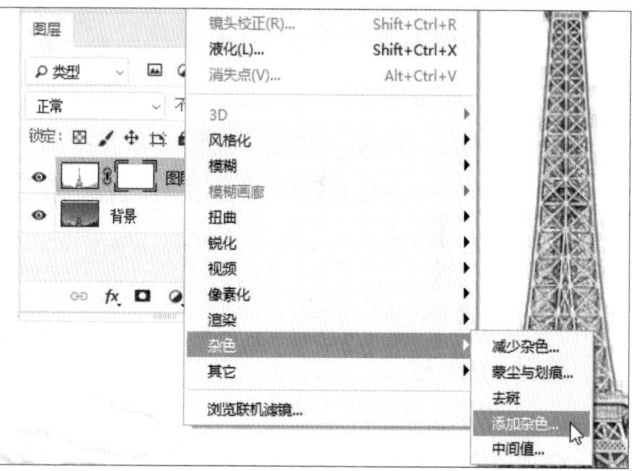

步骤09 在打开的“添加杂色”对话框中，设置“数量”为25，单击“确定”按钮，如下左图所示。

步骤10 然后在菜单栏中执行“滤镜>模糊>动感模糊”命令，在打开的“动感模糊”对话框中设置“角度”为45度、“距离”为92像素，然后单击“确定”按钮，如下右图所示。

步骤 11 在“背景”图层上方新建“图层1”图层，选中该图层，设置前景色为“#aeaead”，按下Alt+ Delete组合键，将该图层填充为灰色，如下左图所示。

步骤 12 至此，本案例制作完成，查看将彩色埃菲尔铁塔转换为素描效果的效果，如下右图所示。

8.4.3 模糊画廊滤镜组

使用“模糊画廊”滤镜组中的滤镜命令，可以通过直观的图像控件快速创建截然不同的照片模糊效果，也可以使图像中过于清晰或对比度过于强烈的区域产生模糊画廊效果。每个模糊工具都提供直观的图像控件来应用和控制模糊效果。完成模糊调整后，可以使用散景控件设置整体模糊效果的样式。该滤镜组包括了场面模糊、光圈模糊、移轴模糊、路径模糊和旋转模糊五种滤镜，在Photoshop中，用户使用模糊画廊效果时提供完全尺寸的实时预览。

1. “场景模糊”滤镜

使用“场景模糊”通过定义具有不同模糊量的多个模糊点来创建渐变的模糊效果。将多个图钉添加到图像，并指定每个图钉的模糊量。打开一张素材，如下左图所示。执行“滤镜>模糊画廊>场景模糊”命令，打开“场景模糊”对话框，对其参数进行调整，如下中图所示。设置完成后，效果如下右图所示。

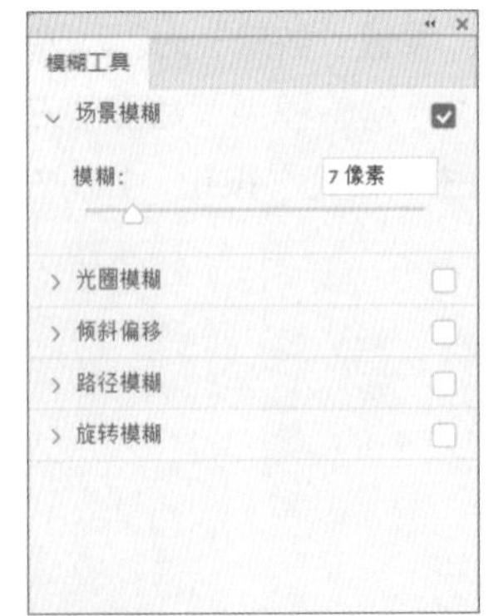

2. “光圈模糊”滤镜

不管使用什么相机或镜头，使用“光圈模糊”可以对图片模拟浅景深效果。也可以定义多个焦点，这是使用传统相机技术几乎不可能实现的效果。执行“滤镜>模糊画廊>光圈模糊”命令，打开“光圈模糊”对话框，对其参数进行调整，如下左图所示。设置完成后，效果如下右图所示。

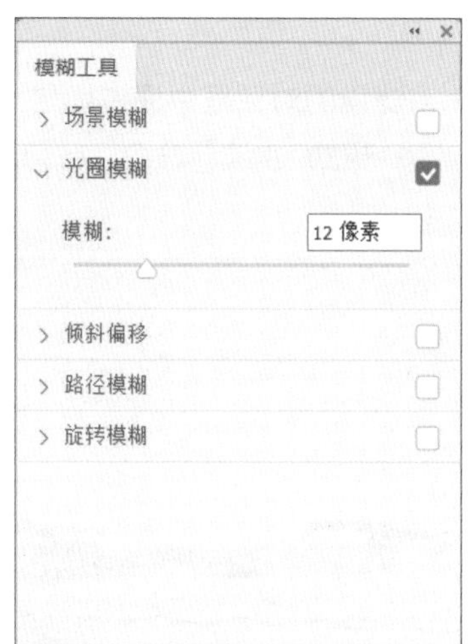

8.4.4 扭曲滤镜组

“扭曲”滤镜组中的滤镜主要用于对平面图像进行扭曲，使其产生旋转、挤压和水波等变形效果。该滤镜组包含了“波浪”、“波纹”、“玻璃”、“海洋波纹”、“扩散亮光”、“极坐标”、“挤压”、“切变”、“球面化”、“水波”、“旋转扭曲”和“置换”12种滤镜，仅“玻璃”、“海洋波纹”、“扩散亮光”收录在滤镜库中。通过执行“滤镜>扭曲”命令，即可在弹出的菜单中选择相应的滤镜使用。

1. “波浪”滤镜

“波浪”滤镜可使图像产生波状的效果。该滤镜可由用户来控制波动扭曲图像的效果，是“扭曲”滤镜中最复杂、最精确的滤镜。打开一张图片，执行“滤镜>扭曲>波浪”命令，在弹出的对话框中设置其参数，如下左图所示。设置完成后，效果如下右图所示。

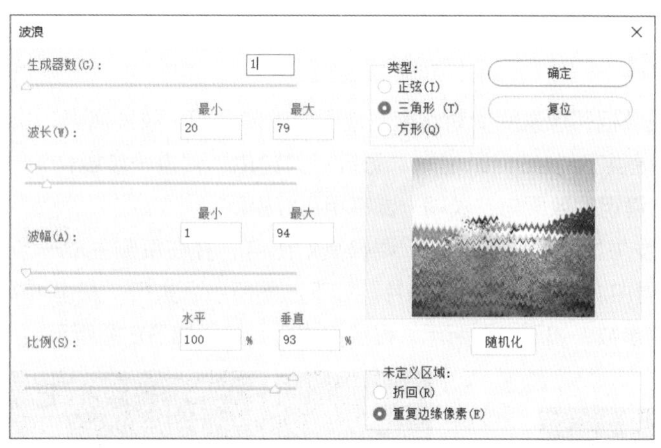

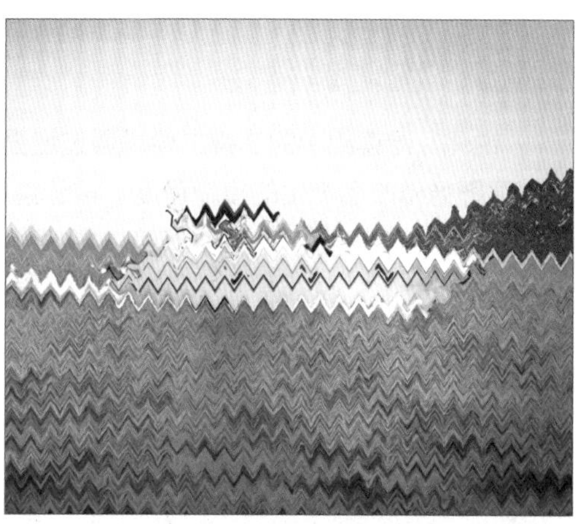

下面对“波浪”对话框中各参数进行介绍。

- **生成器数：** 用来设置产生波纹的震源总数。
- **波长：** 设置相邻两个波峰的水平距离。
- **波幅：** 设置最大和最小的波幅，其中最小的波幅不能超过最大的波幅。
- **比例：** 控制水平和垂直方向的波动幅度。
- **类型：** 设置波浪的形态，包括“正弦”、“三角形”和“方形”选项，默认为“三角形”。
- **未定义区域：** 设置如何处理图像中出现的空白区域，包括“折回”和“重复边缘像素”。

2. “水波”滤镜

“水波”滤镜可根据选区中像素的半径将选区径向扭曲，在该滤镜的对话框中通过设置“起伏”参数，可控制水波方向从选区的中心到其边缘的反转次数。执行“滤镜>扭曲>水波”命令，在弹出的对话框中设置其参数，如下左图所示。设置完成后，效果如下右图所示。

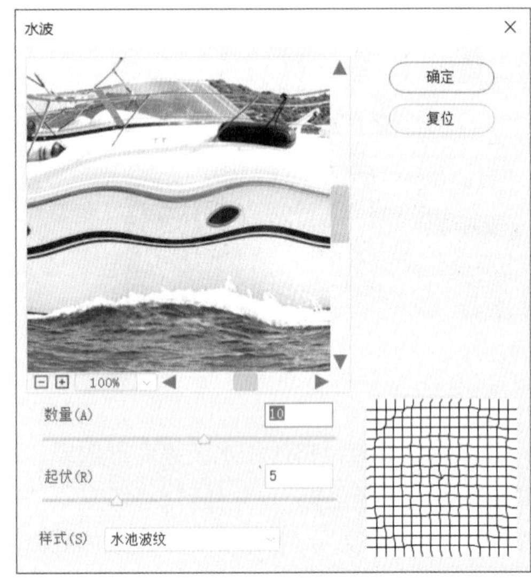

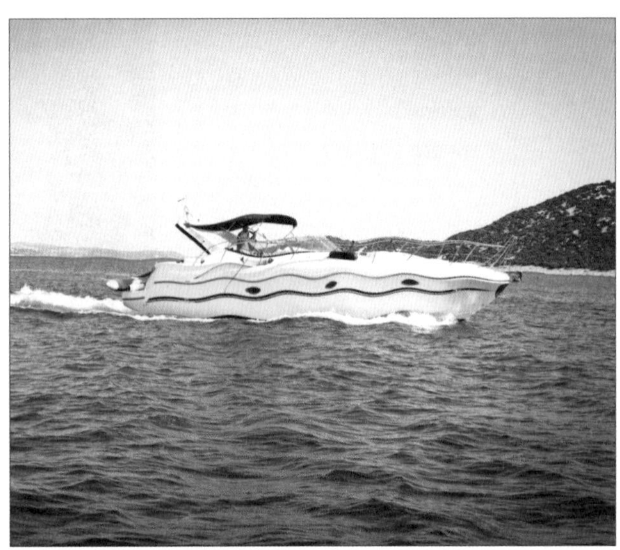

下面对“水波”对话框中参数的含义进行详细介绍。

- **数量**：用来设置波纹的大小，范围为-100~100。负值产生下凹的波纹，正值产生上凸的波纹。
- **起伏**：用来设置波纹数量，范围为1~20，该值越高，波纹越多。
- **样式**：用来设置波纹形成的方式，选择“围绕中心”，可以围绕图像的中心产生波纹；选择“从中心向外”，波纹从中心向外扩散；选择“水池波纹”，可以产生同心状波纹。

8.4.5 锐化滤镜组

“锐化”滤镜组中的滤镜主要是通过增强图像相邻像素间的对比度，使图像轮廓分明、纹理清晰，从而减弱图像修改后产生的模糊程度。该滤镜组提供了“USM锐化”、“防抖”、“锐化”、“进一步锐化”、“锐化边缘”、“智能锐化”六种滤镜，“锐化”滤镜组的效果与“模糊”滤镜组正好相反。

“USB锐化”滤镜通过查找图像中的颜色发生显著变化的区域，调整其对比度，并在每侧生成一条亮线和一条暗线，使图像的边缘突出，让图像更加清晰。打开一张照片，如下左图所示。执行“滤镜>锐化>USB锐化”命令，在弹出的对话框中设置其参数，如下中图所示。设置完成后，效果如下右图所示。

8.4.6 像素化滤镜组

“像素化”滤镜组主要是将使用单元格中相应的颜色值的像素块重新定义为图像或选区，从而产生点状、马赛克、晶格等各种效果。“像素化”滤镜组提供了“彩块化”、“彩色半调”、“点状化”、“晶格化”、“马赛克”、“碎片”和“铜版雕刻”七种滤镜。它可以用于将图像分块或将图像平面化，视觉上像是图像被转换成由不同色块组成的图像。

1. “彩色半调”滤镜

“彩色半调”滤镜可以将图像中的每种颜色分离，分散为随机分布的网点。使用“彩色半调”滤镜处理后的图像的每个通道上使用放大的半调网屏效果，对于每个通道，滤镜都将图像划分为矩形，并使用图像替换每个图形。打开一张图片，执行“滤镜>像素化>彩色半调”命令，在弹出的对话框中设置其参数，如下左图所示。设置完成后查看效果，如下右图所示。

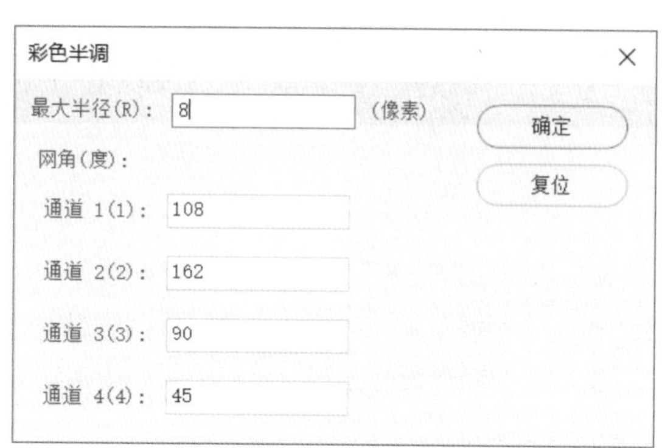

2. “马赛克”滤镜

“马赛克”滤镜使图像中的像素结为方形块，方块所在处的颜色决定块的颜色，每个块中的像素颜色相同。执行“滤镜>像素化>马赛克”命令，在弹出的对话框中设置其参数，如下左图所示。设置完成后查看效果，如下右图所示。

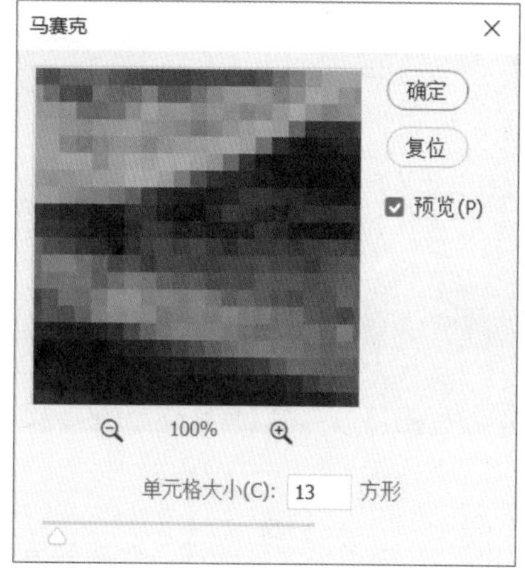

在“马赛克”对话框中，“单元格大小”用来控制马赛克色块的大小，用户可以在数值框中输入数值，也可以拖拽滑块进行调整。

3. “晶格化”滤镜

“晶格化”滤镜可以使像素结块，将颜色相近的像素集中到一个多边形网格中，形成多边形纯色，多用于制作宝石多棱角的特殊效果。执行“滤镜>像素化>晶格化”命令，在弹出的对话框中设置其参数，如下左图所示。设置完成后查看效果，如下右图所示。

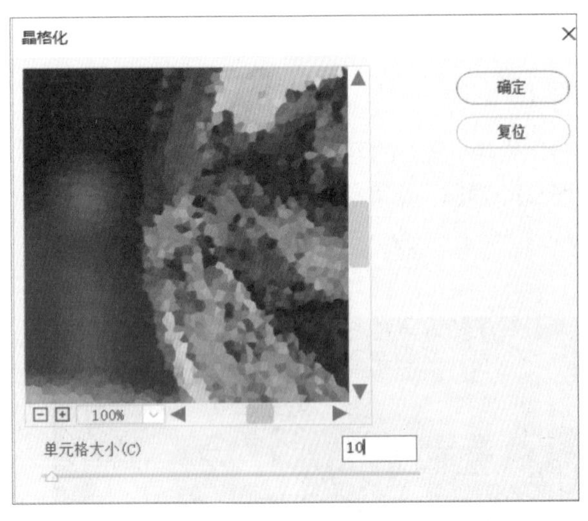

8.4.7 渲染滤镜组

“渲染”滤镜组中的滤镜可以在图片中产生照明的效果，也可以产生不同的光源效果和夜景效果。该滤镜组中包含“火焰”、“图案”、“树”、“云彩”、“分层云彩”、“光照效果”、“镜头光晕”和“纤维”八种滤镜。该滤镜组可以产生三维效果、云彩或光照效果，以及为图像制作云彩图案、折射图案、模拟的光反射等效果。通过执行“滤镜>渲染”命令，即可在弹出的菜单中选择相应的滤镜使用。

1. “分层云彩”滤镜

“分层云彩”滤镜可使用前景色和背景色对图像中的原有像素进行差异运算，产生图像与云彩背景混合并反白的效果。打开一张图片，如下左图所示。执行“滤镜>渲染>分层云彩”命令，如下右图所示。

2. “镜头光晕”滤镜

“镜头光晕”滤镜可以模拟亮光照射到相机镜头所产生的折射，常用来表现玻璃、金属等反射的反射光，或用来增强日光和灯光的效果。执行“滤镜>渲染>镜头光晕”命令，在“镜头光晕”对话框中，通过拖动缩览图的十字线位置来指定光晕中心，如下左图所示。设置完成后查看效果，如下右图所示。

实战练习 制作公园柔和日落效果图

要拍摄日落时分天空霞光万丈闪耀着斑斓的色彩并不容易，这时用户可以使用Photoshop的滤镜功能制作出柔和日落的效果，具体操作方法如下。

步骤 01 打开Photoshop CC软件，然后按下Ctrl+O组合键，在打开的“打开”对话框中选中“公园.jpg”素材图片，单击“打开”按钮将其打开，如下左图所示。

步骤 02 选中“背景”图层，按Ctrl+J组合键，复制“背景”图层，得到“图层1”图层，如下右图所示。

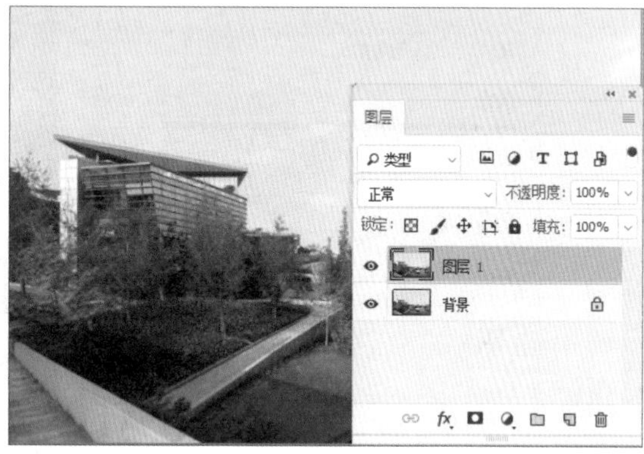

步骤 03 选中“图层1”图层，执行“滤镜>Camera Raw滤镜”命令，如下左图所示。

步骤 04 打开“Camera Raw（公园.jpg）”对话框，在“基本”选项卡下设置“色温”为+45、“色调”为+20、“曝光”为-1.0，然后设置“对比度”、“高光”、“阴影”和“黑色”值均为-10，如下中图所示。

步骤 05 接着设置“自然饱和度”和“饱和度”值为10，如下右图所示。

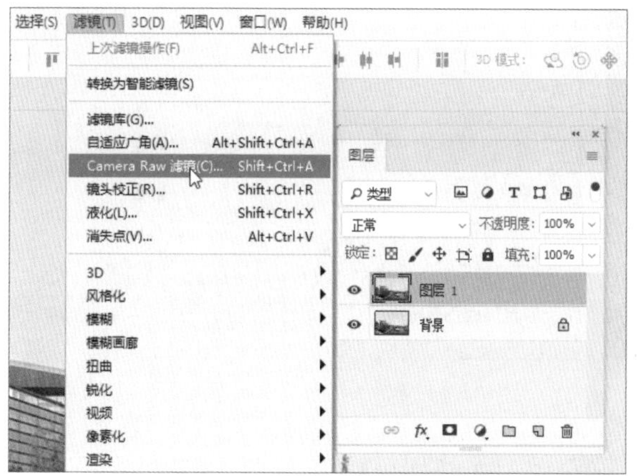

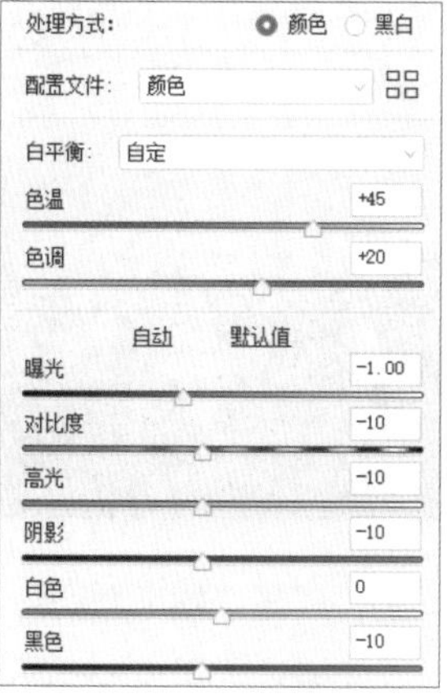

步骤 06 切换至“色调曲线”选项卡，在“点”选项面板中单击“通道”下拉按钮，选择“蓝色”选项，然后调整“输入”值为206、“输出”值为188，如下左图所示。

步骤 07 切换至“镜头校正”选项卡，在“晕影”选项区域中设置“数量”为-69，如下右图所示。

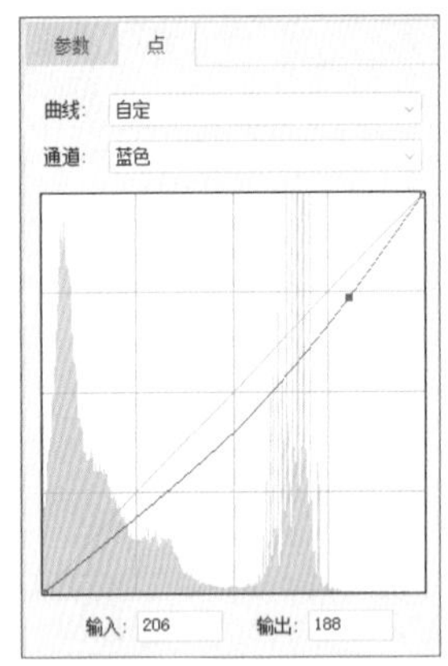

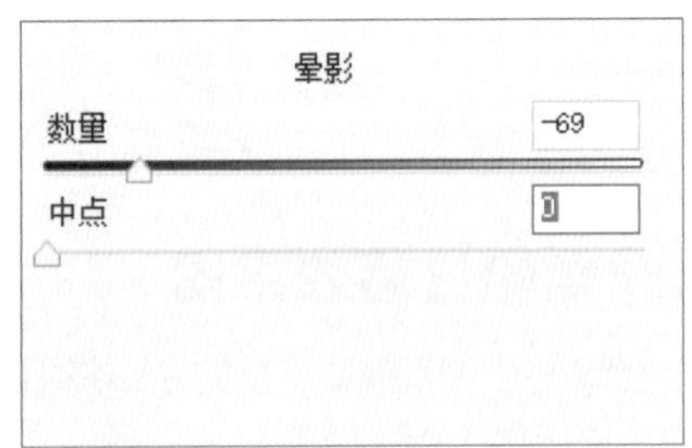

步骤 08 切换至“效果”选项卡，在“裁剪后晕影”选项区域中进行相应的参数设置，如下左图所示。

步骤 09 设置完成后单击“确定”按钮，查看设置效果，如下右图所示。

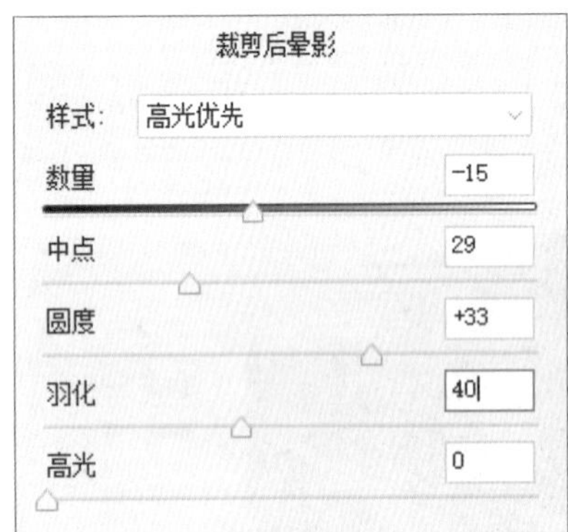

步骤 10 选中“图层1”图层，按下Ctrl+J组合键复制图层，得到“图层1 拷贝”图层，设置该图层的混合模式为“柔光”，“不透明度”为60%，效果如下左图所示。

步骤 11 新建“图层2”图层，按下Shift+F5组合键，在打开的“填充”对话框中单击“内容”下拉按钮，选择“黑色”选项，如下右图所示。

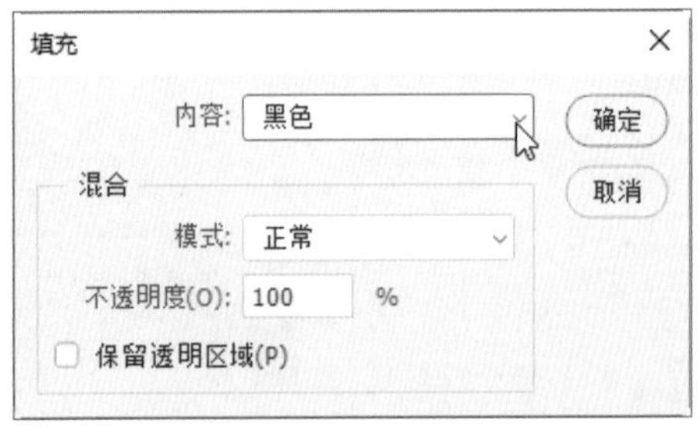

步骤 12 设置完成后单击“确定”按钮，如下左图所示。

步骤 13 然后在菜单栏中执行“滤镜>渲染>镜头光晕”命令，如下右图所示。

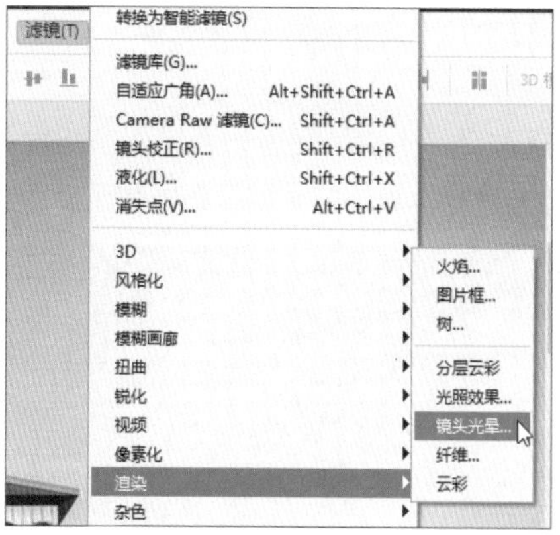

步骤 14 打开“镜头光晕”对话框，选择镜头类型为“50—300毫米变焦”，设置“亮度”为100%，如下左图所示。

步骤 15 单击“确定”按钮，然后设置“图层2”调整图层的图层混合模式为“柔光”，“不透明度”为20%，效果如下右图所示。

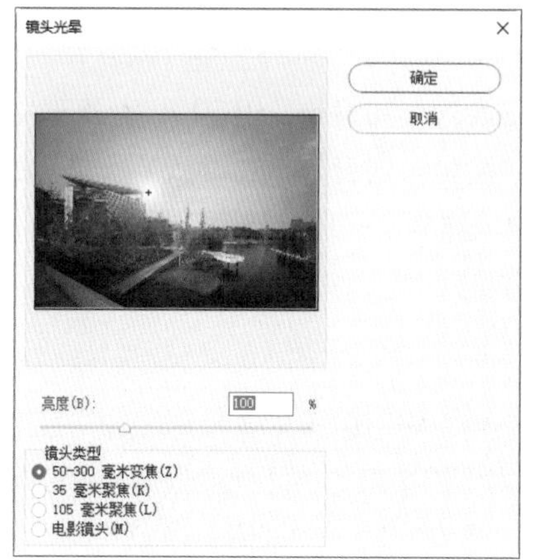

步骤 16 新建“图层3”图层，选择左侧工具箱中的渐变工具，在属性栏中单击渐变色条，打开“渐变编辑器”对话框，设置前景色为“#f0cf4c”、背景色为白色，如下左图所示。

步骤 17 单击“确定”按钮，在画面中由上向下拖动，设置渐变效果。然后设置“图层3”图层的“不透明度”为20%，效果如下右图所示。

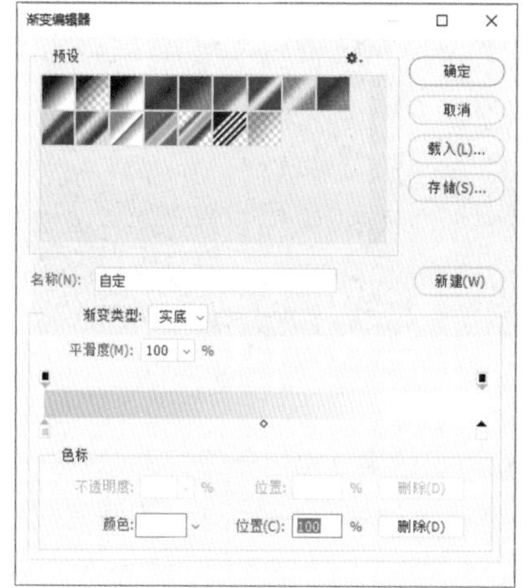

步骤18 执行“文件>置入嵌入对象”命令，置入“天空.jpg”素材图片，然后移到画面的上方，效果如下左图所示。

步骤19 选择“天空”图层，为其添加图层蒙版，选择画笔工具，设置前景色为黑色，在蒙版上将除天空外的部分擦除，最终效果如下右图所示。

8.4.8 杂色滤镜组

“杂色”滤镜组中的滤镜可以给图像添加一些随机产生的干扰颗粒，即噪点，也可以淡化图像中的噪点，同时还能为图像去斑。“杂色”滤镜组包含了“减少杂色”、“蒙尘与划痕”、“去斑”、“添加杂色”和“中间值”五种滤镜。这些滤镜可以用添加或移去杂色，为图像创建与众不同的纹理或移去有问题的区域。也可以用于混合干扰，制作出着色像素图案的纹理。

1.“中间值”滤镜

“中间值”滤镜是通过混合图像像素的亮度来减少图像中的杂色。它可以搜索像素选区的半径范围以查找亮度相近的像素，扔掉与相邻像素差异太大的像素，并用搜索到的像素的中间亮度值替换中心像素，在消除或减少图像的动感效果时非常有用。打开一张图片，执行“滤镜>杂色>中间值”命令，在弹出的对话框中设置参数，如下左图所示。设置完成后查看效果，如下右图所示。

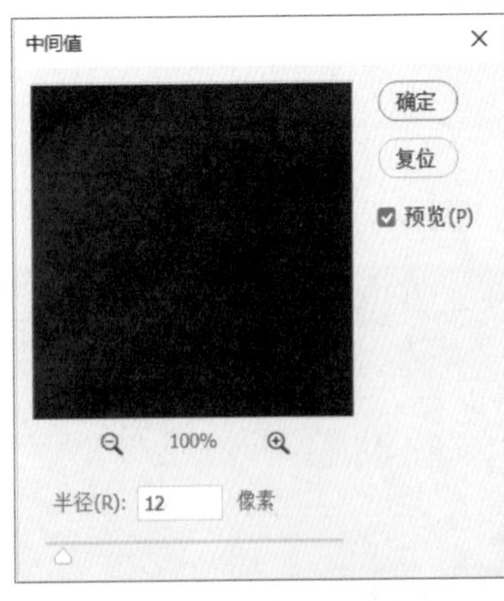

2.“添加杂色”滤镜

“添加杂色”滤镜可以在图像中应用随机像素，使图像产生颗粒状效果，常用于修饰图像中的不自然区域。执行“滤镜>杂色>添加杂色”命令，在弹出的对话框中设置参数，如下左图所示。设置完成后查看效果，如下右图所示。

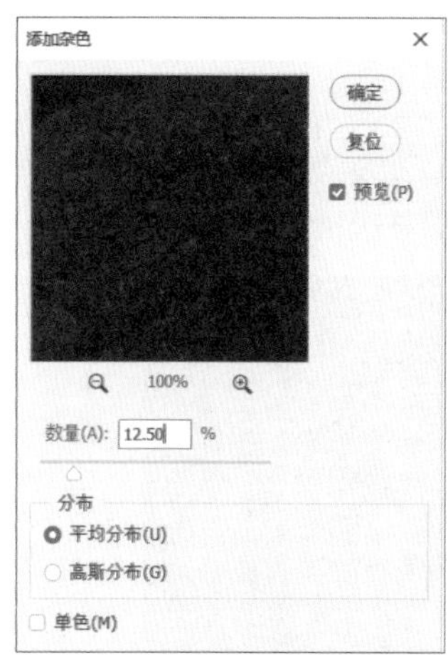

下面对“添加杂色”对话框中的参数含义进行详细介绍。

- **数量**：用来设置杂色的数量。
- **分布**：用来设置杂色的分布方式。选择“平均分布”，会随机地在图像中加入杂点，效果比较柔和；选择“高斯分布”，会沿一条钟形曲线分布的方式来添加杂点，杂点较强烈。
- **单色**：勾选该选项，杂点只影响原有像素的亮度，像素的颜色不会改变。

3. “蒙尘与划痕”滤镜

“蒙尘与划痕”滤镜的效果是把图像的像素颜色摊开，就是把颜色涂抹开，颜色层次处理更真实。它对于去除扫描图像中的杂点和折痕特别有效。这个滤镜通过将图像中有缺陷的像素融入周围的像素，达到除尘和涂抹的效果，适用于处理扫描图像中的蒙尘和划痕。执行“滤镜>杂色>蒙尘与划痕”命令，在弹出的对话框中设置参数，如下左图所示。设置完成后查看效果，如下右图所示。

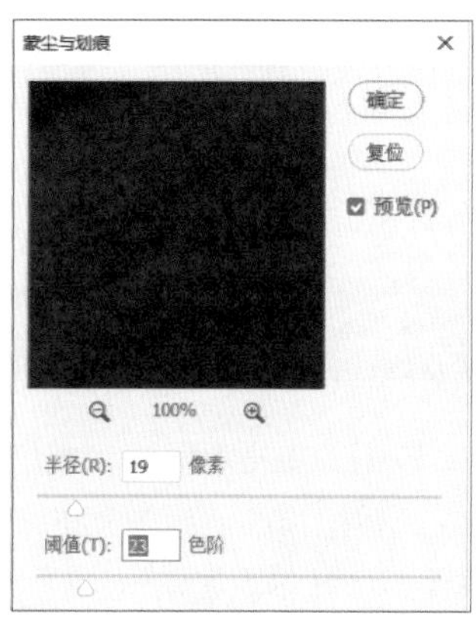

下面对“蒙尘与划痕”对话框中的参数含义进行详细介绍。

- **半径**：“半径”值越大，模糊程度越强。
- **阈值**：用于定义像素的差异有多大才能被视为杂点，该值越大，去除杂点的效果就越弱。

8.4.9 其他滤镜组

“其他”滤镜组包含了“HSB/HSL”、“高反差保留”、“位移”、“自定”、“最大值”和“最小值”六种滤镜。该滤镜组允许创建自己的滤镜，并使用滤镜修改蒙版，或者在图像中使用选区发生位移和快速调整颜色。执行“滤镜>其他”命令，在打开的子菜单中选择需要应用的滤镜，即可弹出相应的对话框。

1. “高反差保留”滤镜

“高反差保留”滤镜去掉图像中低频率的细节，与“高斯模糊”滤镜的效果相反。该滤镜对于从扫描图像中取出艺术线条和大的黑白区域非常有用。打开一张图片，执行“滤镜>其他>高反差保留”命令，在弹出的对话框中设置参数，如下左图所示。设置完成后查看效果，如下右图所示。

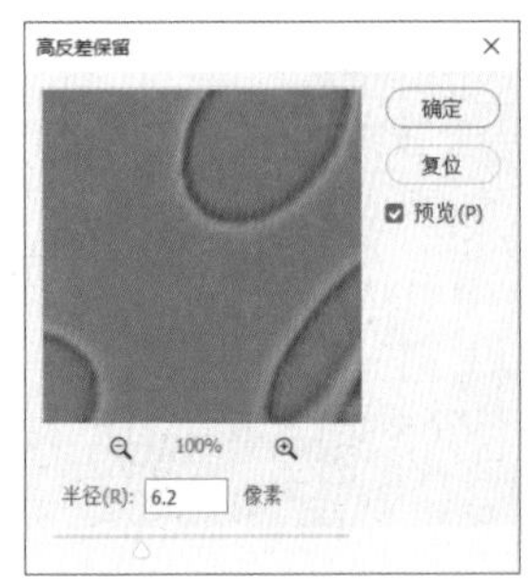

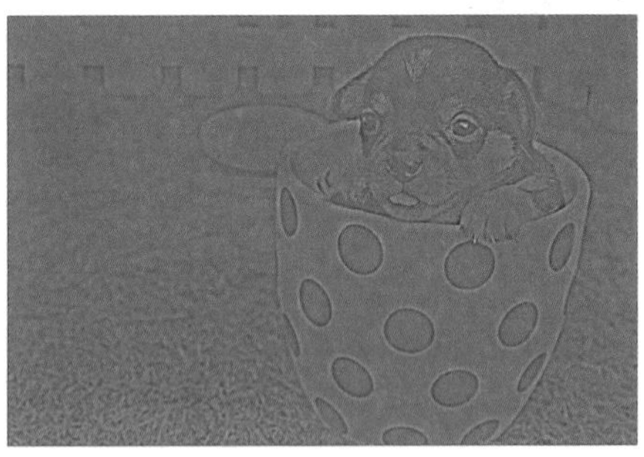

2. “最大值”滤镜

“最大值”滤镜具有应用阻塞的效果，可以扩展白色区域、阻塞黑色区域。执行“滤镜>其他>最大值”命令，在弹出的对话框中设置参数，如下左图所示。设置完成后查看效果，如下右图所示。

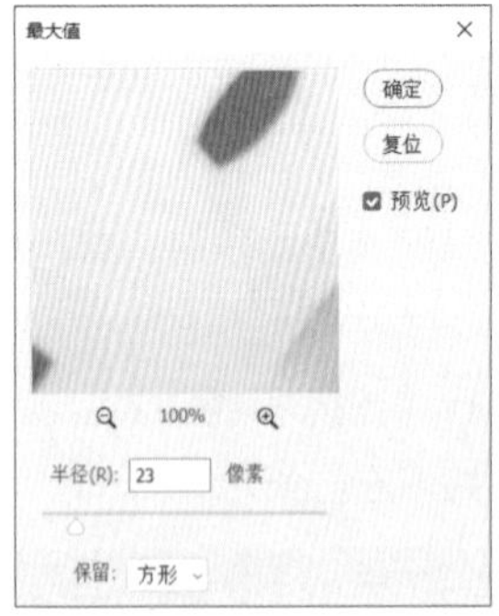

知识延伸：滤镜的使用技巧

在任意滤镜对话框中按住Alt键，“取消”按钮就会变成“复位”按钮，单击可以将参数恢复到初始状态，如下左图所示。使用滤镜处理图像后，执行“编辑>渐隐”命令，可以修改滤镜效果的混合模式和不透明度。“渐隐”命令必须在编辑操作后立即执行，否则无法使用该命令，如下右图所示。

上机实训：制作有质感的室内效果图

在Photoshop中，要想让制作的室内效果图更有质感，看上去更上档次，可以将图片调整为暗调效果。下面介绍应用多种滤镜制作有质感室内效果图的操作方法。

步骤 01 打开Photoshop CC软件，然后按下Ctrl+O组合键，在打开的“打开”对话框中选中“A.jpg”素材图片，单击“打开”按钮将其打开，如下左图所示。

步骤 02 在菜单栏中执行“滤镜>Camera Raw滤镜”命令，或者按下Ctrl+Shift+A组合键，打开“Camera Raw滤镜”对话框，如下右图所示。

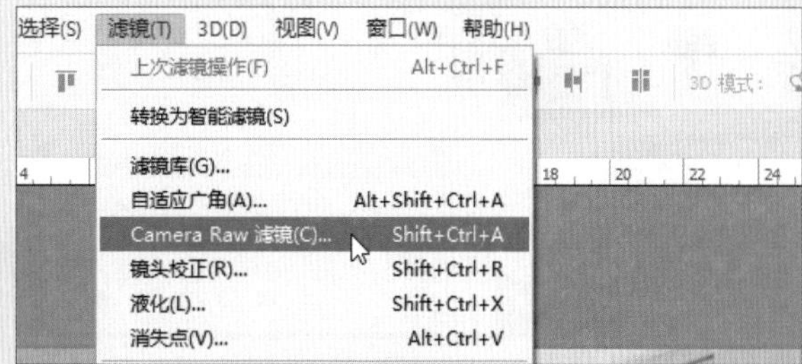

步骤 03 在“Camera Raw滤镜”对话框中增加高光的亮度和阴影，并增强图像的“自然饱和度”和“饱和度”，使其稍有波普风格，如下左图所示。

步骤 04 按下Ctrl+J组合键复制“背景”图层，得到“图层1”图层，使其置于“背景”图层的上方，如下右图所示。

步骤 05 选中“图层1”图层，在菜单栏中执行“滤镜>模糊>高斯模糊”命令，如下左图所示。

步骤 06 在打开的“高斯模糊”对话框中设“半径”为5像素，如下右图所示。

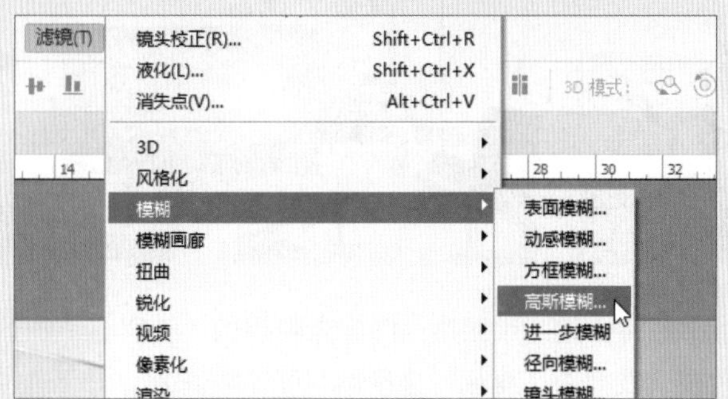

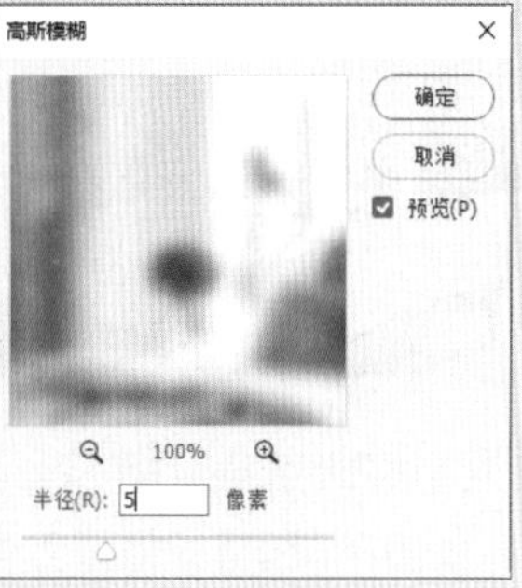

步骤 07 选中“图层1”图层，将图层混合模式设置为“柔光”，调整图层的“不透明度”为90%，这样就有了全屏泛光的效果，如下左图所示。可以根据图片的实际效果适当调整“不透明度”参数。

步骤 08 选择“图层1”图层，按下Ctrl+Alt+Shift+E组合键，将所有图像平铺到新图层中，并命名为“图层2”。选中“图层2”图层，执行“图像>调整>去色”命令，效果如下右图所示。

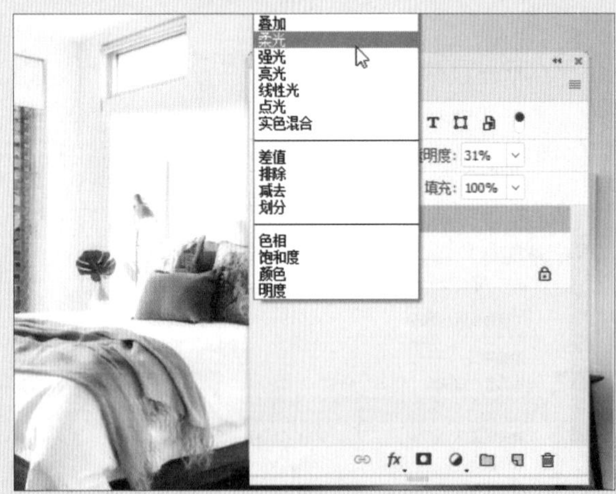

步骤 09 选中“图层2”图层，设置图层混合模式为“叠加”，效果如下左图所示。

步骤 10 选中“图层2”图层，执行“滤镜>其他>高反差保留”命令，在打开的“高反差保留”对话框中设置“半径”为10像素，如下右图所示。

步骤 11 单击“确定”按钮，查看效果，如下左图所示。

步骤 12 在菜单栏中执行“文件>置入嵌入对象”命令，置入光晕效果图片“B.png”，如下右图所示。

步骤 13 选中“图层B”图层，按下Ctrl+T组合键，适当调整置入的光晕效果图片的大小，如下左图所示。

步骤 14 选中“图层B”图层，将图层混合模式设置为“滤色”，“不透明度”为58%，如下右图所示。

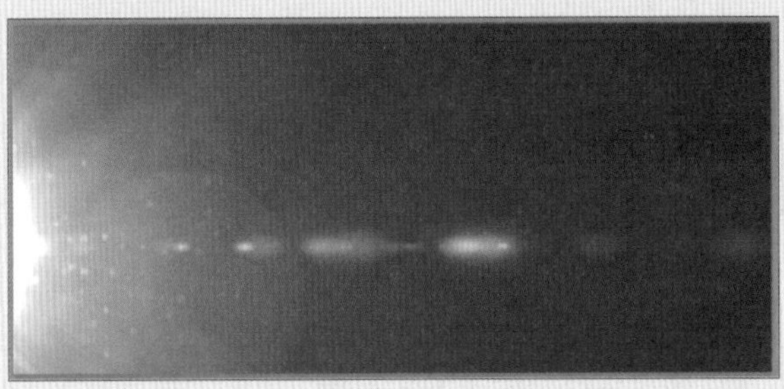

步骤 15 按住Ctrl键单击选中所有图层，按下Ctrl+G组合键，将其编组并命名为“组1”。在菜单栏中执行“文件>置入嵌入对象”命令，添加图片B，将其置于“组1”下面。选中“组1”，按下Ctrl+Alt+Shift+E组合键，将所有图层合并在一个图层中，命名为“图层3”，如下左图所示。

步骤 16 选中“图层3”图层，执行“滤镜>Nik-Collection>Color Efex Pro 4”命令，在打开的对话框中选中“胶片效果：现代”选项，如下右图所示。

步骤 17 单击“确定”按钮返回文档中，选中“Color Efex Pro4”图层，调整“不透明度”为29%，查看最终效果，如下图所示。

课后练习

1. 选择题

（1）在Photoshp中，（　　）颜色模式的图像可以使用Photoshop CC中的所有滤镜。

A. RGB　　B. CMYK　　C. 灰度　　D. 位图

（2）（　　）滤镜为图像表面增加随机间隔的波纹，使图像产生类似海洋表面的波纹效果，有“波纹大小”和“波纹幅度”两个参数值。

A. 波纹　　B. 波浪　　C. 海洋波纹　　D. 挤压

（3）（　　）滤镜组中的滤镜主要是通过增强图像相邻像素间的对比度，使图像轮廓分明、纹理清晰，从而减弱图像的模糊程度。

A. 模糊　　B. 锐化　　C. 模糊画廊　　D. 渲染

（4）“杂色”滤镜组包括了“减少杂色”、（　　）、“去斑”、“添加杂色”和“中间值”五种滤镜。

A. 位移　　B. 蒙尘与划痕　　C. 高反差保留　　D. 木刻

（5）利用（　　）滤镜可以修复常见的镜头瑕疵，轻易消除桶状和枕形变形、照片周围的暗角，以及造成边缘出现彩色光晕的色差等。

A. 自适应广角　　B. 液化　　C. 消失点　　D. 镜头校正

2. 填空题

（1）Photoshop的内置滤镜主要有两种用途，即用于创建具体的图像特效和________。

（2）________滤镜组中的多数滤镜是通过将图像中相似颜色值的像素转化成单元格的方法，使图像分块或平面化，从而将图像分解成肉眼可见的像素颗粒。

（3）________是一个整合了“风格化”、“画笔描边”、“扭曲”、“素描”等多个滤镜组的对话框，它可以将多个滤镜同时应用于同一图像，也能对同一图像多次应用同一滤镜，或者用其他滤镜替换原有的滤镜。

（4）智能滤镜是一种________的滤镜，可以达到与普通滤镜完全相同的效果，但它是作为图层效果出现在“图层”面板中的，因此不会真正改变图像中的任何像素，并且可以随时修改参数或者删除。

3. 上机题

打开给定的素材，如下左图所示。结合“渲染”滤镜组，制作照片纤维纹理效果，如下右图所示。

操作提示

（1）结合“纤维”滤镜调整图像。

（2）调整命令与滤镜相结合。

Part 02

综合案例篇

学习完基础知识部分后，下面将以案例的形式对零散的知识点进行灵活运用并串联，从而制作出丰富、真实的环艺效果图。综合案例篇共包含三章内容，对Photoshop CC的应用热点进行理论分析和案例讲解，在巩固基本知识的同时，使读者能够根据具体操作步骤体验该软件在实践工作中的具体应用。

Chapter 09 室内效果图后期制作

本章概述

学习完基础知识篇的内容，大家基本已经掌握了Photoshop CC在环艺设计中的基本应用。本章将综合前面所学知识制作室内效果图，主要介绍使用选框工具抠取元素、对元素进行图像调整以及设置阴影等。通过本章学习，用户可以根据自己的创意设置不同的室内效果。

核心知识点

1. 掌握选框工具的应用
2. 掌握图像调整命令的应用
3. 熟悉室内物品阴影的设置

9.1 卧室效果后期表现

卧室是人们重要的居住空间，注重温暖舒适，所以在制作卧室效果后期时以暖色调为主。在本案例中将置入卧室相关的素材文件进行修饰，并进行图像调整，使其与卧室环境协调相融。

9.1.1 抠取修饰元素

在制作卧室效果图之前，需要准备装饰的元素，如音箱、花瓶、闹钟等。本节将介绍利用各种选区工具对修饰元素进行抠取的方法。

步骤 01 启动Photoshop CC软件，将“音箱.jpg”素材图片直接拖拽到工作区中，即可打开该图像文件。发现物品的边缘比较直，物品本身的颜色与周围背景色比较相似，所以适合使用多边形套索工具进行抠图，如下左图所示。

步骤 02 按住Alt键，滚动鼠标滚轮将图片放大到合适大小，方便观察抠图。选择多边形套索工具，在音箱边缘单击作为起点，然后沿着音箱的边缘进行选择，并使起点与终点重合闭合选区，在音箱周围出现虚线，如下右图所示。

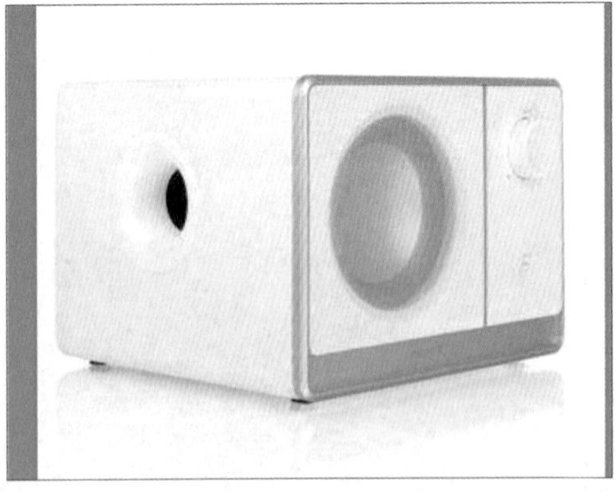

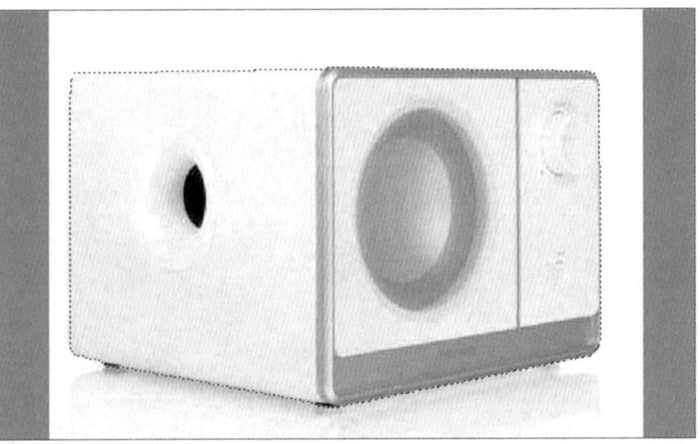

步骤 03 选区创建完成后，按Ctrl+J组合键将选区内容复制到新图层，即可完成音箱的抠取，效果如下左图所示。

步骤 04 执行“文件>打开”命令，在打开的“打开”对话框中按住Ctrl键依次选择“花瓶.jpg”、“闹钟.jpg”和“桌子.jpg”素材，单击“打开”按钮打开文件，如下右图所示。

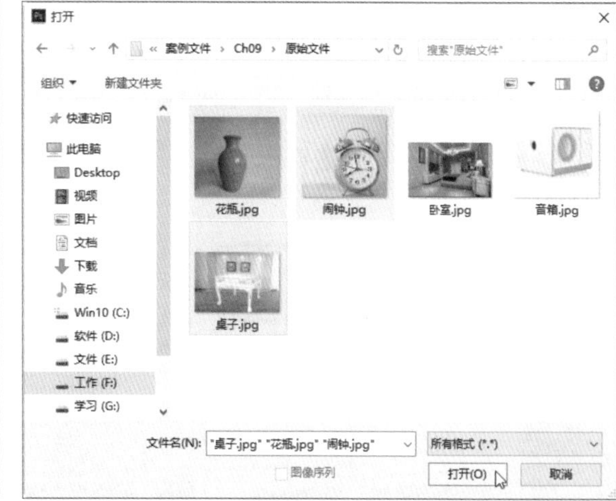

步骤05 切换至“花瓶.jpg”文件，发现花瓶边缘是曲线，同时花瓶颜色与周围的背景色对比明显，所以使用磁性套索工具抠图。在花瓶边缘单击确定起点，然后沿着边缘移动即可自动添加锚点，如下左图所示。

步骤06 当终点和起点重合时单击，即可为花瓶创建选区，按Ctrl+J组合键将选区内容复制到新图层，完成花瓶的抠取，如下右图所示。

步骤07 切换至“闹钟”文件，可见闹钟边缘线比较复杂，既有直线也有曲线，还有折角，但背景比较简洁，颜色单一，所以使用魔棒工具抠图。选择魔棒工具，在属性栏中设置“容差”为10，然后选择闹钟以外的背景，如下左图所示。

步骤08 执行“选择>反选”命令，或按下Shift+Ctrl+I组合键对选区进行反选，即可选中闹钟，然后按Ctrl+J组合键复制闹钟选区，如下右图所示。

步骤 09 切换至“桌子”文件，可见桌子与周围背景有较明显的边缘，桌子内部纹路较为简单，所以使用快速选择工具抠图。选择快速选择工具，单击鼠标左键并拖动即可创建选区，然后单击属性栏中的“添加到选区”按钮，继续创建选区直至创建桌子选区，如下左图所示。

步骤 10 选区创建完成后，按Ctrl+J组合键将选区内容复制到新图层，即可完成桌子的抠取，效果如下右图所示。

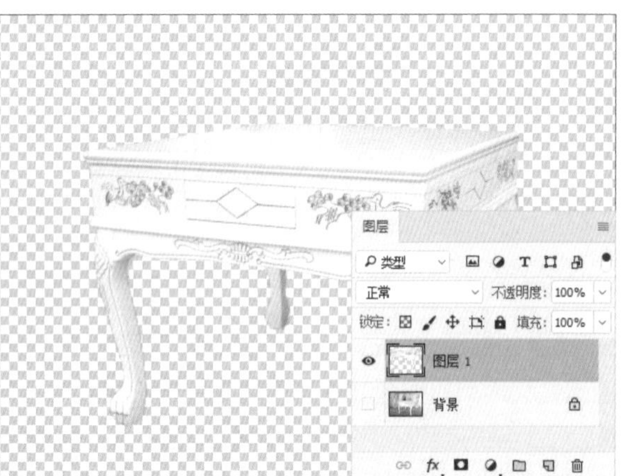

9.1.2 调整修饰元素

修饰元素抠取完成后，需要将其放入卧室效果图中，然后调整修饰元素的色调，使其和卧室环境协调。还需要根据物品的远近制作出层次感，最后还要考虑卧室内的灯光，为物品添加阴影效果，下面介绍具体操作方法。

步骤 01 打开“卧室.jpg”素材图片，切换至“花瓶”文件，在抠取的花瓶图层上右击，在快捷菜单中选择“复制图层”命令，打开“复制图层”对话框，在“目标”选项区域中单击“文档”右侧的下三角按钮，选择“卧室.jpg”，如下左图所示。

步骤 02 单击“确定”按钮，返回“卧室”文件，可见花瓶已经出现在卧室中，如下右图所示。

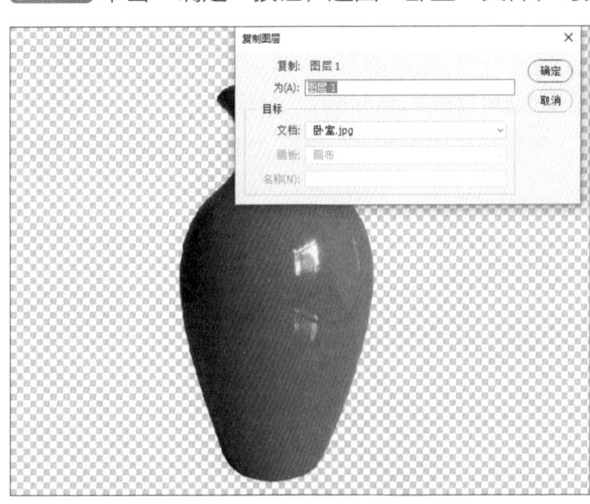

步骤 03 使用移动工具将花瓶移到电视右下方的桌面上，然后按Ctrl+T组合键，将花瓶缩放到合适的比例大小，按Enter键确认，效果如下左图所示。

步骤 04 确保花瓶底部与桌面贴合，然后使用多边形套索工具将花瓶与机顶盒重叠的部分创建选区，如下右图所示。

步骤 05 使用橡皮擦工具将选区内的花瓶部分擦除，这样花瓶与机顶盒产生一前一后的空间感，效果如下左图所示。

步骤 06 按照相同的方法，将抠取的桌子复制到当前文件中，并将桌子放置到左下方，适当对桌子进行变形，确保桌面与其他家具保持水平，如下右图所示。

步骤 07 桌子在卧室环境中显得有点突兀，因为桌子与周围的环境色相差较大。选中桌子图层，单击“创建新的填充或调整图层”按钮，在列表中选择“色彩平衡”选项，适当调整中间调参数，然后按Ctrl+Alt+G组合键向下创建剪贴蒙版，效果如下左图所示。

步骤 08 再次单击“创建新的填充或调整图层”按钮，在列表中选择“曲线”选项，向下拖拽曲线，降低桌子的亮度，并向下创建剪贴蒙版，效果如下右图所示。

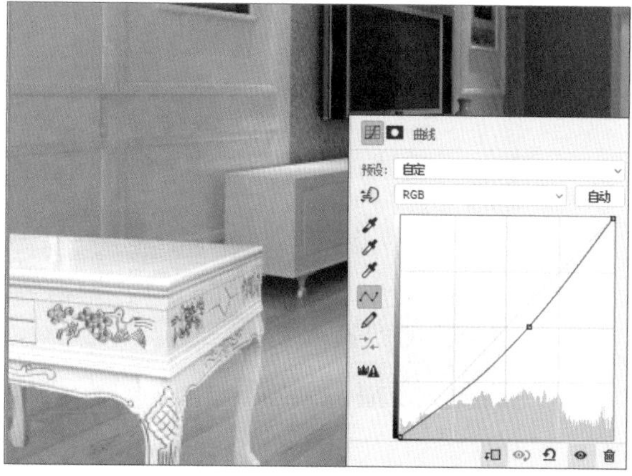

步骤 09 将闹钟复制到卧室文件中，并移动到床头柜上台灯的下方，然后将闹钟缩放到合适大小，效果如下左图所示。

步骤 10 再将音箱复制到卧室文件中，并移动到电视柜的左侧，按Ctrl+T组合键将闹钟缩放到合适大小，效果如下右图所示。

步骤 11 选择音箱所在的图层，单击“创建新的填充或调整图层”按钮，在列表中选择“色彩平衡”选项，然后调整中间调的黄色参数，为图层添加黄色，最后向下创建剪贴蒙版，如下左图所示。

步骤 12 可见音箱的亮度还是有点高，再次单击“创建新的填充或调整图层”按钮，在列表中选择“曲线”选项，向下拖拽曲线，降低音箱的亮度，并向下创建剪贴蒙版，如下右图所示。

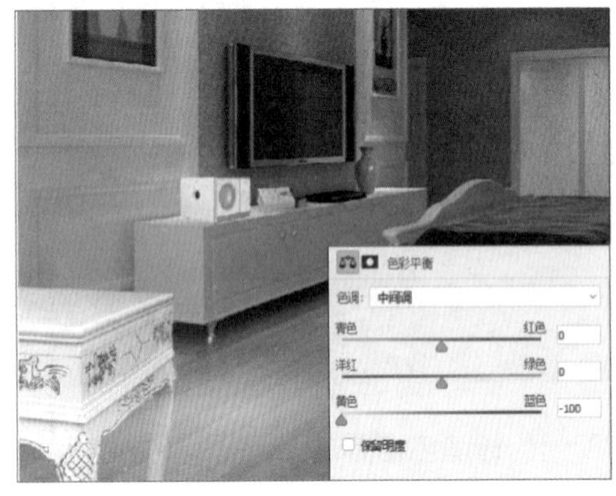

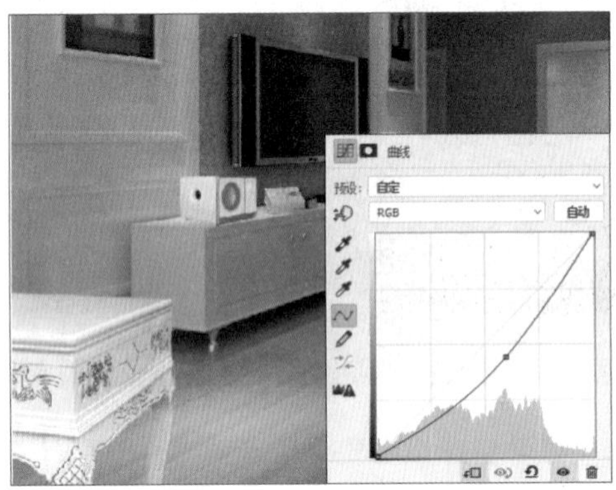

步骤 13 选中“背景”图层，然后单击“创建新图层”按钮，在选中图层上方创建新图层。选择画笔工具，单击工具箱中前景色图标，打开“拾色器(前景色)”对话框，设置颜色为“#444302”，单击“确定”按钮，如下左图所示。

步骤 14 在绘图区右击，在打开的面板中调整画笔的“大小”与“硬度”，在属性栏中适当设置画笔的“流量”，如下右图所示。

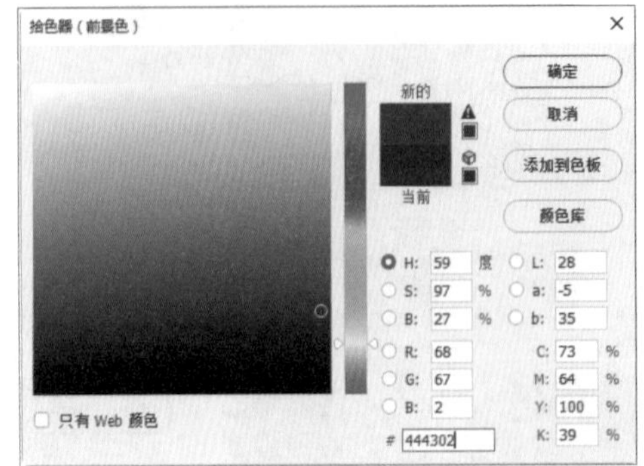

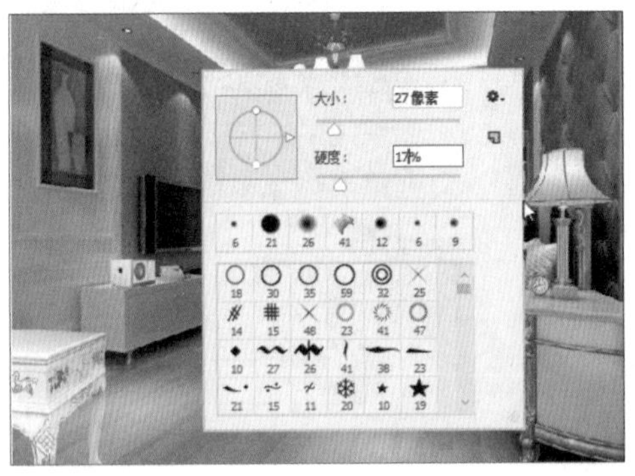

步骤15 画笔参数设置完成后，在音箱和花瓶下方进行涂抹，从而创建出音箱和花瓶的阴影效果，如下左图所示。

步骤16 再对闹钟进行涂抹，涂抹的范围及深浅根据现实的阴影进行大概涂画。由于桌子只有一只脚在画面上有投影，所以只涂抹一个地方就可以了，如下右图所示。

步骤17 选择"背景"图层，单击"创建新的填充或调整图层"按钮，在列表中选择"曲线"选项，向上拖拽曲线，提高卧室的亮度，并向下创建剪贴蒙版，效果如下左图所示。

步骤18 调整完成后，按Shift+Ctrl+S组合键，在打开的"另存为"对话框中设置"文件名"为"卧室效果图"，单击"保存"按钮保存文件，如下右图所示。

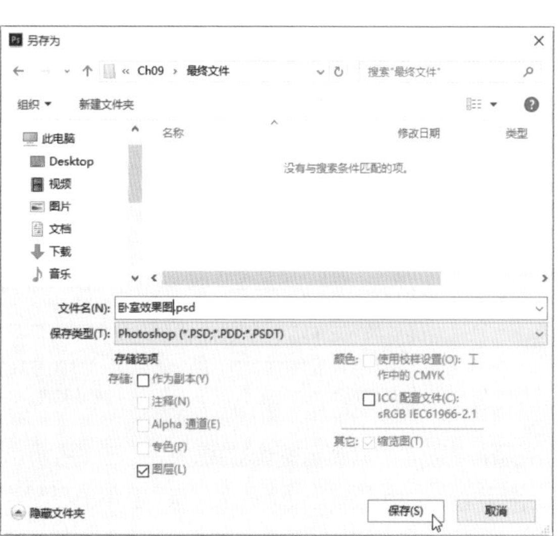

9.2 制作高贵暖色调的室内效果图

本案例介绍室内照片调色及美化的操作方法，让效果图看起来更温馨。首先对室内素材进行分析，找出不足及需要美化的部分，然后使用图像调整命令调整图像局部及整体色调。

9.2.1 使用图像调整命令调整室内效果图

对室内效果图进行调色时，首先考虑图像中的阴影、高光以及中间调，然后再根据需要进行调整，还要对效果图的整体色相和饱和度进行调整，下面介绍具体操作方法。

步骤 01 启动Photoshop CC软件，执行“文件>打开”命令，打开“酒店.jpg”文件，如下左图所示。

步骤 02 按下Ctrl+J组合键，复制“背景”图层，得到“图层1”图层，如下中图所示。

步骤 03 在“图层”面板中单击“创建新的填充或调整图层”按钮 ，在打开的列表中选择“色彩平衡”选项，如下右图所示。

步骤 04 创建“色彩平衡”图层后，在打开的“属性”面板中单击“色调”下拉按钮，选择“阴影”选项，设置“阴影”的相关参数，如下左图所示。

步骤 05 在“属性”面板中单击“色调”下拉按钮，选择“中间调”选项，设置“中间调”的相关参数，如下中图所示。

步骤 06 继续在“属性”面板中单击“色调”下拉按钮，选择“高光”选项，设置“高光”的相关参数，如下右图所示。

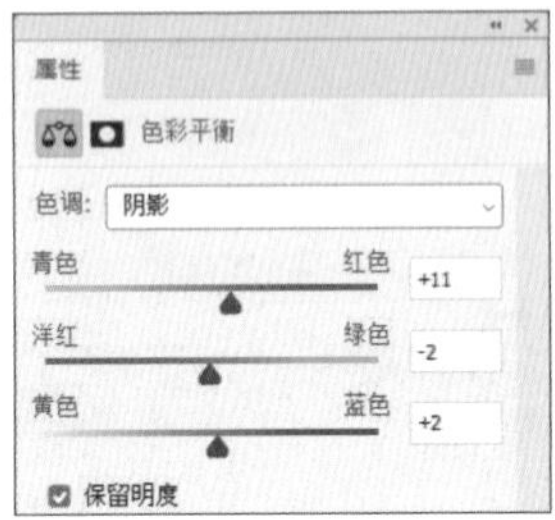

步骤 07 设置完成后查看图像效果，如下左图所示。

步骤 08 按下Ctrl+Shift+Alt+E组合键盖印可见图层，得到“图层2”图层，如下右图所示。

步骤09 在“图层”面板中单击“创建新的填充或调整图层”按钮，在打开的列表中选择“可选颜色”选项，创建“选取颜色”图层，在“属性”面板的“颜色”下拉列表中选择“黄色”选项，设置“黄色”通道相关参数，如下左图所示。

步骤10 在“属性”面板的“颜色”下拉列表中选择“绿色”选项，设置“绿色”通道的相关参数，如下中图所示。

步骤11 在“属性”面板的“颜色”下拉列表中选择“洋红”选项，设置“洋红”通道的相关参数，如下右图所示。

步骤12 设置完成后，在“图层”面板中单击“创建新的填充或调整图层”按钮，在打开的列表中选择“照片滤镜”选项，单击“滤镜”下拉按钮，选择“加温滤镜（81）”选项，设置“浓度”值为35%，如下左图所示。

步骤13 设置完成后查看图像效果，如下中图所示。

步骤14 按下Ctrl+Shift+Alt+E组合键盖印可见图层，得到“图层3”图层。在“图层”面板中单击“创建新的填充或调整图层”按钮，在弹出的列表中选择“色相/饱和度”命令，创建“色相/饱和度”调整图层，在“色相/饱和度”下拉列表中选择“红色”，设置“色相”为-16，“饱和度”为+12，如下右图所示。

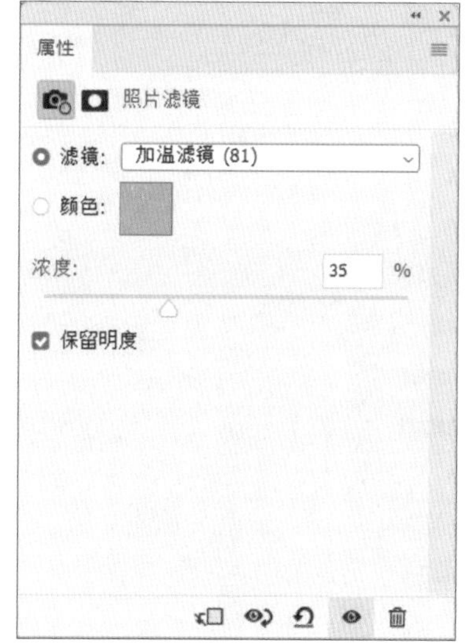

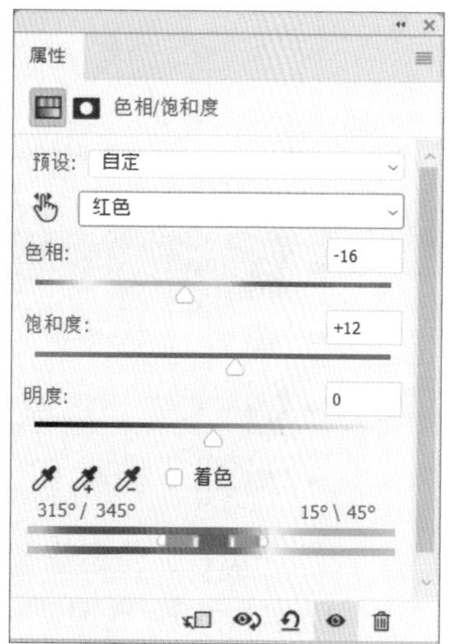

步骤 15 在“色相/饱和度”下拉列表中选择“黄色”，设置“色相”为-1，“饱和度”为+3，“明度”为+3，如下左图所示。

步骤 16 在“色相/饱和度”下拉列表中选择“全图”，设置“色相”为+4，“饱和度”为+1，“明度”为0，如下中图所示。

步骤 17 设置完成后查看效果，如下右图所示。

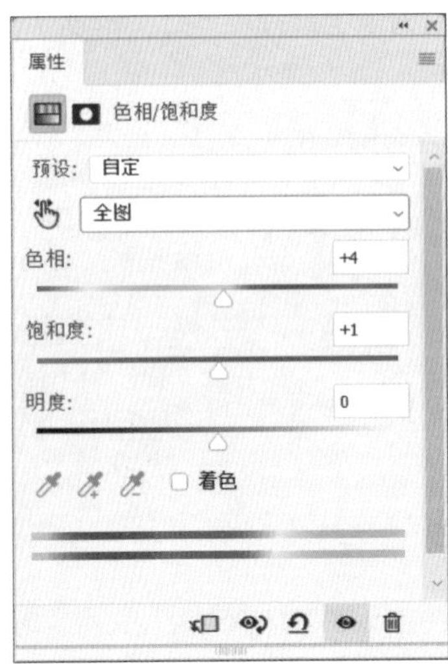

9.2.2 使用滤镜调整室内效果图

本节主要使用Camera Raw滤镜对图片的基本色温、色调以及曝光度等进行设置，然后再添加镜头光晕效果，使照片更真实、明亮，下面介绍具体操作方法。

步骤 01 按Ctrl+Shift+Alt+E组合键，合并所有可见图层，得到“图层4”图层，如下左图所示。

步骤 02 选中“图层4”图层，执行“滤镜>Camera Raw滤镜”命令，打开“Camera Raw（酒店.jpg）”对话框。在“基本”选项组对“色温”、“色调”、“曝光”、“对比度”和“饱和度”等参数进行相关设置，如下中图所示。

步骤 03 切换到“细节”选项卡，设置“锐化”选项组的“数量”为18、“半径”为1.3、“细节”为19；在“减少杂色”选项组中设置“明亮度”为91、“明亮度细节”为50，如下右图所示。

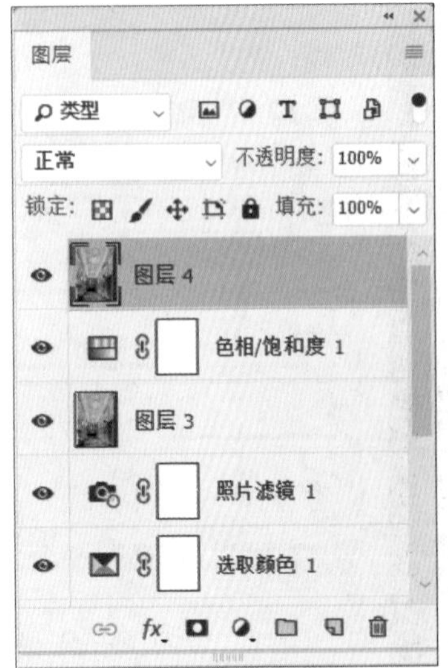

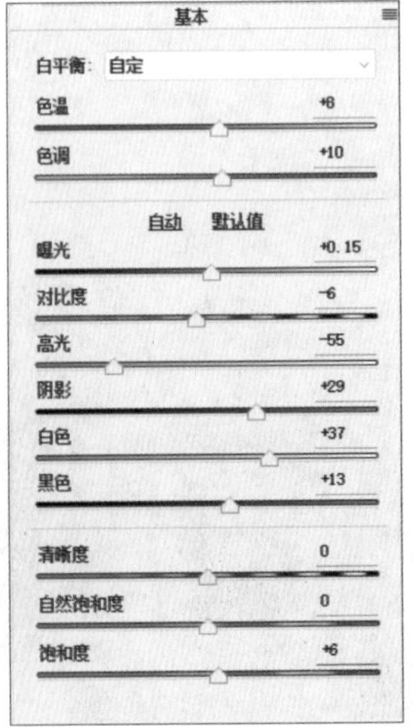

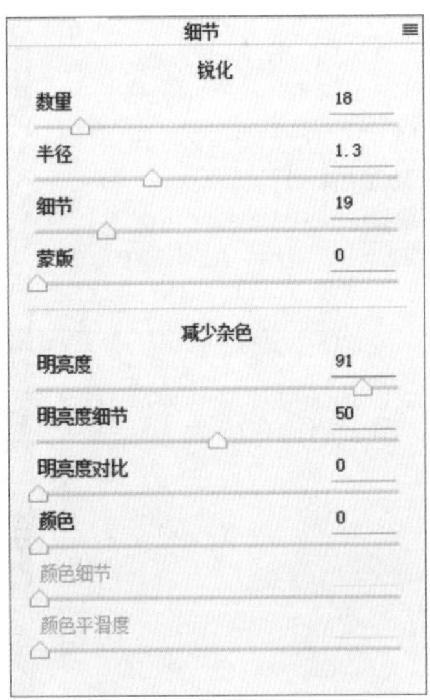

步骤 04 切换到“色调分离”选项卡，设置“分离色调”的相关参数，包括“高光”和“阴影”选项组中“色相”和“饱和度”的参数，如下左图所示。

步骤 05 设置完成后单击“确定”按钮，返回文档中查看设置效果，如下右图所示。

步骤 06 执行“滤镜>渲染>镜头光晕”命令，打开“镜头光晕”对话框，设置“亮度”为53%，选择“电影镜头”单选按钮，单击“确定”按钮，如下左图所示。

步骤 07 设置完成后，按Ctrl+J组合键复制“图层4”，得到“图层4 拷贝”图层，将图层混合模式设置为“柔光”，并将“不透明度”设置为42%。至此，高贵暖色调的室内效果图制作完成，查看最终图像效果，如下右图所示。

Chapter 10 建筑效果图后期制作

本章概述

在建筑效果后期制作中Photoshop起着非常重要的作用，本章将利用Photoshop CC软件制作出建筑的不同效果，如绘图人视点效果、雨天的效果以及夜景的效果。通过本章的学习，用户可以举一反三制作出更好、更完美的作品。

核心知识点

1. 掌握绘图人视点效果的制作
2. 掌握雨天效果的制作
3. 掌握夜景效果的制作
4. 掌握各种滤镜的应用
5. 掌握图像调整命令的应用

10.1 制作绘图人视点建筑效果图

本案例将制作一幅绘图人视点的建筑效果图，在操作过程中会使用到“色阶”、“曲线”、“图层蒙版”、加深工具和减淡工具以及滤镜等功能。

10.1.1 天空和地面的制作

本案例的整体色调是灰暗的，在制作天空和地面时要保持统一色调。本小节主要会用到选框工具、画笔工具、加深和减淡工具等，下面介绍具体操作方法。

步骤 01 执行“文件>打开”命令，打开“人视点.jpg”素材文件，按Ctrl+J组合键复制“背景”图层，得到“图层1”图层，如下左图所示。

步骤 02 执行“图像>调整>曲线”命令，打开“曲线”对话框，选择RBG通道后，将曲线左下方向下拉，右上方向上拉，单击“确定”按钮，可以看到图片亮部变亮，暗部变暗，加强了图片的对比效果，如下右图所示。

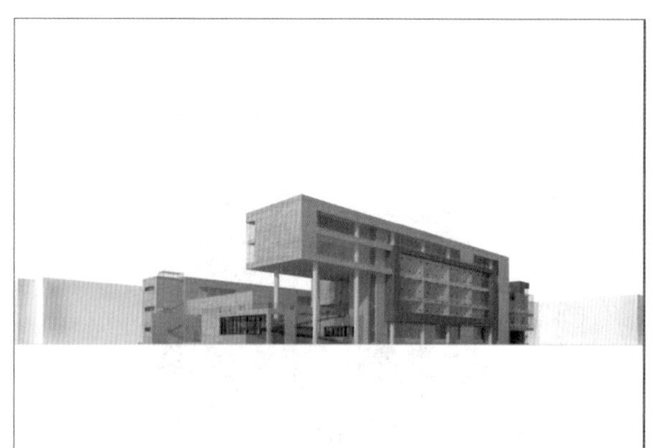

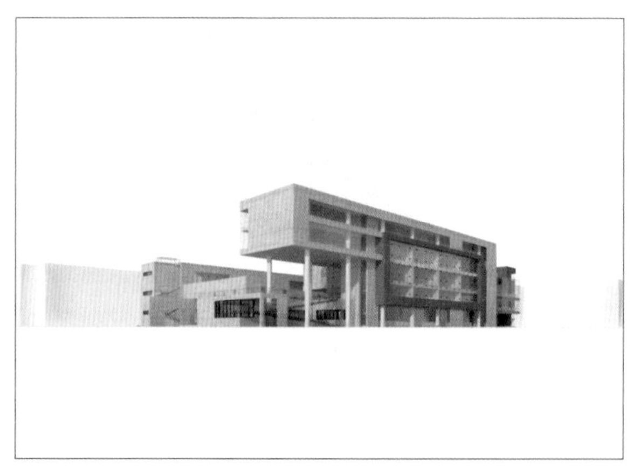

步骤 03 选择工具箱中的魔棒工具，在属性栏中设置“容差”值为5，勾选“消除锯齿”和“连续”复选框，在“图层1”图层中单击白色部分将其选中，按Delete键执行删除操作。然后将“天空.jpg”素材图片导入，将其图层移至“图层1”图层下方，并栅格化“天空”图层，如下左图所示。

步骤 04 选择工具箱中的矩形选框工具，在“天空”图层中选中建筑地面下方多余的天空，按Delete键执行删除操作，完成天空的导入，如下右图所示。

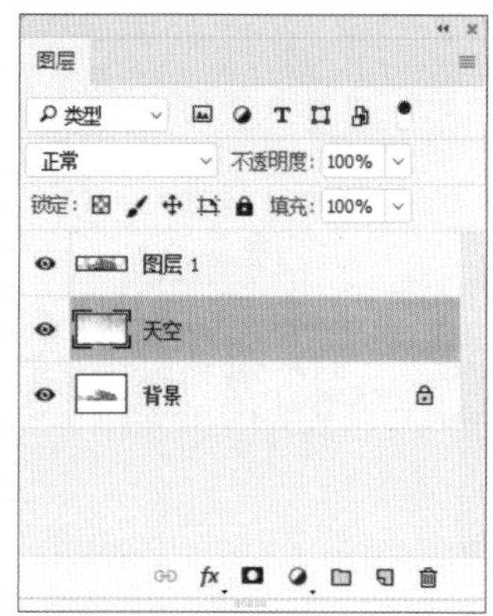

步骤05 选择工具箱中的多边形套索工具，选中建筑上面的天空部分，如下左图所示。

步骤06 单击“图层”面板下方的“创建新图层”按钮，新建图层并命名为“天空颜色”。选择工具箱中的画笔工具，设置颜色为R:199、G:209、B:209，设置带光晕的画笔大小为1700、“不透明度”为30%，在“天空颜色”图层中对天空进行适当上色，如下右图所示。

步骤07 在“图层”面板中设置“天空颜色”图层的混合模式为“颜色减淡”。执行“图像>调整>曲线”命令，选择RBG通道，将曲线左下方向下拉，右上方向上拉，使得图片亮部变亮，暗部变暗，加强天空色彩的对比效果，完成后效果如下左图所示。

步骤08 新建“地面”图层，选择工具箱中的矩形选框工具，在“地面”图层的建筑地面下方创建地面选区。然后选择油漆桶工具，设置填充颜色为R:229、G:229、B:229，对选中的地面进行填充，效果如下右图所示。

步骤09 选择工具箱中的加深工具，设置带光晕的画笔大小为1200，选择“范围”为“中间调”，设置“曝光度”为30%，勾选“保护色调”复选框，对靠近建筑的地面进行加深，效果如下左图所示。

步骤10 选择工具箱中的减淡工具，设置带光晕的画笔大小为1200，选择“范围”为“中间调”，设置“曝光度”为30%，勾选“保护色调”复选框，对地面下半部分进行减淡，完成地面的设置，效果如下右图所示。

10.1.2 建筑主体的处理

本小节主要使用选框工具、减淡工具和加深工具对建筑主体进行处理，加强明暗对比，下面介绍具体操作方法。

步骤 01 按Ctrl+Shift+Alt+E组合键，盖印所有可见图层，得到“图层5”图层，如下左图所示。

步骤 02 选择工具箱中的多边形套索工具，选出建筑所有的亮面，并按Ctrl+J组合键将选区内容复制到新图层，将新图层命名为“建筑亮部”，如下右图所示。

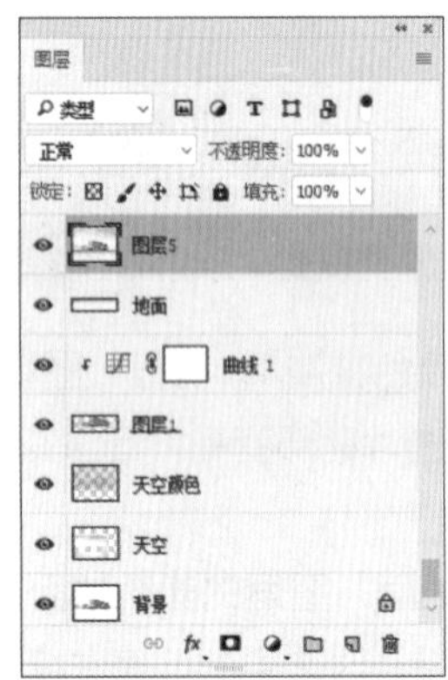

步骤 03 选择减淡工具，设置带光晕的画笔大小为600，选择“范围”为“中间调”，设置“曝光度”为30%，勾选“保护色调”复选框，对建筑亮部进行减淡，亮暗面交接处亮部最亮，效果如下左图所示。

步骤 04 使用多边形套索工具选出建筑所有的暗面，并按Ctrl+J组合键将选区内容复制到新图层，将图层命名为“建筑暗部”。选择工加深工具，设置带光晕的画笔大小为600，选择“范围”为“中间调”，设置“曝光度”为20%，勾选“保护色调”复选，对建筑暗部进行加深，亮暗面交接处暗部最暗，如下右图所示。

10.1.3 添加修饰元素

单独的建筑、天空和地面显得比较单调，本节将添加各种修饰元素，如树、灌木、飞鸟和热气球，为整体效果添加点缀，下面介绍具体操作方法。

步骤 01 将“树1.jpg”素材图片导入，将“树1”图层的“不透明度”设为70%，按Ctrl+T组合键调整树至合适大小，使其作为远景树，如下左图所示。

步骤 02 按Ctrl+J组合键，复制“树1”图层。按Ctrl+T组合键调整树的大小，并对图层的不透明度进行相应的设置，使得远景树木有大小、虚实变化，效果如下右图所示。

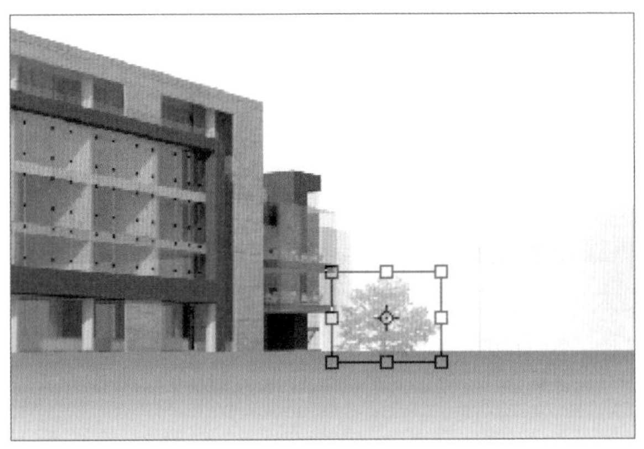

步骤 03 将“灌木.jpg”素材图片导入，将“灌木”图层的“不透明度”设为44%，按Ctrl+T组合键，调整灌木至合适大小，将其放置到建筑周边，如下左图所示。

步骤 04 按Ctrl+J组合键，复制“灌木”图层。按Ctrl+T组合键，调整灌木的大小，并对图层的不透明度进行设置，使得灌木有大小、虚实变化，如下右图所示。

步骤 05 此时画面略显枯燥，没有亮色，可以添加一些亮色的配景在建筑暗部。首先将“枯木.jpg”素材图片导入，将“枯木”图层的“不透明度”设为80%，图层混合模式设为“划分”。按Ctrl+T组合键，调整枯木至合适大小，将其放置到建筑暗部，如右图所示。

步骤 06 按Ctrl+J组合键，复制“枯木”图层。按Ctrl+T组合键，调整枯木的大小并设置合适的图层不透明度，使得枯木有大小、虚实变化，效果如下左图所示。

步骤 07 选择“枯木”图层，将图层混合模式设为“正片叠底”，将其移动至建筑亮部及建筑外并进行复制，效果如下右图所示。

步骤 08 添加一些配景，使画面更有层次。首先将“热气球.jpg”素材图片导入，将“热气球”图层“不透明度”设为60%，按Ctrl+T组合键，调整热气球至合适大小，将其放置到天空中，如下左图所示。

步骤 09 将“飞鸟.jpg”素材图片导入，将“飞鸟”图层“不透明度”设为60%，按Ctrl+T组合键，调整飞鸟至合适大小，将其放置到天空中，如下右图所示。

10.1.4 调整效果图的整体色调

修饰元素添加完成后，还需要对整体效果进行调整，如设置色阶和色彩平衡等，然后再适当对效果图进行剪切，下面介绍具体操作方法。

步骤 01 完成配景添加后，按Ctrl+Shift+Alt+E组合键，盖印所有的可见图层，得到“图层6”图层。单击“图层”面板底部“创建新的填充或调整图层”按钮，在列表中选择“色阶”选项，打开“色阶”属性面板，参数设置如下左图所示。

步骤 02 调整色阶参数后，画面中整体暗部加深，效果如下右图所示。

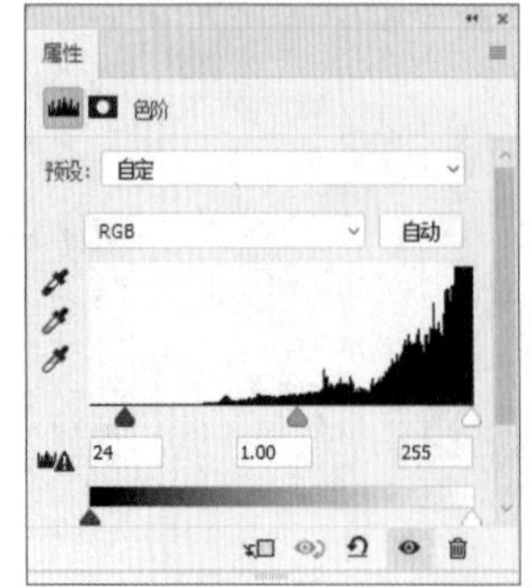

步骤 03 单击“图层”面板底部“创建新的填充或调整图层”按钮，在列表中选择“色彩平衡”选项，打开“色彩平衡”属性面板，选择“色调”为“中间调”，参数设置如下左图所示。

步骤 04 调整色彩平衡参数，为整个画面的暗部加上冷色调，效果如下右图所示。

步骤 05 按Ctrl+J组合键，复制“图层6”图层，执行“滤镜>模糊>高斯模糊”命令，打开“高斯模糊”对话框，设置“半径”为8像素，如下左图所示。

步骤 06 单击“确定”按钮，设置“图层6 拷贝”图层的混合模式为“叠加”，“不透明度”为35%，效果如下右图所示。

步骤 07 选择工具箱中的裁剪工具，在属性栏中设置调整固定“比例”为16:9，对整张图片进行裁剪，如下左图所示。

步骤 08 裁剪完成后，按Enter键确认。至此，整个建筑绘图人视点的效果图就制作完成了，最终效果如下右图所示。

10.2 制作雨天建筑效果图

利用Photoshop CC可以轻松改变效果图天气，制作出各种炫酷的效果。本案例使用图层蒙版、各种滤镜、画笔工具以及图层混合模式等功能制作雨天建筑效果图。

10.2.1 制作建筑水中倒影的效果

制作建筑水中倒影的效果，首先对图像进行垂直翻转，再通过设置不透明度、添加图层蒙版设置倒影，最后使用“动感模糊”滤镜对倒影进行模糊处理，下面介绍具体操作方法。

步骤 01 打开Photoshop CC软件，按下Ctrl+O组合键，在打开的“打开”对话框中选中“建筑.jpg”素材图片，单击“打开”按钮打开图片。选中“背景”图层，按下Ctrl+J组合键复制“背景”图层，得到“图层1”图层，如下左图所示。

步骤 02 选中“图层1”图层，按下Ctrl+T组合键进行自由变换，然后在图像上单击鼠标右键，在弹出的快捷菜单中选择“垂直翻转”命令，如下右图所示。

步骤 03 垂直翻转后，按下Enter键确认，效果如下左图所示。

步骤 04 选中“图层1”图层，调整“不透明度”为48%，校准反射位置，制作建筑倒影，如下右图所示。

步骤 05 选中“图层1”图层，单击“图层”面板中的“添加图层蒙版”按钮，为其创建图层蒙版，效果如下左图所示。

步骤 06 选择工具箱中的画笔工具，设置前景色为黑色，在属性栏中设置画笔大小，在画面中擦除道路上方区域，效果如下右图所示。

步骤 07 选中“图层1”的图层蒙版，单击鼠标右键，在弹出的快捷菜单中选择“应用图层蒙版”命令，如下左图所示。

步骤 08 选中“图层1”图层，按下Ctrl+J组合键，复制“图层1”图层，得到“图层1 拷贝”图层。选中“图层1 拷贝”图层，在菜单栏中执行“滤镜>模糊>动感模糊”命令，如下右图所示。

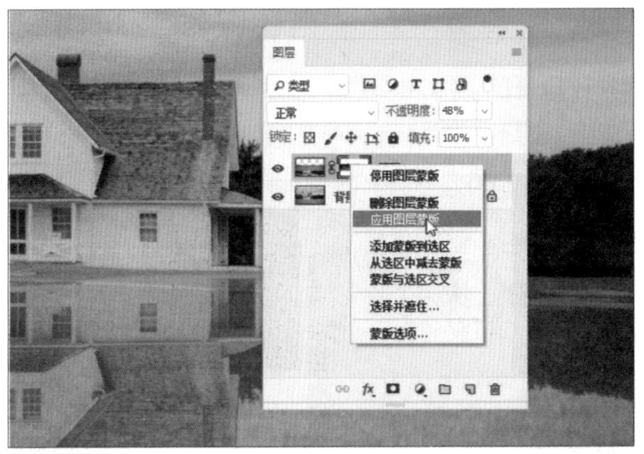

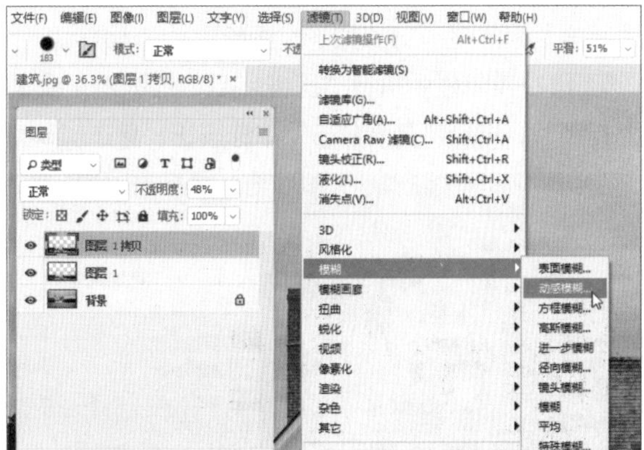

步骤 09 在打开的“动感模糊”对话框中设置“距离”为183像素，“角度”为0度，如下左图所示。

步骤 10 单击“确定”按钮，查看设置的滤镜效果。按住Ctrl键，选择“图层1 拷贝”和“图层1”图层，单击鼠标右键，在弹出在快捷菜单中选择“合并图层”命令，如下右图所示。

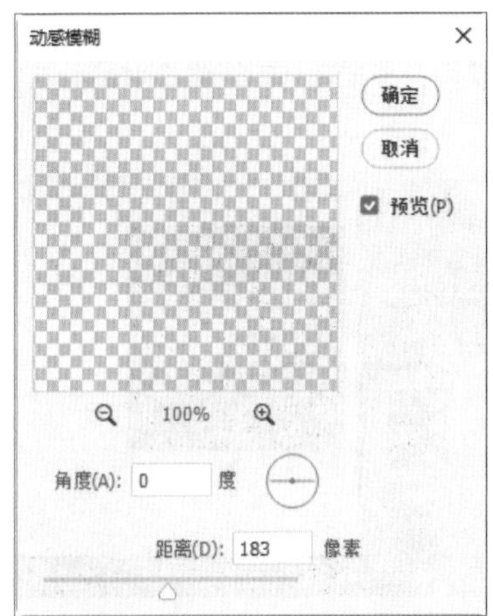

步骤 11 选择工具箱中的涂抹工具，适当设置画笔大小，在倒影图层中的建筑两侧进行涂抹，制作更加真实的倒影效果，如下图所示。

10.2.2 制作雨天的效果

本节主要使用各种滤镜，如“添加杂色”、“动感模糊”和“高斯模糊”，再配合图像的调整命令制作出雨天的效果，下面介绍具体操作方法。

步骤 01 新建“图层1”图层，设置前景色为黑色，按下Alt+Delete组合键填充该图层，然后设置图层“不透明度”为20%，效果如下左图所示。

步骤 02 在菜单栏中执行“滤镜>杂点>添加杂点”命令，在打开的“添加杂色”对话框中设置“数量”值为12.5%，选择“高斯分布”单选按钮，单击“确定”按钮，如下右图所示。

步骤 03 在菜单栏中执行“滤镜>模糊>动感模糊”命令，在打开的“动感模糊”对话框中设置“距离”为50像素，“角度”为0度，单击“确定”按钮，如下左图所示。

步骤 04 在菜单栏中执行“滤镜>模糊>高斯模糊”命令，在打开的“高斯模糊”对话框中设置“半径”为2像素，然后单击“确定”按钮，如下右图所示。

步骤 05 按下Ctrl+J组合键复制“图层1”图层，并命名为“图层2”。然后设置该图层的混合模式为“柔光”，“不透明度”为38%，如下左图所示。

步骤 06 按下Ctrl+J组合键复制“图层2”图层，并命名为“图层3”。按下Ctrl+I组合键，对图像执行“反相”命令，然后在“图层”面板中设置图层混合模式为“叠加”，“不透明度”为38%，如下右图所示。

步骤 07 选中“图层3”图层，按下Ctrl+Shift+Alt+E组合键，盖印可见图层，将新得到的图层命名为“图层4”，如下左图所示。

步骤 08 复制“图层4”图层，将新图层命名为“图层5”。选中“图层5”图层，执行“图像>调整>色相/饱和度”命令，在打开的“色相/饱和度”对话框中设置相关参数，单击“确定”按钮，如下右图所示。

步骤 09 新建“图层6”图层，设置前景色为黑色，按下Alt+Delete组合键为图层填充黑色，效果如下左图所示。

步骤 10 选择“图层6”图层，在菜单栏中执行“滤镜>杂点>添加杂点”命令，在打开的“添加杂色”对话框中设置“数量”值为75%，选择“高斯分布”单选按钮，单击“确定”按钮，效果如下右图所示。

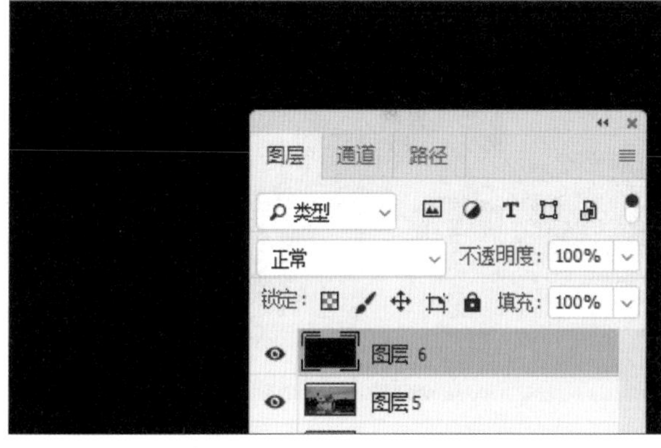

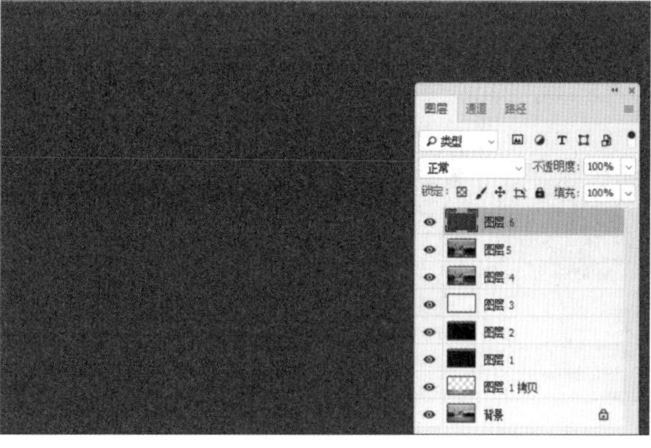

步骤 11 然后按下Ctrl+T组合键，调整“图层6”图层的大小，效果如下左图所示。

步骤 12 在菜单栏中执行“滤镜>模糊>动感模糊”命令，在打开的“动感模糊”对话框中设置“距离”为30像素，“角度”为60度，单击“确定”按钮，如下右图所示。

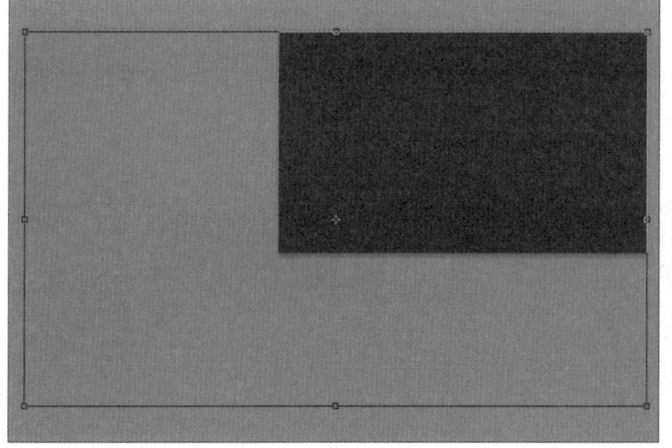

步骤 13 选择“图层6”图层，在“图层”面板中设置图层混合模式为“柔光”，“不透明度”为75%，效果如下左图所示。

步骤 14 按住Ctrl键选中“图层5”和“图层6”图层，将其合并。然后新建空白图层，命名为“图层7”，如下右图所示。

步骤 15 设置前景色为白色，选择画笔工具，在属性栏中设置“不透明度”为80%，在倒影上水平涂抹，为该图层添加雾化效果，如下左图所示。

步骤 16 选中“图层7”图层，在菜单栏中执行“滤镜>模糊>高斯模糊”命令，在打开的“高斯模糊”对话框中设置“半径”为85像素，单击“确定”按钮。然后调整“图层7”的“不透明度”为85%，效果如下右图所示。

步骤 17 按下Ctrl+Shift+Alt+E组合键，盖印可见图层，将新图层命名为“图层8”。然后执行“滤镜>Nik Collection>Color Efex Pro 4”命令，如下左图所示。

步骤 18 在打开的“Color Efex Pro 4”对话框中选择“分类-建筑”选项，然后勾选“移除色板”复选框，如下右图所示。

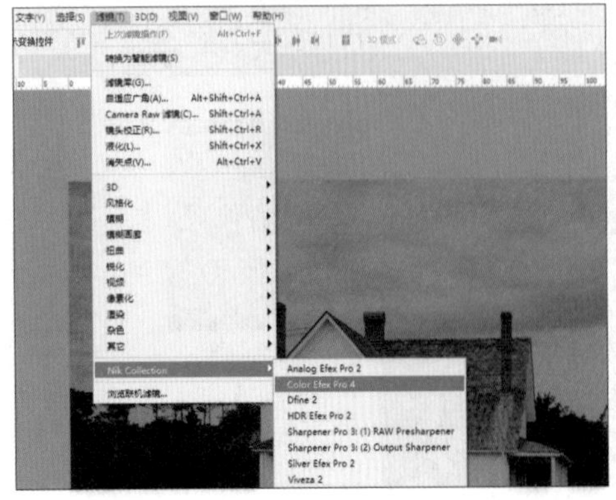

步骤 19 单击“确定”按钮，雨天建筑效果制作完成，查看最终效果，如下图所示。

10.3 制作城市商业区夜景效果图

如何将商业区建筑图片打造成繁华夜景的效果？本案例制作在黑夜中通过各种点光源照亮建筑物，使其清晰可见，从而制作出绚丽的都市商业区夜景效果图。

10.3.1 将图片制作出黑夜的效果

本节使用“色阶”和“Camera Raw滤镜”将白天拍摄的图片制作成黑夜的效果，下面介绍具体的操作方法。

步骤 01 打开Photoshop CC软件，然后按下Ctrl+O组合键，在打开的“打开”对话框中选中“大楼.jpg”素材图片，单击“打开”按钮打开图片，如下左图所示。

步骤 02 按下Ctrl+J组合键，复制“背景”图层，得到“图层1”图层。选中“图层1”图层，单击“图层”面板底部的“创建新的填充或调整图层”按钮，在列表中选择“色阶”选项，如下中图所示。

步骤 03 打开“属性”面板，设置输入色阶参数分别为32、0.79、255，如下右图所示。

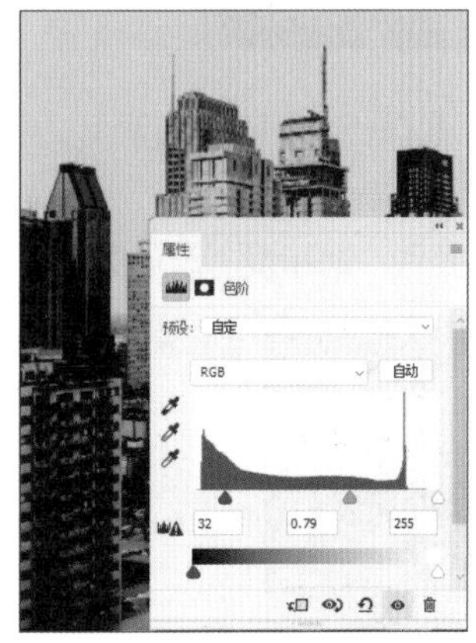

步骤 04 选中“图层1”图层，单击 “创建新的填充或调整图层”按钮，在列表中选择“亮度/对比度”选项，打开“属性”面板，设置“亮度”值为-60、“对比度”值为42，如下左图所示。

步骤 05 按下Ctrl+Shift+Alt+E组合键盖印可见图层，得到“图层2”图层，如下中图所示。

步骤 06 选中“图层2”图层，执行“滤镜>Camera Raw滤镜”命令，打开“Camera Raw（大楼.jpg）”对话框，在“基本”选项卡中设置相关参数，如下右图所示。

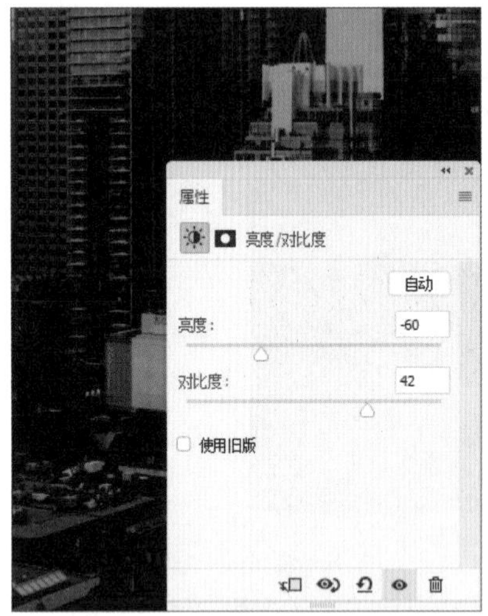

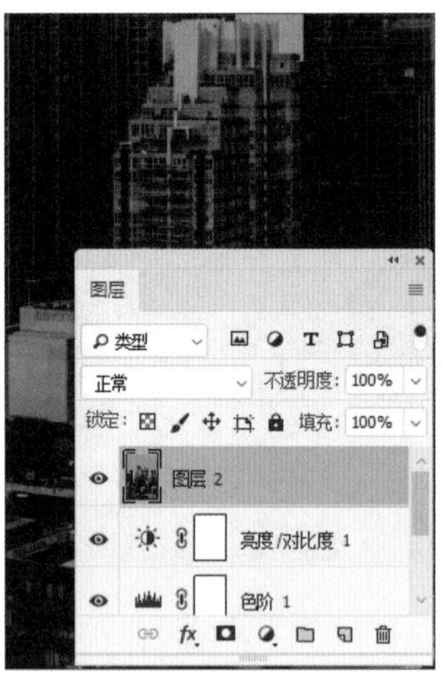

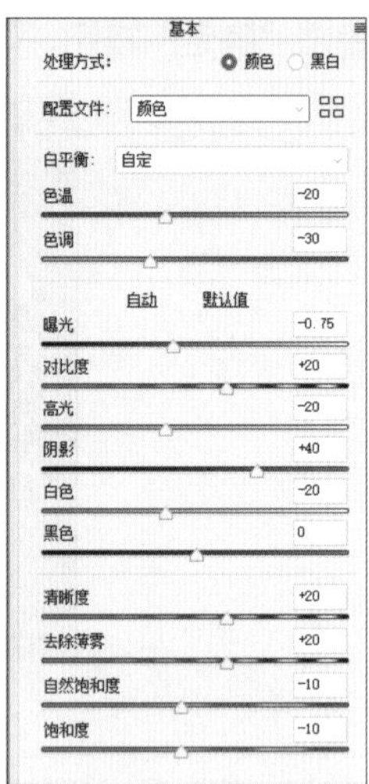

步骤 07 切换至“色调曲线”选项卡，在“点”选项面板中设置“输入”值为77、“输出”值为65，如下左图所示。

步骤 08 切换至“细节”选项卡，设置“数量”值为30、“半径”值为1.0、“细节”值为20，如下右图所示。

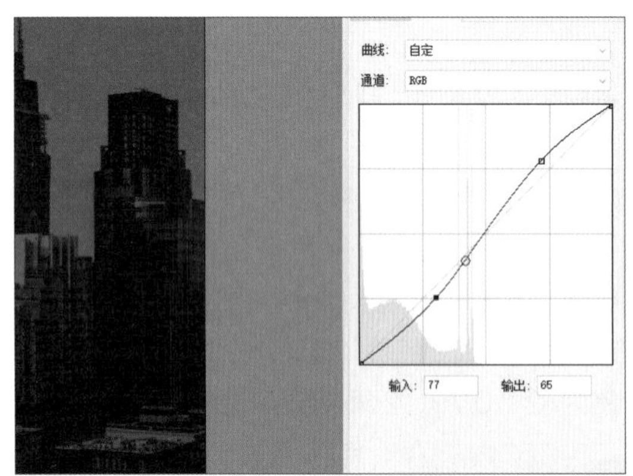

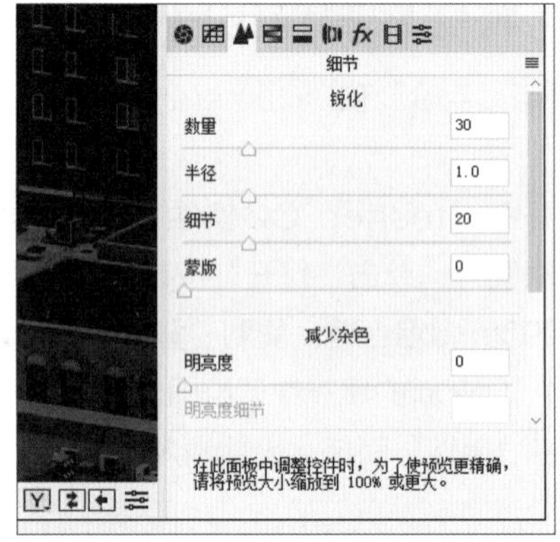

步骤 09 打开“HSL调整”选项卡，在“色相”选项面板中设置“浅绿色”值为+10、“蓝色”值为+30，如下左图所示。

步骤 10 切换到“饱和度”选项面板，设置“浅绿色”值为-20、“蓝色”值为-20，如下右图所示。

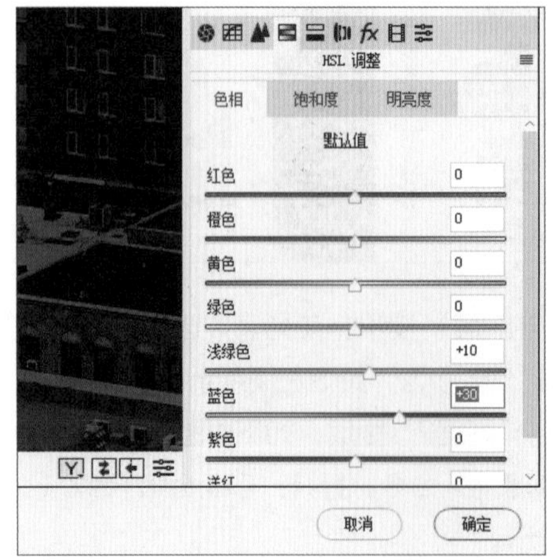

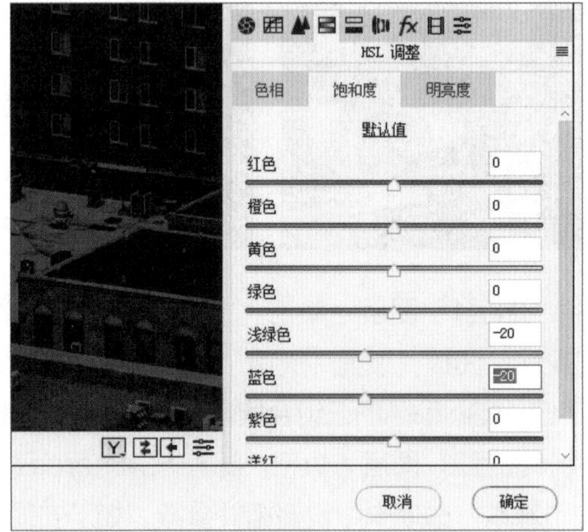

步骤 11 切换到“明亮度”选项面板，设置“浅绿色”值为-15、“蓝色”值为20，如下左图所示。

步骤 12 设置完成后单击“确定”按钮，返回文档中查看设置效果，如下右图所示。

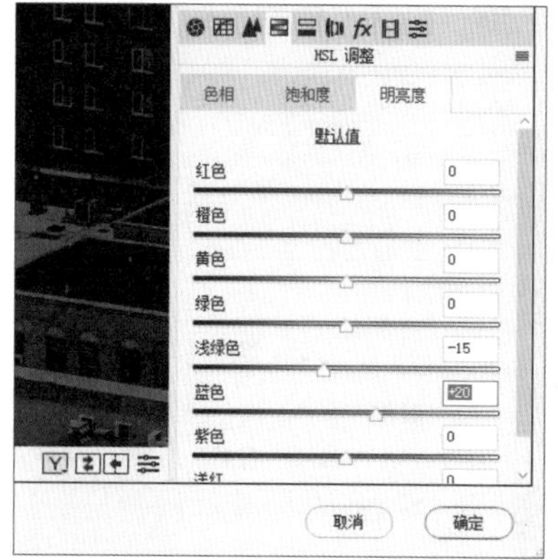

10.3.2 创建各种点光源

本节介绍各种点光源的创建方法，主要使用“镜头光晕”滤镜，以及添加相关光源的素材创建点光源，下面介绍具体操作方法。

步骤 01 按下Ctrl+Shift+Alt+E组合键盖印可见图层，得到“图层3”图层，效果如下左图所示。

步骤 02 执行“文件>置入嵌入对象”命令，在打开的“置入嵌入的对象”对话框中选择“光源.jpg”图像文件，单击“置入”按钮，将其置入文档中，适当调整大小，如下右图所示。

步骤 03 选中“光源”图层，在“图层”面板中设置图层混合模式为“颜色减淡”，“不透明度”为30%，效果如下左图所示。

步骤 04 选择工具箱中的移动工具，将光源移至左下方大楼处，可见点光源太亮，设置图层的“不透明度”为30%，效果如下右图所示。

步骤05 选中“光源”图层，按住Alt键拖动复制该光源，并放到大楼的不同位置，将整个大楼点亮，效果如下左图所示。

步骤06 新建“图层4”图层，按下Shift+F5组合键，打开“填充”对话框，设置填充“内容”为“黑色”，单击“确定”按钮，如下右图所示。

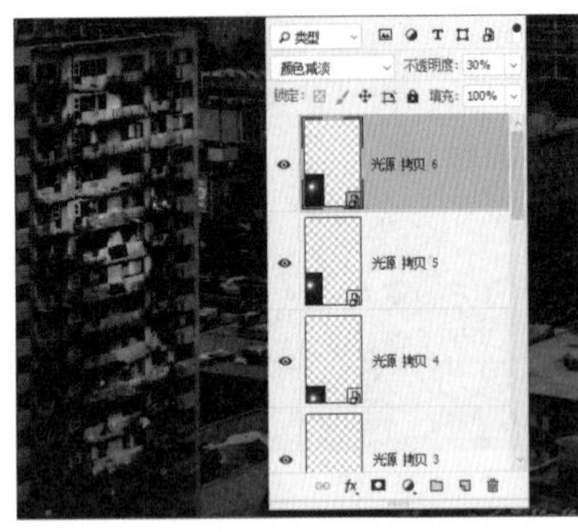

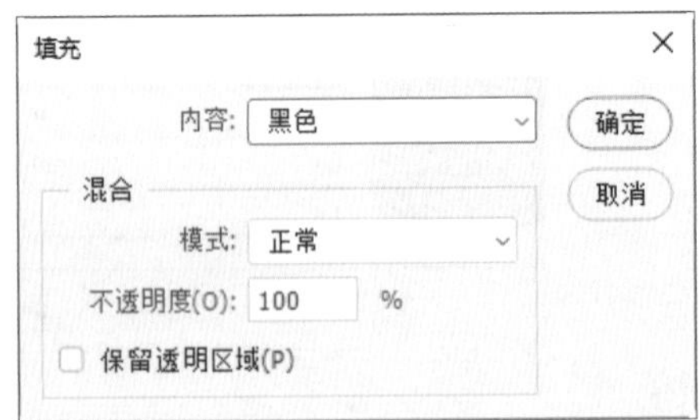

步骤07 执行“滤镜>渲染>镜头光晕”命令，在打开的“镜头光晕”对话框中选择“电影镜头”单选按钮，设置“亮度”为50%，单击“确定”按钮，效果如下左图所示。

步骤08 选中“图层4”图层，设置图层混合模式为“颜色减淡”，“不透明度”为50%，将光晕移到右下方房屋窗口中。再按住Alt键拖动复制多个光晕效果，并放在不同的窗口，效果如下右图所示。

步骤09 新建“图层5”图层，按下Shift+F5组合键，打开“填充”对话框，设置填充“内容”为“黑色”，单击“确定”按钮。执行“滤镜>渲染>镜头光晕”命令，在打开的“镜头光晕”对话框中选择“105毫米聚焦”单选按钮，设置“亮度”为50%，单击“确定”按钮，效果如下左图所示。

步骤10 选中“图层5”图层，设置图层混合模式为“颜色减淡”，“不透明度”为60%，将光晕移到右上方房屋窗口中，如下右图所示。

步骤11 选择工具箱中的橡皮擦工具，将画面中的绿色光点擦除，如下左图所示。

步骤12 选中“图层5”图层，按住Alt键拖动复制多个光晕效果，照亮大楼，如下右图所示。

步骤13 新建“图层6”图层，并填充黑色。执行“滤镜>渲染>镜头光晕”命令，在打开的“镜头光晕”对话框中选择“35毫米聚焦”单选按钮，设置“亮度”为50%，单击“确定”按钮，效果如下左图所示。

步骤14 选中“图层6”图层，设置图层混合模式为“颜色减淡”，“不透明度”为39%，将光晕移到左上方大楼处，按住Alt键拖动复制多个光晕效果，如下右图所示。

步骤15 新建“图层7”图层并填充黑色。执行“滤镜>渲染>镜头光晕”命令，在打开的“镜头光晕”对话框中选择“105毫米聚焦”单选按钮，设置“亮度”为100%，单击“确定”按钮，效果如下左图所示。

步骤16 选中“图层7”图层，设置图层混合模式为“颜色减淡”，“不透明度”为40%，将光晕移至中间大楼处，如下右图所示。

步骤 17 按下Ctrl+T组合键，变换光源大小，并将其拖到小楼处，如下左图所示。

步骤 18 按住Alt键拖动复制多个光晕效果，照亮小楼。至此，点光源创建完成，如下右图所示。

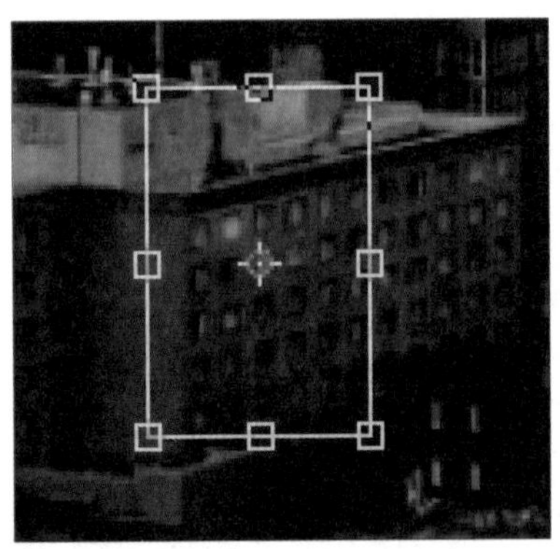

10.3.3 为效果图设置夜空

点光源创建完成后，可见图片的夜空是灰蒙蒙的，为了效果图的整体美观还需设置夜空。通过漫天的星光和一轮明月衬托商业区的繁华，下面介绍具体的操作方法。

步骤 01 按下Ctrl+Shift+Alt+E组合键盖印可见图层，得到“图层8”图层，如下左图所示。

步骤 02 在“通道”面板中选中“蓝”通道并右击，在弹出的快捷菜单中选择“复制通道”命令，在复制得到的“蓝 拷贝”通道中使用画笔工具将天空涂抹为白色，如下右图所示。

步骤 03 选择工具箱中的魔棒工具，在属性栏中设置“容差”值为10，勾选“连续”和“消除锯齿”复选框，选中天空，创建选区，如下左图所示。

步骤 04 选中“通道”面板中的RGB通道，然后在“图层”面板中选中“图层8”图层，按下Ctrl+J组合键两次复制得到“图层9”和“图层9 拷贝”图层，如下右图所示。

步骤 05 执行“文件>置入嵌入对象”命令，在打开的“置入嵌入的对象”对话框中选择“天空.jpg”图像文件，单击“置入”按钮，将其置入文档中，如下左图所示。

步骤 06 选中“天空”图层，按下Ctrl+T组合键，变换其大小，如下右图所示。

步骤 07 按下Enter键后，选中“天空”图层并右击，在弹出的快捷菜单中选择“创建剪贴蒙版”命令，如下左图所示。

步骤 08 选中“图层9 拷贝”和“天空”图层并合并，然后为其添加图层蒙版，效果如下右图所示。

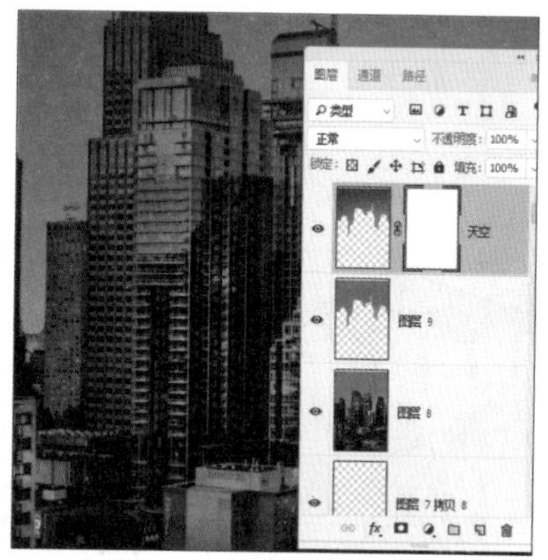

步骤 09 选择渐变工具，在属性栏中设置黑白渐变，选择“模式”为“正常”，设置“不透明度”为60%，在天空中由左下方向上拖拽。至此，商业区夜景制作完成，最终效果如右图所示。

Chapter 11 园林景观效果图后期制作

本章概述

本章主要介绍利用所学的Photoshop CC知识制作园林景观效果，其中包括公园一角效果、多种天气的园林效果和将CAD线稿转换为彩色平面图等。通过本章学习，不仅可以了解园林景观效果的处理方法，还能更加熟悉Photoshop CC在环境艺术中的应用，从而制作出更加优秀的作品。

核心知识点

1. 掌握公园一角效果的制作
2. 掌握蓝天白云效果的制作
3. 掌握细雨蒙蒙效果的制作
4. 掌握白雪皑皑效果的制作
5. 掌握将CAD线稿转为彩色平面图的制作

11.1 制作公园一角效果图

本案例选取公园一角作为处理对象，场景比较简单，便于操作练习。在制作过程中主要使用各种选框工具对主体进行选取，然后再调整图像的色调和图层混合模式，下面介绍具体操作方法。

步骤 01 启动Photoshop CC软件，选取图片“亭落.jpg”直接拖拽到工作区中，即可打开该图像文件，按下Ctrl+J组合键复制图层，如下左图所示。

步骤 02 选择矩形选框工具，沿地平线选取图片上半部分，如下右图所示。

步骤 03 按下Ctrl+J组合键将选中部分复制到新图层中，为该图层命名为“亭子上部分”，隐藏该图层下面的所有图层，可以看到选区内容如下左图所示。

步骤 04 选择魔棒工具，在属性栏中设置“容差”为11，勾选“消除锯齿”复选框，选取“亭子上部分”蓝色天空，然后按Delete键删除，提取出亭子上部分，如下右图所示。

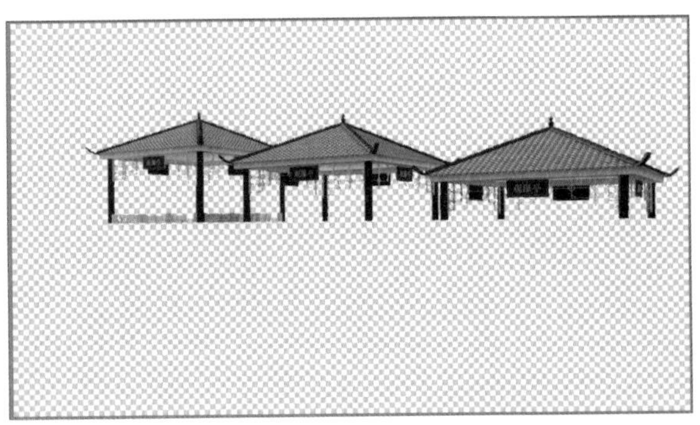

步骤05 执行“文件>置入嵌入对象”命令，在打开的对话框中置入“护栏.jpg”图像文件，然后使用快速选择工具抠出护栏部分，如下左图所示。

步骤06 单击该图层下方其他图层前面的眼睛图标，将图层全部显示出来。按下Ctrl+T组合键，将护栏图层根据视线近大远小进行变形，如下右图所示。

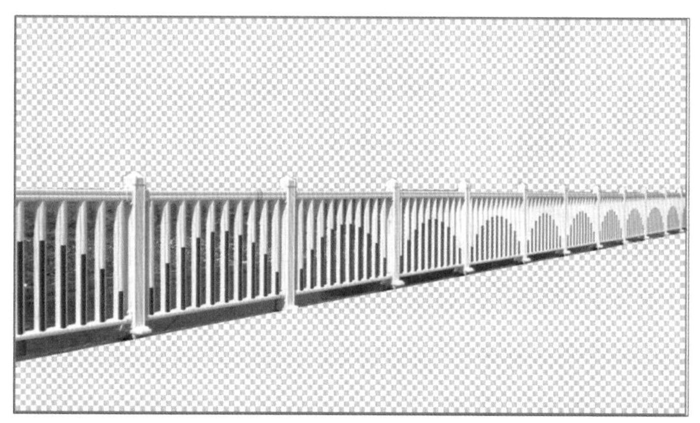

步骤07 将图层混合模式改为“滤色”，效果如下左图所示。

步骤08 按住Alt键，用鼠标左键拉动护栏，复制出新的护栏，然后调整大小，使其与前面的护栏衔接上，重复操作直至护栏沿地平线铺满，如下右图所示。

步骤09 选择护栏的所有图层，按Ctrl+G组合键创建组，并命名“护栏”，如下左图所示。

步骤10 单击“图层”面板中“创建新的填充或调整图层”按钮，在列表中选择“亮度/对比度”选项，在“属性”面板中设置“亮度”为-48，“对比度”为-50，如下中图所示。

步骤11 右击“亮度/对比度”图层，在菜单中选择“创建剪贴蒙版”命令，然后将“亭子上半部分”图层拖至“护栏”组的上方，如下右图所示。

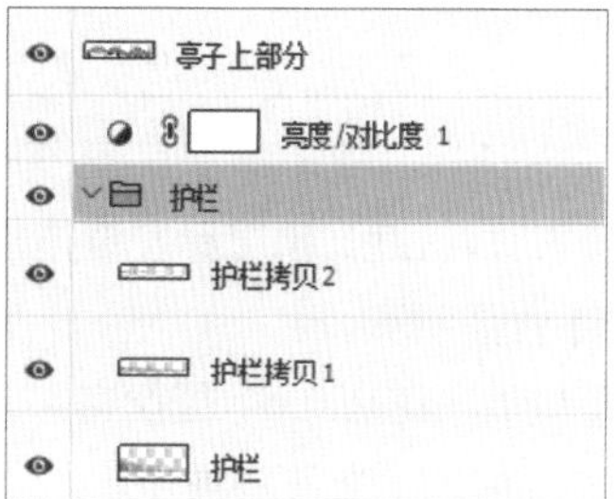

步骤12 可见亭子在前方，产生远近感，效果如下左图所示。

步骤13 置入“树木1.jpg”图像文件，按下Ctrl+T组合键，根据实际比例大致调整树木的大小，移动到画面的左侧，如下右图所示。

步骤14 然后在“图层”面板中设置图层混合模式为“正片叠底”，效果如下左图所示。

步骤15 置入“树木2.jpg”图像文件，使用魔棒工具单击空白区域，然后按Ctrl+Shirt+I组合键反选选区，再按下Ctrl+J组合键将选区复制出来，如下右图所示。

步骤16 将“图层3”重命名为“树木”，然后双击该图层，打开“图层样式”对话框，勾选“内发光”复选框，在右侧选项区域中设置内发光相关参数，如下左图所示。

步骤17 设置完成后，单击“确定”按钮，可见树木周围的白色变为绿色，效果如下右图所示。

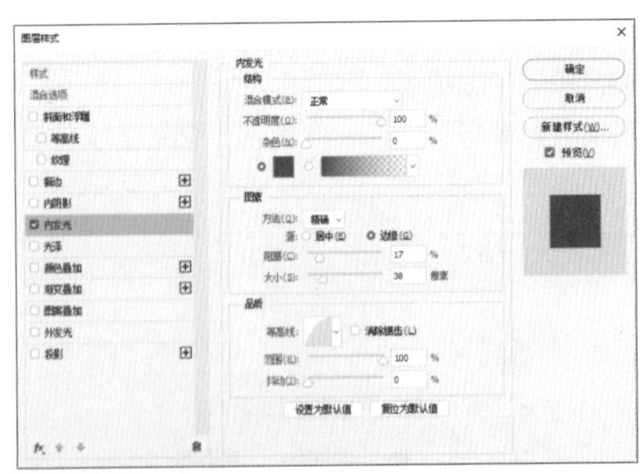

步骤18 按住Alt键，用鼠标左键拖拉出两个新图层，并将树木图像移到合适的位置，适当调整树木的大小，如下左图所示。

步骤19 置入“花丛.jpg”图像文件，重复树木的抠图方法，使用魔棒工具选择背景然后再反选区，最后复制选区内的花丛，如下右图所示。

步骤 20 按下Ctrl+T组合键，根据实际比例大致调整花丛图像的大小并移到画面中的合适位置。然后按住Alt键，用鼠标左键拖拉出一个新图层，调整其位置，增加花丛的数量，效果如下左图所示。

步骤 21 置入“行人.jpg”图像文件，使用快速选择工具抠出人物图像，按下Ctrl+T组合键，根据实际比例大致调整图像的大小。按下Ctrl+J组合键，复制一个图层，命名“行人阴影”，并调整“不透明度”为42%，如下右图所示。

步骤 22 按住Ctrl键单击“行人阴影”缩略图，载入选区并填充为黑色。按下Ctrl+T组合键并右击图像，在快捷菜单中选择“垂直翻转”命令，根据亭子阴影方向调整行人阴影的效果，如下左图所示。

步骤 23 选择“行人阴影”图层，执行“滤镜>模糊>高斯模糊”命令，在打开的对话框中设置高斯模糊参数，如下右图所示。

步骤 24 置入“云朵.jpg”图像文件，设置图层混合模式为“滤色”，效果如下左图所示。

步骤 25 按住Alt键，用鼠标左键拖拉出多个新图层铺满天空，按Ctrl+T组合键将云朵图层变形反转组合，效果如下右图所示。

步骤26 按下Ctrl+G组合键创建组，命名“云朵”，并创建图层蒙版，如下左图所示。

步骤27 设置前景色为黑色，选择画笔工具，然后调整画笔大小、硬度和流量参数，如下中图所示。

步骤28 涂抹掉云朵与树木亭子重叠的部分，同时使得云层过渡更柔和。至此，公园一角后期图片处理完成，最终效果如下右图所示。

11.2 制作园林景观多种天气效果图

本案例主要介绍利用Photoshop CC打造蓝天白云、细雨蒙蒙、白雪皑皑多种天气效果的操作方法。选择同一幅图片，利用滤镜、图层蒙版等功能制作不同天气的效果。

11.2.1 制作园林景观蓝天白云效果图

下面介绍为园林景观效果图添加蓝天白云的效果，主要使用“云彩”滤镜，具体操作方法如下。

步骤01 打开Photoshop CC软件，直接按下Ctrl+O组合键，在打开的“打开”对话框中选中“园林景观.jpg”素材图片，单击“打开”按钮将其打开，如下左图所示。

步骤02 新建“图层1”图层，将其填充为色号为“#06a4ff”的蓝色。执行“滤镜>渲染>云彩”命令，制作出蓝天白云效果，如下右图所示。

步骤 03 将“图层1”图层的图层模式改为“深色”，如下左图所示。

步骤 04 为“图层1”添加图层蒙版，设置前景色为黑色，按B快捷键，使用画笔工具把天空以外的部分擦除，如在湖水中的蓝色部分，如下右图所示。

步骤 05 单击“创建新的填充或调整图层”按钮，在列表中选择“色相/饱和度”选项，创建“色相/饱和度1”调整图层，在自动打开的“属性”面板中根据效果调整“色相”、“饱和度”和“明度”参数，如下左图所示。

步骤 06 至此，园林景观蓝天白云的效果图制作完成，最终效果如下右图所示。

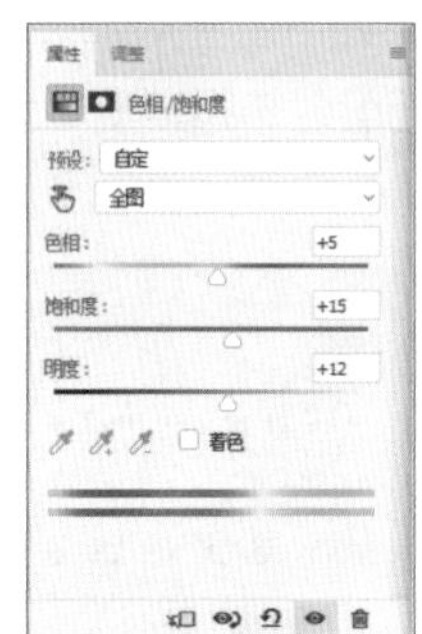

11.2.2 制作园林景观细雨蒙蒙效果图

下面介绍使用滤镜和图像调整命令制作园林景观细雨蒙蒙效果，具体操作如下。

步骤 01 打开Photoshop CC软件，直接按下Ctrl+O组合键，在打开的“打开”对话框中选中“园林景观.jpg”素材图片，单击“打开”按钮将其打开，如下左图所示。

步骤 02 单击“创建新的填充或调整图层”按钮，在弹出的菜单中选择“曲线”命令，创建“曲线1”调整图层，如下中图所示。

步骤 03 在自动打开的“属性”面板中单击曲线添加一个锚点，然后将曲线拉成一个小S形，把画面亮部调暗，暗部保持不变，如下右图所示。

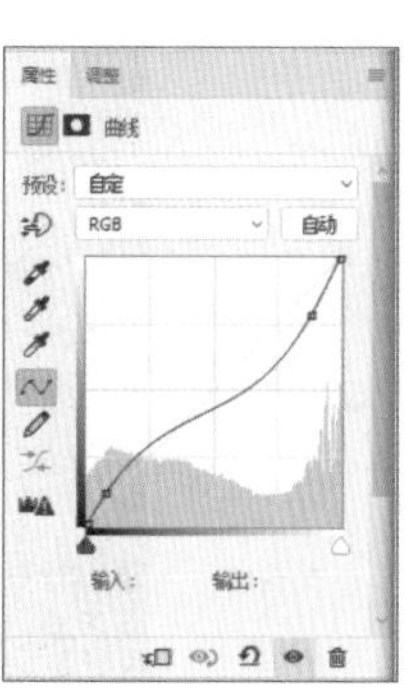

步骤 04 新建“图层1”图层，按下Alt+Delete组合键将“图层1”填充为黑色，执行“滤镜>杂色>添加杂色”命令，设置“数量”参数为20%，选择“高斯分布”，勾选“单色”复选框，如下左图所示。

步骤 05 执行“滤镜>模糊>动感模糊”命令，设置“角度”为55度，“距离”为30像素，如下右图所示。

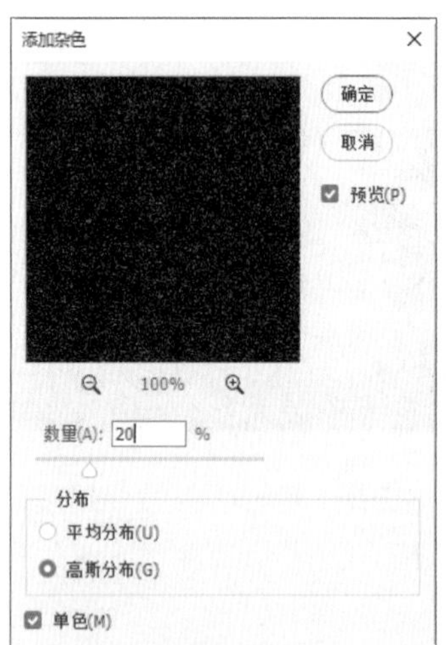

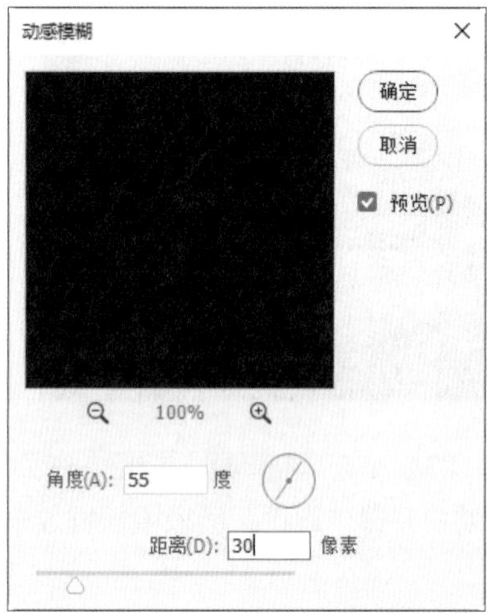

步骤 06 将“图层1”图层的混合模式设置为“线性减淡（添加）”，效果如下左图所示。

步骤 07 在“背景”图层上方新建“图层2”图层，填充为黑色，调整图层“不透明度”为15%，降低画面暗度，如下右图所示。

步骤 08 至此，完成园林景观细雨蒙蒙效果图的制作，如下图所示。

11.2.3 制作园林景观白雪皑皑效果图

下面介绍使用图像调整命令和设置图层混合模式制作园林景观白雪皑皑效果图，具体操作如下。

步骤 01 打开Photoshop CC软件，直接按下Ctrl+O组合键，在打开的“打开”对话框中选中“园林景观.jpg”素材图片，单击“打开”按钮打开图片，如下左图所示。

步骤 02 按Crrl+J组合键，复制“背景”图层为“图层1”图层，单击“创建新的填充或调整图层”按钮，在列表中选择“通道混合器”选项，创建“通道混合器1”图层，如下右图所示。

步骤 03 在自动打开的“属性”面板中勾选“单色”复选框，设置“输出通道”为“灰色”，再根据图像效果调整颜色参数，如下左图所示。

步骤 04 设置完成后园林景观图变为黑白的效果。选中“图层1”图层并右击，在弹出的快捷菜单中选择“转化为智能对象”命令，将该图层转化为智能对象，如下右图所示。

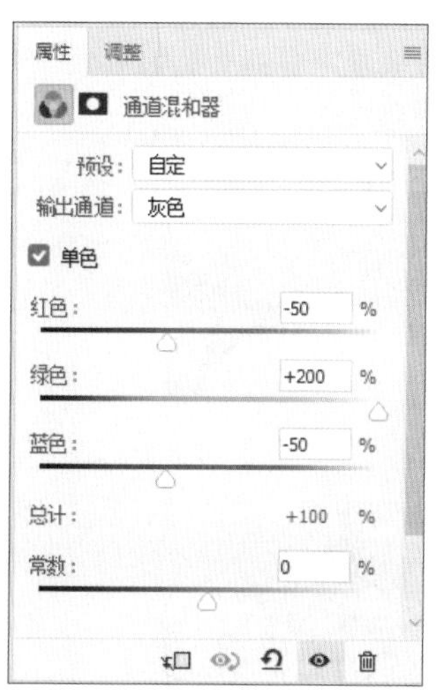

步骤 05 执行“滤镜>模糊>高斯模糊”命令，在打开的“高斯模糊”对话框中设置“半径”为1像素，如下左图所示。

步骤 06 双击“图层1”图层右下方的“编辑滤镜混合选项”图标，打开“混合选项（高斯模糊）”对话框，设置“模式”为“滤色”，调整“不透明度”为63%，如下右图所示。

步骤 07 单击“创建新的填充或调整图层”按钮，在列表中选择“照片滤镜”选项，创建“照片滤镜1”图层，如下左图所示。

步骤 08 在自动弹出的“属性”面板中设置“滤镜”为“冷却滤镜80”、“浓度”为11%，如下右图所示。

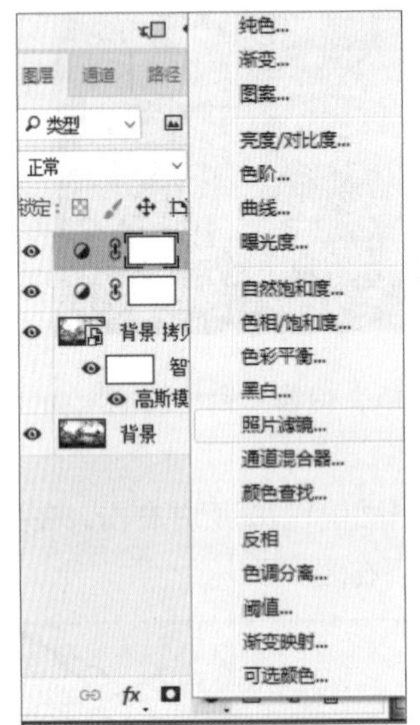

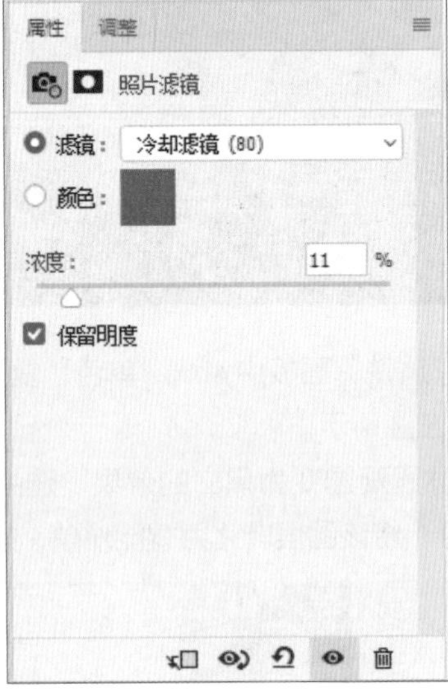

步骤 09 至此，园林景观白雪皑皑的效果制作完成，最终效果如下图所示。

11.3 将公园CAD线稿转为彩色平面图

利用Photoshop CC可以将CAD线稿转为彩色平面图，使线稿的效果更加直观。下面以将公园的CAD线稿制作成彩色平面图为例，介绍具体的操作方法。

11.3.1 将CAD线稿划分区域

当拿到CAD线稿时，首先需要明确不同区域的用途，然后再为不同区域设置图案。下面介绍将CAD线稿划分区域的操作方法。

步骤 01 打开Photoshop CC软件，然后按下Ctrl+O组合键，在打开的“打开”对话框中选中“线稿.jpg”素材图片，单击“打开”按钮打开图片，如下左图所示。

步骤 02 选择工具箱中的魔棒工具，在属性栏中设置“容差”值为5，勾选“消除锯齿”和“连续”复选框，取消对“对所有图层取样”复选框的勾选，在文档中选择相应的选区，如下右图所示。

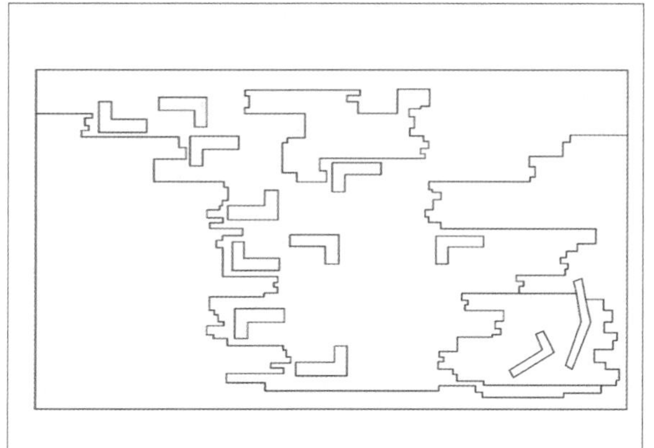

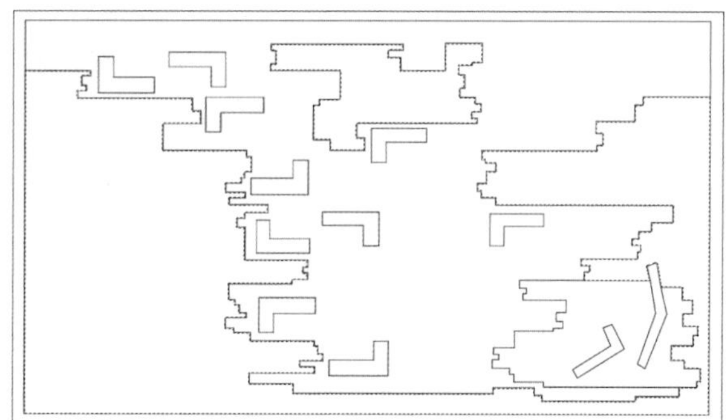

步骤 03 按下Ctrl+J组合键，将选中区域复制到新图层，并命名为“草地”，如下左图所示。

步骤 04 选中“背景”图层，选择魔棒工具，在属性栏中设置“容差”值为5，勾选“消除锯齿”和“连续”复选框，取消对“对所有图层取样”复选框的勾选，在文档中选择相应的选区，如下右图所示。

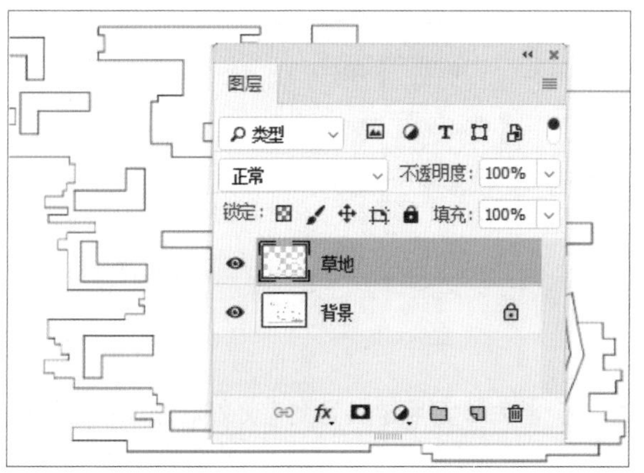

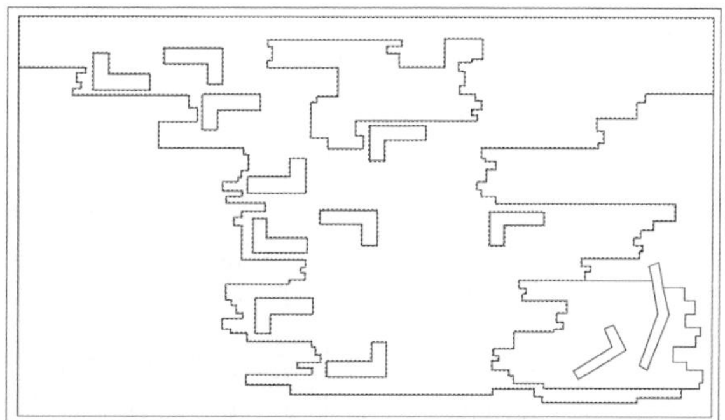

步骤 05 按下Ctrl+J组合键，将选区复制到新图层命名为“道路”，如下左图所示。

步骤 06 选中“背景”图层，选择魔棒工具，在属性栏中设置“容差”值为5，勾选“消除锯齿”和“连续”复选框，取消对“对所有图层取样”复选框的勾选，在文档中选择相应的选区，如下右图所示。

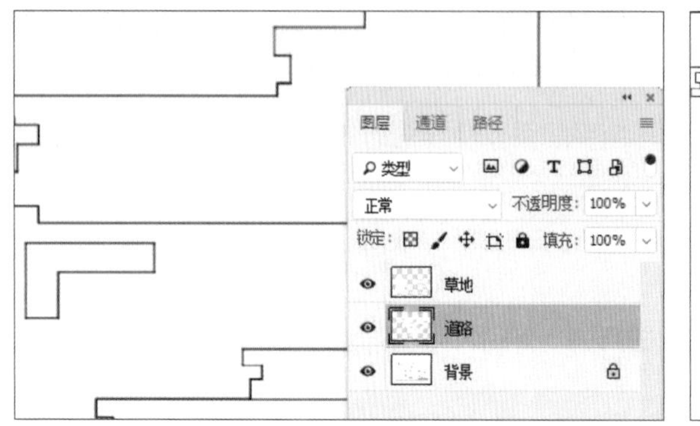

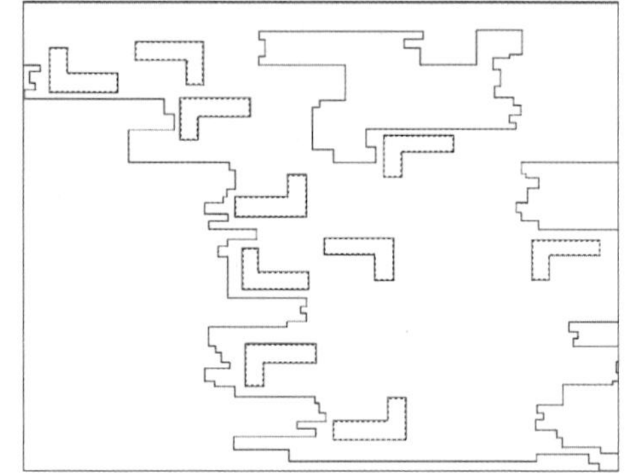

步骤 07 选中“背景”图层，按下Ctrl+J组合键，将复制的新图层命名为“坐凳”，如下左图所示。

步骤 08 选中“背景”图层，选择魔棒工具，在属性栏中设置“容差”值为5，勾选“消除锯齿”和“连续”复选框，取消对“对所有图层取样”复选框的勾选，在文档中选择相应的选区，如下右图所示。

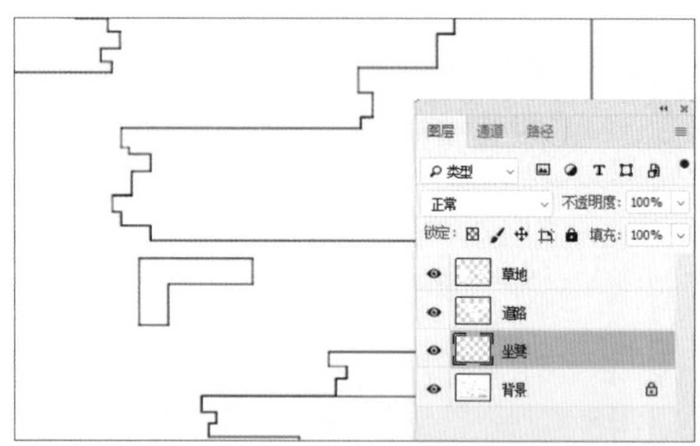

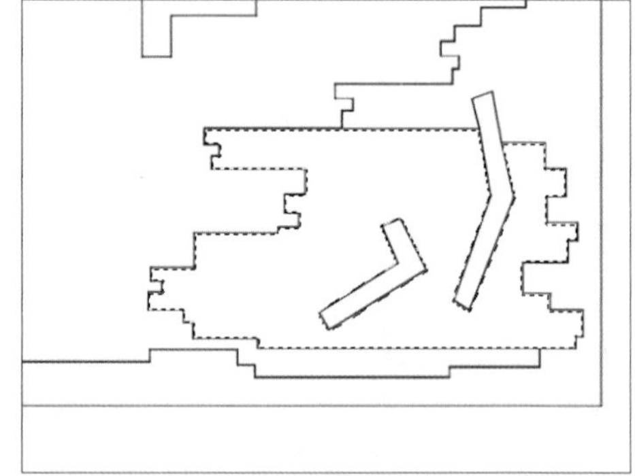

步骤 09 选中“背景”图层，按下Ctrl+J组合键，将复制的新图层命名为“河道”。至此，分层已经做好，如下图所示。

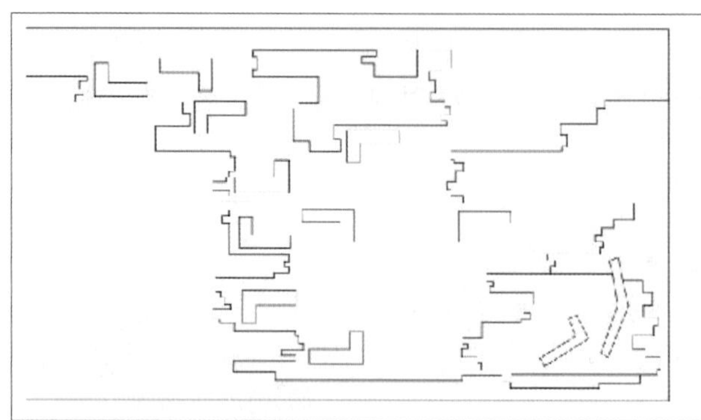

11.3.2 为各区域填充图案

各区域划分完成，需要将相对应的图片填充至该区域，首先将图片定义为图案，然后通过“图层样式”对话框填充图案，下面介绍具体操作方法。

步骤 01 按下Ctrl+O组合键，在打开的“打开”对话框中选中“砖.jpg”素材图片，单击“打开”按钮将其打开，如下左图所示。

步骤 02 执行“编辑>定义图案”命令，打开“图案名称”对话框，保持默认设置，单击“确定”按钮，如下右图所示。

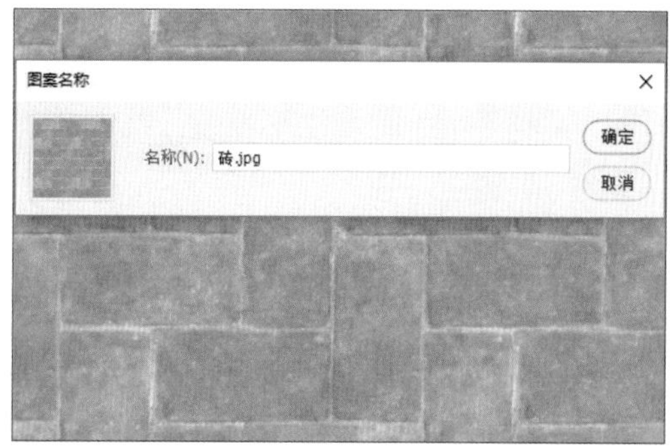

步骤 03 按下Ctrl+O组合键，在打开的“打开”对话框中选中“草地.jpg”素材图片，单击“打开”按钮将素材图片打开。执行“编辑>定义图案”命令，打开“图案名称”对话框，单击“确定”按钮，如下左图所示。

步骤 04 选中“草地”图层并右击，在弹出的快捷菜单中选择“混合选项”命令，在打开的“图层样式”对话框中勾选“图案叠加”复选框，切换至“图案叠加”选项面板，选择“图案”为草地，设置“缩放”为25%，单击“贴紧原点”按钮，如下右图所示。

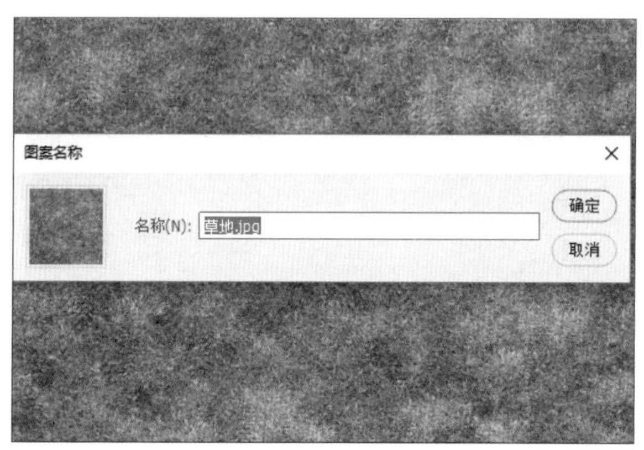

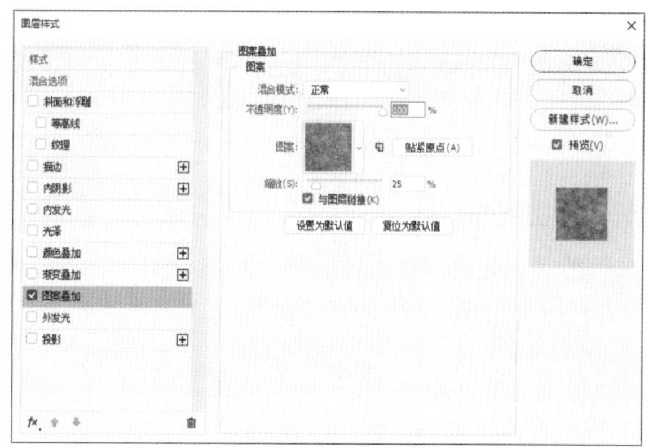

步骤 05 单击“确定”按钮，返回文档中查看效果，如下左图所示。

步骤 06 执行“滤镜>模糊>高斯模糊”命令，在打开的“高斯模糊”对话框中设置“半径”值为35像素，单击“确定”按钮查看效果，如下右图所示。

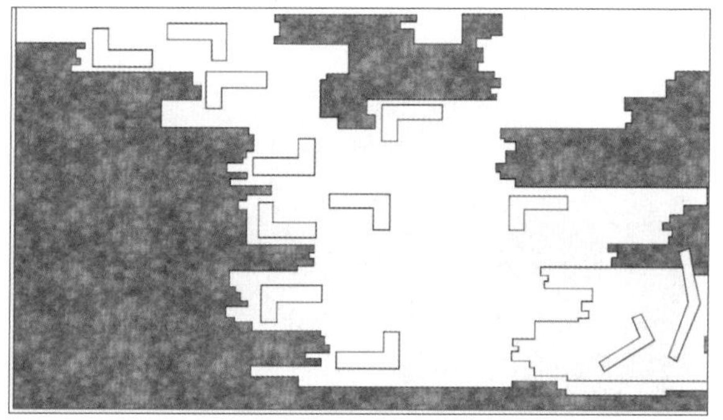

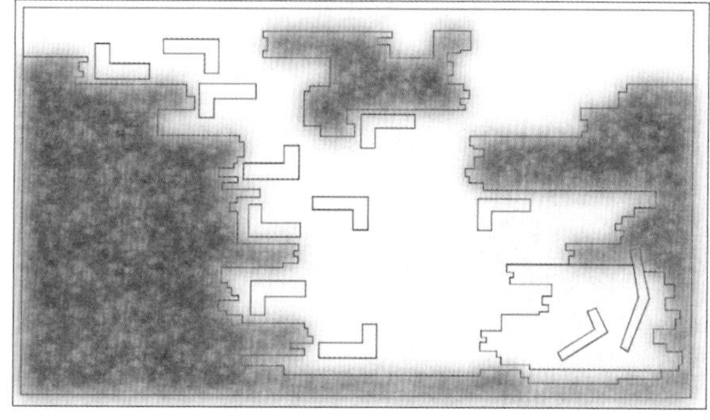

步骤 07 选中“道路”图层并右击，在弹出的快捷菜单中选择“混合选项”命令，在打开的“图层样式”对话框中勾选“图案叠加”复选框，切换至“图案叠加”选项面板，选择“图案”为砖，设置“缩放”为30%，单击“贴紧原点”按钮，设置完成后单击“确定”按钮，如下左图所示。

步骤 08 设置完成后查看为道路填充砖的效果，如下右图所示。

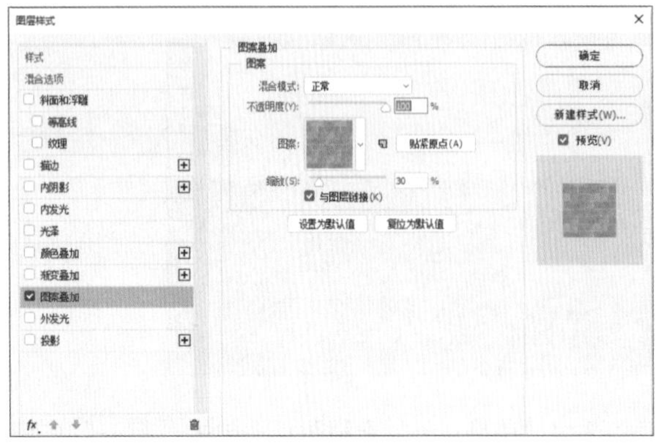

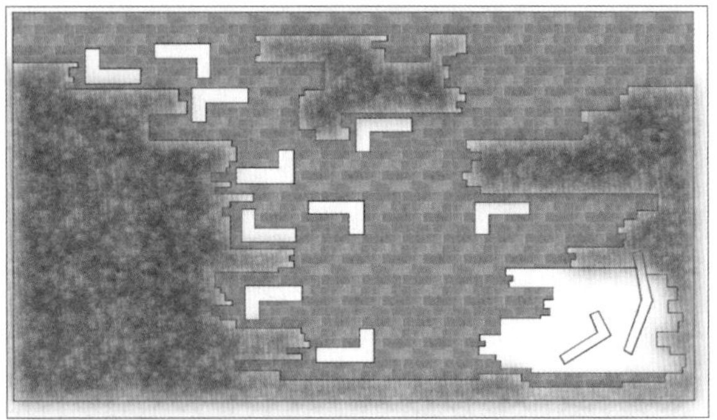

步骤09 选中“河道”图层并右击，在弹出的快捷菜单中选择“混合选项”命令，打开“图层样式”对话框，勾选“颜色叠加”复选框，切换至“颜色叠加”选项面板，设置颜色为“#9af3ea”、“不透明度”为80%，如下左图所示。

步骤10 设置完成后单击“确定”按钮，河道区域填充设置的颜色，效果如下右图所示。

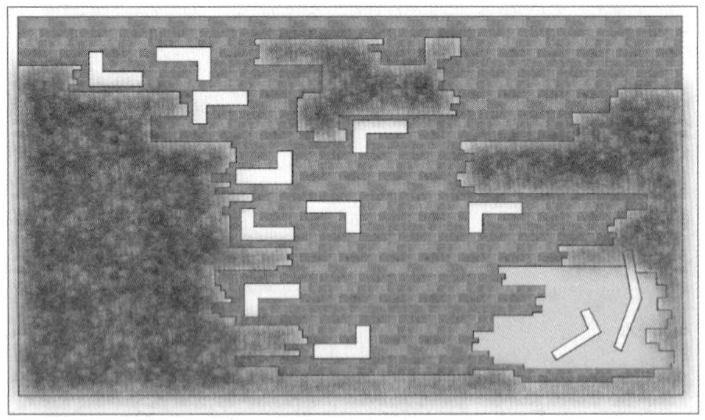

步骤11 选中“河道”图层，执行“滤镜>模糊>动感模糊”命令，在打开的“动感模糊”对话框中设置“角度”为0度、“距离”为100像素，单击“确定”按钮，效果如下左图所示。

步骤12 选中“坐凳”图层并右击，在弹出的快捷菜单中选择“混合选项”命令，在打开的“图层样式”对话框中勾选“颜色叠加”复选框，切换至“颜色叠加”选项面板，设置颜色为“#f3d79a”、“不透明度”为50%，设置完成后单击“确定”按钮，如下右图所示。

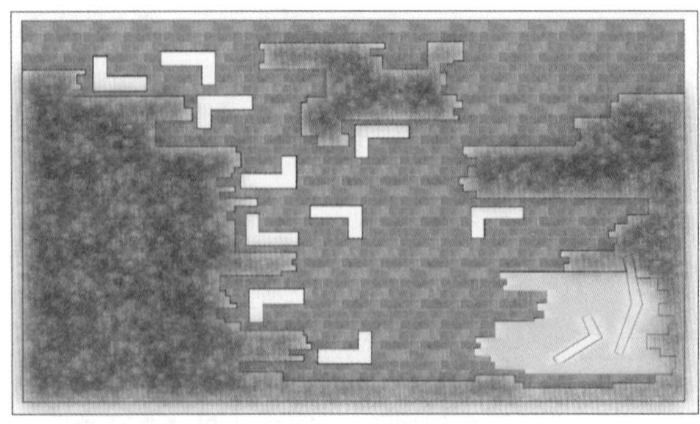

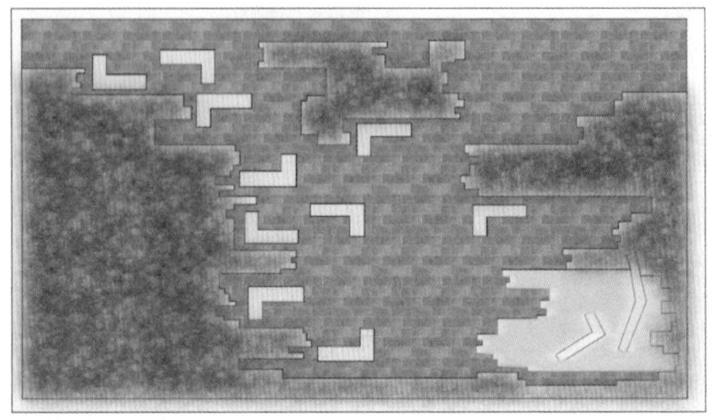

步骤13 选择最顶层图层，执行“文件>置入嵌入对象”命令，在打开的“置入嵌入的对象”对话框中选择“tree.jpg”素材文件，单击“置入”按钮，如下左图所示。

步骤14 适当调整置入素材的大小，并拖至草地上，效果如下右图所示。

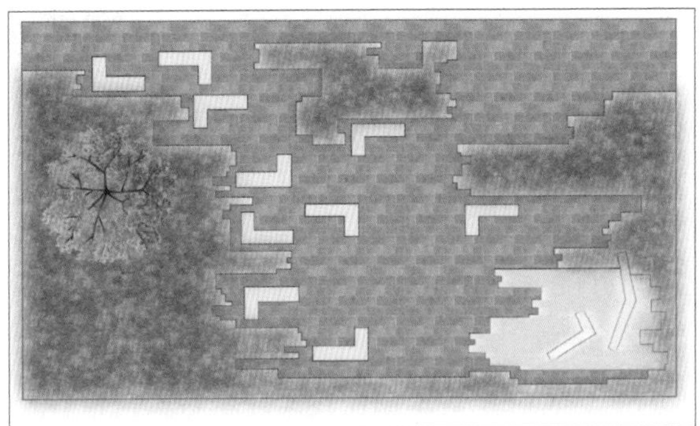

步骤 15 按住Alt键并拖动“tree”图层，复制多个tree图层并移至合适的位置，效果如下左图所示。

步骤 16 按Ctrl+T组合键，调整部分树图形的大小，效果如下右图所示。

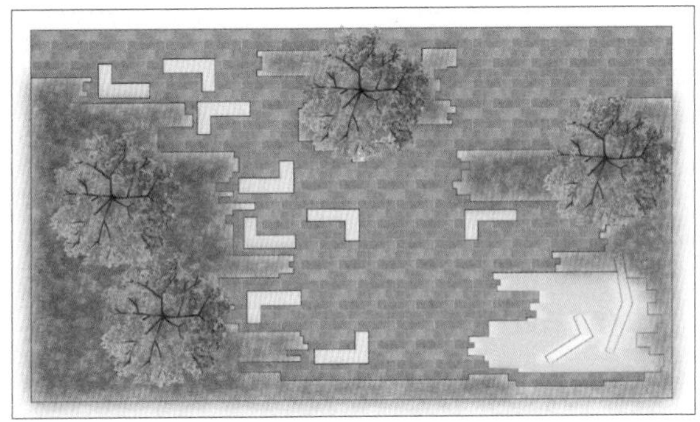

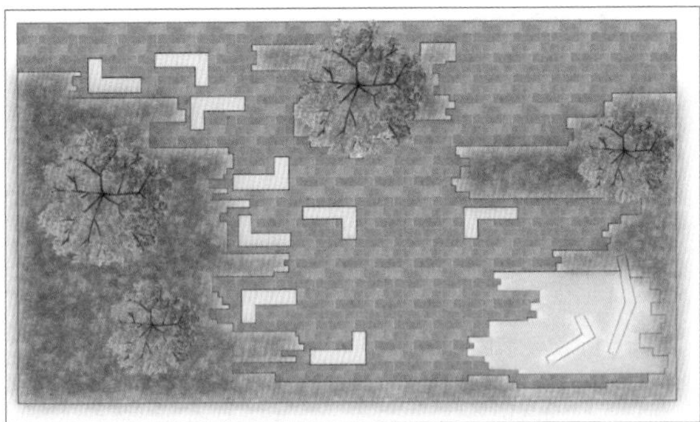

步骤 17 按住Ctrl键选择tree及相关拷贝图层，按下Ctrl+E组合键合并图层。右击合并后的图层，在弹出的快捷菜单中选择“混合选项”命令，在打开的“图层样式”对话框中勾选“投影”复选框，切换至“投影”选项面板，设置图层混合模式为“正片叠底”、颜色为黑色、“不透明度”为75%、“角度”为60度、“距离”为80像素、“扩展”为25%、“大小”为60像素，如下左图所示。

步骤 18 设置完成后单击“确定”按钮。至此，将公园CAD线稿转为彩色平面图制作完成，查看最终效果，如下右图所示。

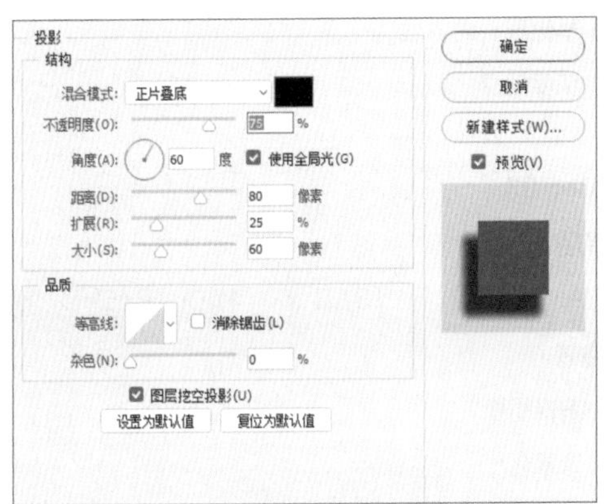

课后练习答案

Chapter 02

1. 选择题

(1) B　(2) A　(3) C　(4) B　(5) A

2. 填空题

(1) 显示比例

(2) 高度分量

(3) 勾选、取消勾选

(4) 不改变

(5) 位图图像

Chapter 03

1. 选择题

(1) B　(2) A　(3) A　(4) C　(5) D

2. 填空题

(1) 颜色范围

(2) 从选区减去

(3) 小

(4) Ctrl

(5) 将选区存储为通道

Chapter 04

1. 选择题

(1) B　(2) C　(3) C　(4) C　(5) A

2. 填空题

(1) 背景橡皮擦

(2) 海绵

(3) 图案图章

(4) 污点修复

(5) 修补

Chapter 05

1. 选择题

(1) D　(2) A　(3) C　(4) B　(5) A

2. 填空题

(1) 阈色调分离

(2) 蓝色、洋红色

(3) 自然饱和度、饱和度

(4) 色相

Chapter 06

1. 选择题

(1) A　(2) D　(3) C　(4) C　(5) B

2. 填空题

(1) 颜色、明度

(2) Shift

(3) 不透明度

(4) 等高线、纹理

(5) 右边

Chapter 07

1. 选择题

(1) B　(2) C　(3) C　(4) B　(5) A

2. 填空题

(1) 剪贴蒙版

(2) 应用图像

(3) 颜色通道、Alpha通道、专色通道

(4) 基础层、内容层

(5) 灰度信息

Chapter 08

1. 选择题

(1) A　(2) C　(3) B　(4) B　(5) D

2. 填空题

(1) 编辑图像

(2) 像素化

(3) 滤镜库

(4) 非破坏性